Kleben - erfolgreich und fehlerfrei

Gerd Habenicht

Kleben - erfolgreich und fehlerfrei

Handwerk, Praktiker, Ausbildung, Industrie

7., überarbeitete und aktualisierte Auflage

Mit 85 Abbildungen

Gerd Habenicht
Wörthsee, Deutschland

ISBN 978-3-658-14695-5 ISBN 978-3-658-14696-2 (eBook)
DOI 10.1007/978-3-658-14696-2

Die Deutsche Nationalbibliothek verzeichnet diese Publikation in der Deutschen Nationalbibliografie; detaillierte bibliografische Daten sind im Internet über http://dnb.d-nb.de abrufbar.

Springer Vieweg
© Springer Fachmedien Wiesbaden 1995, 2001, 2003, 2006, 2008, 2012, 2016

Lektorat: Thomas Zipsner

Gedruckt auf säurefreiem und chlorfrei gebleichtem Papier.

Springer Vieweg ist Teil von Springer Nature
Die eingetragene Gesellschaft ist Springer Fachmedien Wiesbaden GmbH
Abraham-Lincoln-Strasse 46, 65189 Wiesbaden, Germany

Vorwort

Seitdem die 6. Auflage aus dem Jahre 2011 auf dem Markt ist, haben Verlag und Autor sich entschieden, der interessierten Fachwelt eine 7. Auflage anzubieten. Die Gründe für diese Entscheidung sind vielfältig, nicht nur, weil neue beeindruckende Anwendungen wie Windkraftanlagen und die Solartechnik mit vielen klebtechnischen Problemstellungen und Lösungen Herausforderungen waren. Auch die Bürokratie war mit Gesetzen und Regelungen sehr aktiv, als Beispiel ist REACH zu nennen. Dazu kommt, dass die moderne Wissensvermittlung über Internet den Verlagen neue Konzepte abverlangt, hier als Beispiel E-Book. Aktuell sind die Angebote zum digitalen interaktiven E-Magazin Adhäsion und das Wissensportal „Springer Professional", das auch beim Lesen klebtechnischer Aufgaben hilfreich sein kann.

Erweitert wurden die Kapitel „Industrielle Anwendungen", „Berechnung und Prüfung", „Klebtechnische Normen", insbesondere DIN 2304.

Da in den bisher eingegangenen Buchbesprechungen das Kapitel über „Ausgewählte Fachbegriffe der Klebtechnik" ein besonders positives Echo gefunden hat, wurden diesem weitere informative Begriffe mit entsprechenden Erklärungen hinzugefügt. Das Kapitel „Literatur" wurde aktualisiert und mit Hinweisen über Informationsmöglichkeiten aus dem Internet zum Patent- und Normenwesen ergänzt.

Im Vorwort zu der 6. Auflage wurde bereits erwähnt, dass auf Empfehlungen der Klebstoff herstellenden Industrie das vorliegende Fachbuch in englischer Übersetzung angeboten wird, um im Zuge der Globalisierung auch im Ausland ausbildungsrelevante Informationen in englischer Sprache zur Verfügung stellen zu können. Unter dem Titel „Applied Adhesive Bonding – A Practical Guide for Flawless Results" ist dieses Fachbuch im Wiley-VCH Verlag 2009 erschienen (ISBN: 978-3-527-32014-1).

V

Die über 20-jährige sehr kooperative und inzwischen fast freundschaftliche Zusammenarbeit mit dem Lektorat von Herrn Thomas Zipsner und der stets sehr hilfreiche organisatorische Beistand von Frau Imke Zander haben auch bei dieser Auflage dazu beigetragen, den Autor zu dem vorliegenden Fachbuch wieder zu ermutigen. Dafür „Herzlichen Dank".

Möge dieses gemeinschaftliche Werk weiterhin zu einer „erfolgreichen und fehlerfreien" Anwendung des Klebens führen.

Wörthsee/Steinebach, 2016   Gerd Habenicht

Inhaltsverzeichnis

Einführung

1

1.1 Kleben als Fügeverfahren

Das Kleben wird den *stoffschlüssigen* Fügeverfahren zugeordnet (Abb. 1.1). Fügeverfahren dienen der Herstellung von Verbindungen aus Werkstoffen gleicher Art oder aus Werkstoffkombinationen. Die Bezeichnung stoffschlüssige Fügeverfahren, zu denen ebenfalls das Schweißen und das Löten gehören, ergibt sich aus der Tatsache, dass die Verbindungsbildung mittels eines gesondert zugegebenen Werkstoffs

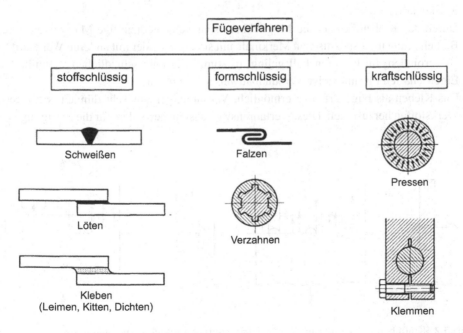

Abb. 1.1 Einteilung der Fügeverfahren

© Springer Fachmedien Wiesbaden 2016
G. Habenicht, *Kleben - erfolgreich und fehlerfrei*, DOI 10.1007/978-3-658-14696-2_1

- dem Klebstoff beim Kleben,
- dem Schweißzusatzwerkstoff beim Schweißen sowie
- dem Lot beim Löten

erfolgt.
Ergänzend hierzu gibt es

- *formschlüssige* Verbindungen, z. B. Falzen, Verzahnen,
- *kraftschlüssige* Verbindungen, z. B. Pressen, Klemmen, Schrauben, Nieten.

1.2 Vorteile und Nachteile des Klebens

Gegenüber einigen der in Abb. 1.1 dargestellten Fügeverfahren besitzt das Kleben bemerkenswerte **Vorteile**:

- Die Fügeteile werden nicht durch Bohrungen wie z. B. beim Schrauben und Nieten geschwächt. Somit erfolgt statt einer punktförmigen eine flächenförmige Kraftübertragung (Abb. 1.2).
- Die Fügeteile werden nicht durch hohe Temperaturen beansprucht wie beim Schweißen und z. T. auch beim Löten. Dadurch werden thermisch verursachte Veränderungen der Materialeigenschaften vermieden, so dass auch wärmeempfindliche Werkstoffe gefügt werden können.
- Durch das Kleben besteht die Möglichkeit, sehr verschiedenartige Materialien unter Beibehaltung ihrer spezifischen Merkmale mit sich selbst oder mit anderen Werkstoffen zu verbinden. Im letzteren Fall gelingt es somit, die unterschiedlichen vorteilhaften Eigenschaften für innovative Verbundbauweisen zu nutzen.
- Das Kleben als Fügeverfahren ermöglicht Verbindungen aus sehr dünnen ($< 500\,\mu m$) Werkstoffen herzustellen. Diese Verfahrensweise ist insbesondere für die Fertigung von

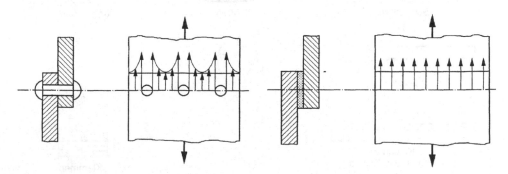

Abb. 1.2 Kraftübertragung in genieteten (geschraubten) und geklebten Verbindungen

Leichtbaukonstruktionen und der damit verbundenen Gewichtsersparnis (u. a. im Luft- und Raumfahrzeugbau) von großer Bedeutung. Weiterhin bietet sie die Grundlage einer äußerst vielfältigen Gestaltung von Folienverbunden in der Verpackungsindustrie (Laminate).

- Die Kombination mit form- und kraftschlüssigen Fügeverfahren dient der Optimierung von Festigkeit, Steifigkeit und ggf. auch Korrosionsbeständigkeit (z. B. Falzen – Kleben im Fahrzeugbau), der Dichtigkeit (z. B. bei Schraub-, Niet- und Punktschweißkonstruktionen, Welle-Nabe-Verbindungen und Falzen).

Diese Vorteile werden allerdings gemindert durch die folgenden **Nachteile**:

- Die Wärmebeständigkeit der Klebschichten ist begrenzt, je nach Klebstoffgrundstoff liegen die Temperaturen für eine Dauerbeanspruchung im Bereich zwischen ca. 120–300 °C.
- Klebschichten und deren Grenzschichten zu den Fügeteiloberflächen können durch Umwelteinflüsse, z. B. Feuchtigkeit, geschädigt werden, so dass es zu einer Verminderung der Festigkeit kommt.
- Die Herstellung von Klebungen erfordert mit wenigen Ausnahmen (z. B. Karosseriefertigung) als zusätzlichen Arbeitsgang eine Oberflächenbehandlung der Fügeteile.
- Bei der Herstellung von Klebungen ist die für den jeweiligen Reaktionsablauf der Härtung erforderliche Zeit zu berücksichtigen.
- Die zunehmenden Anforderungen nach Recyclingfähigkeit industrieller Produkte bedingen die Notwendigkeit entsprechender konstruktiver Maßnahmen.
- Zerstörungsfreie Prüfverfahren stehen nur in sehr begrenztem Umfang zur Verfügung.

Der wesentliche Unterschied zwischen dem Schweißen und Löten einerseits und dem Kleben andererseits besteht in dem Aufbau der Zusatzwerkstoffe. Schweißzusatzwerkstoffe und Lote bestehen aus Metallen bzw. Metalllegierungen, die sich unter Einfluss von Wärme (Schweißbrenner, Lötkolben) zu einer Schmelze verflüssigen und nach dem Erkalten unter Einbeziehung von Anteilen der Fügeteile eine Verbindung ergeben. Klebstoffe sind dagegen aus chemischen Verbindungen aufgebaut, deren Zusammensetzungen und Strukturen auf anderen Grundlagen als bei Metallen beruhen. Diese Zusammenhänge werden in Kap. 2 beschrieben.

1.3 Begriffe und Definitionen

Aus dem täglichen Sprachgebrauch sind zur Beschreibung klebender Substanzen verschiedene Ausdrücke wie z. B. Leim, Kleister, Kleber oder sonstige Namen, die ihren Ursprung z. T. in alten Zunfttraditionen oder Anwendungsmöglichkeiten haben, bekannt. Ergänzend hierzu finden auch Begriffe Verwendung, die in Zusammenhang mit verarbeitungstechnischen Gesichtspunkten, z. B. Lösungsmittelklebstoff, Haftklebstoff, oder nach der auftretenden Verfestigungsart, z. B. Reaktionsklebstoff, Schmelzklebstoff, gewählt werden. Als einheitlichen Oberbegriff, der die anderen gebräuchlichen Begriffe für die verschiedenen Klebstoffarten einschließt, definiert DIN EN 923 einen *Klebstoff* als einen *„nichtmetallischen Stoff, der Fügeteile durch Flächenhaftung und innere Festigkeit (Adhäsion und Kohäsion) verbinden kann"*.

Unter Klebstoffen sind demnach Produkte zu verstehen, die gemäß ihrer jeweiligen chemischen Zusammensetzung und dem vorliegenden physikalischen Zustand zum Zeitpunkt des Auftragens auf die zu verbindenden Fügeteile oder während ihrer Erwärmung (z. B. Klebstofffolien) eine Benetzung der Oberflächen ermöglichen und in der Klebfuge die für die Kraftübertragung zwischen den Fügeteilen erforderliche Klebschicht ausbilden.

Da für industrielle Prozesse verbindliche Begriffe Voraussetzung zur Sicherstellung qualitätsbestimmender Produktionsabläufe sind, gelten für das Fertigungssystem Kleben ergänzend folgende Definitionen:

(1) Kleben: Fügen gleicher oder ungleicher Werkstoffe unter Verwendung eines Klebstoffs.

(2) Klebschicht: Abgebundene (ausgehärtete) oder noch nicht abgebundene Klebstoffschicht zwischen den Fügeteilen. Um eine einheitliche Beschreibung sicher zu stellen, wird in diesem Buch, wenn nicht anders vermerkt, unter der Klebschicht ausschließlich die abgebundene, also im festen Zustand vorliegende Klebschicht verstanden.

(3) Grenzschicht: Zone zwischen Fügeteiloberfläche und Klebschicht, in der die Adhäsions- bzw. Bindekräfte wirken.

(4) Klebfuge: Zwischenraum zwischen zwei Klebflächen, der durch eine Klebschicht ausgefüllt ist.

(5) Klebfläche: Die zu klebende oder geklebte Fläche eines Fügeteils bzw. einer Klebung.

(6) Klebung: Verbindung von Fügeteilen, hergestellt mit einem Klebstoff. Der Begriff „Klebung" ist also an die Stelle der bisher allgemein gebräuchlichen Bezeichnung „Klebverbindung" getreten.

(7) Fügeteil: Körper, der an einen anderen Körper geklebt werden soll oder geklebt ist.

(8) Abbinden, Aushärten: Verfestigen der flüssigen Klebschicht. Zur näheren Begriffsbestimmung „Härtung" bzw. „Aushärtung" siehe Abschn. 2.2.1 und 2.2.2.

(9) Abbindezeit: Zeitspanne, innerhalb der die Klebung nach dem Vereinigen der Fügeteile eine für die bestimmungsgemäße Beanspruchung erforderliche Festigkeit erreicht.

(10) Strukturelles Kleben: Durch das Kleben mögliche konstruktive Gestaltung mit hoher Festigkeit bzw. Steifigkeit bei gleichmäßiger und günstiger Spannungsverteilung (Gegensatz: Fixierkleben, z. B. bei Tapeten). Weiterhin charakterisiert dieser Begriff auch die Forderung an eine Klebung, die an sie gestellten mechanischen und durch Alterungsvorgänge bedingten Beanspruchungen dauerhaft ohne Versagen zu erfüllen.

Abb. 1.3 zeigt den Aufbau einer einschnittig überlappten Klebung mit den wichtigsten Begriffen:

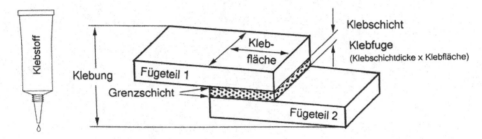

Abb. 1.3   Klebtechnische Begriffe

2.1 Aufbau der Klebstoffe

2.1.1 Kohlenstoff als zentrales Element

Die Klebstoffe sind hinsichtlich ihres chemischen Aufbaus den *organischen* Verbindungen zuzuordnen. Im Gegensatz zu der *anorganischen* Chemie, in der die Stoffe aus der unbelebten Natur behandelt werden (z. B. Mineralien, Metalle), befasst sich die organische Chemie mit den Verbindungen des Kohlenstoffs als zentralem Element der vielfältigen Stoffe, die die belebte Natur ausmachen (z. B. pflanzliche und tierische Produkte wie Holz, Eiweiße, Harze, Fette, Erdöl).

Die besondere Eigenschaft des Kohlenstoffs und somit seine dominierende Stellung unter allen bekannten Elementen besteht darin, dass er sich praktisch unbegrenzt mit sich selbst und auch mit einer Vielzahl anderer Elemente verbinden kann. Jedes Kohlenstoffatom (die Atome sind die kleinsten für die Eigenschaft eines Elements charakteristischen „Bausteine") besitzt dafür vier „Arme", die es zum Eingehen einer Bindung „ausstrecken" kann. In der Chemie werden diese „Arme" mit einfachen Strichen dargestellt, man nennt sie nach dem lateinischen Wort *valentia* = Kraft, Stärke, auch *Valenzen*:

$$-\overset{|}{\underset{|}{C}}-$$

Diese Valenzen oder auch Bindungsmöglichkeiten zwischen einzelnen Kohlenstoffatomen führen zu langen Ketten,

$$-\overset{|}{\underset{|}{C}}-\overset{|}{\underset{|}{C}}-\overset{|}{\underset{|}{C}}-\overset{|}{\underset{|}{C}}-\overset{|}{\underset{|}{C}}-\overset{|}{\underset{|}{C}}-\overset{|}{\underset{|}{C}}-$$

© Springer Fachmedien Wiesbaden 2016
G. Habenicht, *Kleben - erfolgreich und fehlerfrei*, DOI 10.1007/978-3-658-14696-2_2

die auch Verzweigungen, vernetzte oder ringförmige Strukturen aufweisen können:

$$
\begin{array}{c}
-\overset{|}{\underset{|}{C}}- \\
-\overset{|}{\underset{|}{C}}- \\
-\overset{|}{\underset{|}{C}}-\overset{|}{\underset{|}{C}}-\overset{|}{\underset{|}{C}}-\overset{|}{\underset{|}{C}}-\overset{|}{\underset{|}{C}}-\overset{|}{\underset{|}{C}}-\overset{|}{\underset{|}{C}}-\overset{|}{\underset{|}{C}}- \\
-\overset{|}{\underset{|}{C}}- \\
-\overset{|}{\underset{|}{C}}- \\
-\overset{|}{\underset{|}{C}}-
\end{array}
$$

Auch die Ausbildung von zwei Bindungen zwischen zwei Kohlenstoffatomen ist möglich

$$-\overset{|}{C}=\overset{|}{C}-$$

weiterhin existieren Verbindungen mit anderen Elementen, so z. B. mit

Wasserstoff $\quad H-\overset{|}{\underset{|}{C}}-$

oder

Sauerstoff $\quad O=\overset{|}{\underset{|}{C}}$

Die Anzahl der Valenzen und somit der Bindungsmöglichkeiten ist bei den einzelnen Elementen verschieden und durch den Aufbau ihrer Atome vorgegeben. Aus diesen Erläuterungen lässt sich ableiten, dass eine große Fülle (über 1 Mio.) verschiedener organischer Verbindungen existiert, an denen sich vor allem die Elemente

Chemisches Symbol		
Kohlenstoff	C	Aus dem Lateinischen carbo
Wasserstoff	H	Aus dem Lateinischen hydrogenium
Sauerstoff	O	Aus dem Lateinischen oxigenium
Stickstoff	N	Aus dem Lateinischen nitrogenium

beteiligen. Zu diesen organischen Verbindungen gehört auch der weitaus größte Teil der Klebstoffe. Da diese wiederum in ihrem Aufbau den uns bekannten Kunststoffen sehr ähnlich, z. T. sogar mit ihnen identisch sind, werden sie ebenfalls den Produkten des „Kunststoffzeitalters" zugeordnet. Die modernen „künstlichen" Klebstoffe wurden erst vor ca. 100 Jahren bekannt. Der erste Kunststoff mit technischer Bedeutung ist das von dem Belgier L. H. Baekeland (1863–1944) erfundene und nach ihm benannte „Bakelite", ein Phenol-Formaldehydharz, das auch heute noch als Kunststoff eingesetzt wird.

Abb. 2.1 Polymerbildung aus
Monomeren (I)

2.1.2 Monomer – Polymer

Zur weiteren Beschreibung der Klebstoffe ist es erforderlich, zwei wichtige Fachausdrücke zu erläutern (Abb. 2.1).

Monomer Dieser Begriff leitet sich aus der griechischen Sprache ab (monos = einzeln, allein) und bezeichnet die entsprechenden „Einzelteile", die sich über eine chemische Reaktion zu einem Polymer verbinden.

Polymer Ebenfalls griechischen Ursprungs (polys = viel, meros = Anteil, Teil) und bedeutet so viel wie ein System aus „vielen Teilen".

2.1.3 Polymerbildung

Bildhaft lässt sich die Polymerbildung mit dem Zusammenstellen eines Zuges vergleichen. Durch die an den einzelnen Wagen vorhandenen „Haken und Ösen" können sich beliebig viele Wagen (Monomere) zu einem Zug (Polymer) zusammenhängen (Abb. 2.2).
   Die Monomere verfügen dazu über spezielle Kombinationen verschiedener Elemente, sog. „reaktive Gruppen", die sich an Stelle der bildhaft genannten „Haken und Ösen" mit denjenigen Gruppen der Nachbarmonomere über eine chemische Reaktion verbinden. Auf diese Weise entstehen die „Polymerstrukturen" von geraden und verzweigten bzw. miteinander vernetzten Ketten. Bei der Behandlung der wichtigsten Klebstoffe werden diese reaktiven Gruppen näher erläutert.
   Wenn sich nur eine begrenzte Anzahl von Monomeren durch eine chemische Reaktion vereinigt, spricht man von *Prepolymeren*, eine Vorstufe von Polymeren, die aber noch

Abb. 2.2 Polymerbildung aus
Monomeren (II)

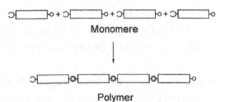
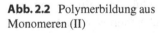

reaktionsbereite Gruppen aufweist. Sie werden z. T. auch in Mischungen mit ähnlich aufgebauten Monomeren eingesetzt. Der Einfachheit halber wird im Folgenden weiterhin der
Begriff Monomer verwendet.

2.2   Einteilung der Klebstoffe

Berücksichtigt man die vielfältigen Möglichkeiten, nach denen Klebstoffe aufgebaut sein
können, und die dazugehörigen Varianten für ihre Verarbeitung, so kommt man auf tausen-
de verschiedener „Rezepturen" oder „Formulierungen", die sich im praktischen Einsatz
befinden. Dadurch hat es der Anwender auch schwer, den richtigen Klebstoff zu finden
und oft hört man daher die Frage: „Welcher Klebstoff eignet sich für das Kleben bestimmter Werkstoffe?". Erleichtert wird die Beantwortung durch die Beschreibung der im
Folgenden beschriebenen Eigenschaftskriterien.

2.2.1   Klebstoffe, die durch eine chemische Reaktion aushärten (Reaktionsklebstoffe)

In diesem Fall besteht der auf die Fügeteile aufgetragene flüssige Klebstoff aus den zu
einer chemischen Reaktion bereiten Monomermolekülen (Abschn. 2.1.2 und 2.1.3). Diese liegen infolge ihrer „Kleinheit" meistens in flüssiger Form vor. Nach dem Auftragen
des Klebstoffs und der Vereinigung der zu klebenden Fügeteile tritt in der Klebfuge eine
chemische Reaktion ein. Aus den (flüssigen) Monomeren bildet sich die feste („harte")
Klebschicht. Dieser zeitabhängige Vorgang wird als *Härten, Aushärten* oder auch *Abbinden* bezeichnet. Da er über eine chemische Reaktion abläuft, spricht man von *chemisch
reagierenden Klebstoffen* oder von *Reaktionsklebstoffen*.

2.2.2   Klebstoffe, die ohne eine chemische Reaktion aushärten (physikalisch abbindende Klebstoffe)

Der Vorgang der Polymerbildung durch die Reaktion der Monomere miteinander (Abschn. 2.1.3) kann bereits vom Klebstoffhersteller, d. h. vor der Klebstoffverarbeitung beim
Anwender, durchgeführt werden. Das hat allerdings zur Folge, dass die vorhandenen Polymere, da sie lange Ketten- oder auch verzweigte Netzstrukturen aufweisen, nicht mehr
flüssig sind und in dieser Form nicht verarbeitet werden können. Für einen Einsatz müssen
sie daher auf eine geeignete Weise in einen flüssigen Zustand überführt werden. Für diese
„Verflüssigung" gibt es verschiedene Möglichkeiten:

• Die Polymere werden in organischen Lösungsmitteln gelöst. Derartige Klebstoffe bezeichnet man als *Lösungsmittelklebstoffe* (Abschn. 2.2.3).

- Als flüssiges Medium kann auch Wasser dienen, in dem die feinstverteilten Polymere „schwimmen". Diese Klebstoffe sind als *Dispersionen* (lateinisch *dispergere* = feinverteilen) im Handel, (Abschn. 5.4).
- Es gibt auch Polymere, die durch Wärmezufuhr zum Schmelzen gebracht werden können, sie werden in schmelzflüssiger und lösungsmittelfreier Form auf die Fügeteile aufgetragen. Nach Abkühlung der Klebstoffschmelze in der Klebfuge entsteht die fertige Klebung. Die auf diese Weise durch Schmelzen und Abkühlen verarbeitbaren Klebstoffe bezeichnet man als *Schmelzklebstoffe* (Abschn. 5.1).
- Bekannt sind weiterhin auf entsprechende Trägermaterialien aufgebrachte Polymerschichten, die durch Zusatz klebrigmachender Bestandteile (z. B. Harze) über eine eigene Klebrigkeit verfügen. Diese als *Haftklebstoffe* (Abschn. 5.6) bezeichneten Systeme ergeben eine Klebung durch Aufbringen eines ausreichenden Anpressdruckes auf die Fügeteile.

Wenn Lösungsmittelklebstoffe oder auch Dispersionen auf die Fügeteile aufgebracht werden, müssen die Lösungsmittel oder das Wasser vor dem Vereinigen der Fügeteile aus der flüssigen Klebschicht entweichen, sie müssen „abdunsten". Hierbei findet keine chemische Reaktion statt, der Vorgang des Lösungsmittelverdunstens ist ein sog. „physikalischer" Vorgang. Somit spricht man anstatt von chemisch reagierenden oder Reaktionsklebstoffen von *physikalisch abbindenden Klebstoffen.* Da die Abkühlung einer Schmelze bei den Schmelzklebstoffen oder die Druckaufbringung bei den Haftklebstoffen ebenfalls physikalische Vorgänge sind, gehören auch sie zu dieser Gruppe. Im Gegensatz zu der Härtung bei den Reaktionsklebstoffen wird dieser Vorgang, wie der Name bereits andeutet, bei dem physikalisch abbindenden Klebstoffen als „Abbinden" bzw. „Verfestigen" bezeichnet.

In Abb. 2.3 sind diese Zusammenhänge schematisch dargestellt.

Abb. 2.3 Einteilung der Klebstoffe nach der Aushärtungsart

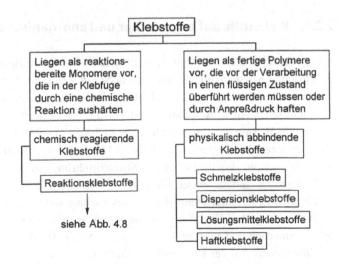

Ergänzend zu den in den beiden vorstehenden Abschnitten beschriebenen Einteilungs-
kriterien sind weitere Merkmale üblich (Abschn. 2.2.3–2.2.6).

2.2.3 Lösungsmittelhaltige und lösungsmittelfreie Klebstoffe

Wie vorstehend beschrieben, müssen die auf Polymerbasis aufgebauten Klebstoffe durch
entsprechende Lösungsmittel bzw. Wasser in einen verarbeitungsfähigen Zustand überführt werden. Somit entsteht die wichtige Gruppe der *Lösungsmittelklebstoffe* im Gegensatz zu den in Form von Monomeren verarbeitbaren *Reaktionsklebstoffen*, die auf
Grund ihres meistens flüssigen oder pastösen Zustands keiner Lösungsmittel bedürfen.
Im allgemeinen Sprachgebrauch werden als Lösungsmittelklebstoffe nur solche Produkte
bezeichnet, die in ihren Formulierungen organische und in den meisten Fällen brennbare
Lösungsmittel enthalten.

2.2.4 Klebstoffe auf natürlicher und künstlicher Basis

Eine weitere Möglichkeit, die Klebstoffe einzuteilen, besteht in der Unterscheidung, ob
es sich bei ihnen um organische Verbindungen aus Naturprodukten, sog. „natürliche"
Klebstoffe, handelt oder ob sie über gezielte chemische Reaktionen hergestellt sind, sog.
„künstliche" Klebstoffe. Aus dem täglichen Leben sind viele Stoffe bekannt, die über eine
natürliche Klebrigkeit verfügen, z. B. Baumharze, Pflanzensäfte, Wachse, Eiweiß, Gelatine, Casein, Stärke. Gegenüber den künstlich hergestellten Klebstoffen treten sie zwar
mengenmäßig stark zurück, verfügen jedoch z. T. über hervorragende Eigenschaften bei
Spezialanwendungen, wie z. B. Caseinklebstoffe zum Etikettieren von Flaschen.

2.2.5 Klebstoffe auf organischer und anorganischer Basis

Wie in Abschn. 2.1.1 erwähnt, werden in der Chemie die Bereiche „organisch" und „an-
organisch" unterschieden. Somit sind neben den organischen Klebstoffen ebenfalls auf
anorganischer Basis aufgebaute Klebstoffe im Einsatz. Deren Vorteil besteht auf Grund ihres chemischen Aufbaus vor allem in der sehr guten Dauerbeständigkeit der Klebschichten
gegenüber Wärme bei Temperaturen bis zu 500 °C, in Spezialfällen sogar darüber. Wichtige Einsatzgebiete liegen in der Glüh- und Halogenlampenfertigung für die Glas-/Sockel-
Verklebung bzw. zum Einkleben der Stromzuführungsdrähte.

In Abb. 2.4 sind die in den vorstehenden Abschn. 2.2.4 und 2.2.5 beschriebenen Klebstoffe hinsichtlich ihrer chemischen Basis nochmals zusammengestellt.

Bemerkung: Auf Grund ihres chemischen Aufbaus stellen die Silicone Verbindungen
mit organischen und anorganischen Strukturmerkmalen dar.

Eine weitere Art der Klebstoffeinteilung wird in Abschn. 3.3, Abb. 3.7 dargestellt.

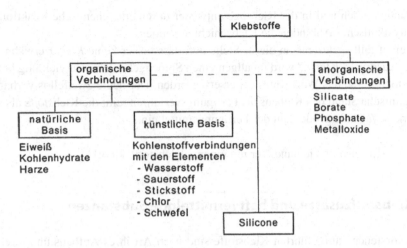

Abb. 2.4 Einteilung der Klebstoffe nach der chemischen Basis

2.2.6 Anwendungsbezogene Klebstoffbezeichnungen

Üblich sind auch Klebstoffbezeichnungen, die sich nach speziellen Anwendungen richten, so z. B.

- Kaltleim oder warmhärtender Klebstoff als Hinweis auf die *Verarbeitungstemperatur*;
- Haftklebstoff, Schmelzklebstoff, Kontaktklebstoff, 2 K-Klebstoff als Hinweis auf ein bestimmtes *Verarbeitungsverfahren*;
- Holzleim, Tapetenkleister, Etikettierklebstoff, Metallklebstoff als Hinweis auf einen *Verwendungszweck*;
- Klebstofffolie, Leimpulver, Lösungsmittelklebstoff als Hinweis auf die *Lieferform*;
- Epoxidharzklebstoff, Methacrylatklebstoff, Polyurethanklebstoff als Hinweis auf die eingesetzte chemische *Klebstoffbasis (Klebstoffgrundstoff)*.

Unter einem *Leim* oder *Kleister* versteht man relativ hochviskose Klebstoffe, die auf tierischen und/oder pflanzlichen (ggf. gemischt mit künstlichen) Grundstoffen aufgebaut sind und Wasser als Lösungs- bzw. Quellmittel aufweisen.

Einer kritischen Betrachtung bedarf die Bezeichnung *Alleskleber*. Mit dieser Bezeichnung wird oftmals ein „Universalklebstoff" suggeriert, der für alle Anwendungen und Beanspruchungen der verschiedensten Materialien geeignet ist. Insbesondere nach dem Studium der Ausführungen zur Klebstoffauswahl in Kap. 8 wird der Leser verstehen, warum derartige Klebstoffe zwar für spezielle Anwendungen geeignet sind, nicht aber „alles" können.

Unter *Klebstoffen* sind somit Produkte zu verstehen, die gemäß ihrer jeweiligen chemischen Zusammensetzung und dem vorliegenden physikalischen Zustand auf die Fügeteile aufgebracht werden und in der Klebfuge entweder durch eine chemische Reaktion oder durch physikalisches Abbinden die Klebschicht ausbilden.

Vielleicht fällt spätestens an dieser Stelle auf, dass bisher keine *Kleber* erwähnt wurden. Der Ausdruck „Kleber" wird im allgemeinen Sprachgebrauch zwar vielfältig benutzt, sollte jedoch durch das Wort Klebstoff ersetzt werden. Der heute zweifellos vorhandene hohe technische Stand des Klebens als Fertigungsverfahren reiht die Kleb*stoffe* als wichtige Werk*stoffe* in die große Zahl der Fertigungsmittel ein.

Merke Ein „Kleber" ist jemand, der mit einem „Klebstoff" klebt!

2.3 Klebstoffzusätze und haftvermittelnde Substanzen

Für die vorstehend aufgeführten Klebstoffe sind nach Art ihres Aufbaus und ihrer Einteilung für deren Formulierung Zusätze erforderlich, um deren Verarbeitungs- und Anforderungseigenschaften sicher zu stellen. Im Wesentlichen handelt es sich dabei um die folgenden Produkte:

2.3.1 Härter

Der Begriff „Härter" kann bei chemisch reagierenden Klebstoffarten in seiner Funktion als Klebstoffbestandteil u. a. unter zwei verschiedenen Eigenschaftskriterien betrachtet werden,

- als eine der beiden Komponenten (meistens diejenige mit dem geringeren Volumen- oder Gewichtsanteil) bei Zweikomponenten-Reaktionssystemen, z. B. die Aminkomponente bei Epoxidharzen (Abschn. 4.1.1);
- als ein Zusatz, um eine Polymerisationsreaktion einzuleiten, z. B. organische Peroxide bei den Methacrylatklebstoffen (Abschn. 4.3.3).

Für beide Beispiele trifft die normenmäßig gegebene Definition für einen Härter als „Klebstoffbestandteil, der eine Vernetzung des Klebstoffs bewirkt" zwar zu, hinsichtlich der Beteiligung am Reaktionsablauf gibt es jedoch grundsätzliche Unterschiede:

Im ersten Fall (Epoxidharz) bildet die als Härter bezeichnete Komponente (Amin) durch die gemeinsame Vernetzung mit dem Epoxid einen wesentlichen Bestandteil der ausgehärteten Klebschicht.

Im zweiten Fall (Methacrylat) trifft das nicht zu, da der wirksame Anteil des Härters (Peroxid) am Reaktionsgeschehen gegenüber dem Basismonomer sehr gering ist und somit keinen die Eigenschaft der Klebschicht bestimmenden Polymeranteil bildet.

Für die Klebstoffverarbeitung bedeutet dieser Unterschied ein wichtiges Kriterium bei der Auswahl der Misch- bzw. Dosiergeräte (Abschn. 7.2.2). (Folgt man diesen Betrachtungen, wären durchaus die auf Fügeteiloberflächen vorhandenen Wassermoleküle als „Härter" für Cyanacrylatklebstoffe zu bezeichnen, Abschn. 4.3.1)

2.3.2 Vernetzer

Häufig wird der Begriff „Vernetzer" mit einem Härter gleich gestellt, obwohl es hinsichtlich der Funktion Unterschiede gibt. Im eigentlichen Sinn sind Vernetzer Substanzen, die an lineare Molekülketten reaktive Molekülgruppen „anknüpfen", so dass durch deren chemische Reaktionen aus z. B. linearen Strukturen zwei- oder dreidimensionale vernetzte Polymere gebildet werden können.

2.3.3 Beschleuniger, Katalysatoren

Hierbei handelt es sich um Verbindungen, die bereits bei sehr geringen Konzentrationen (< 1 %) einen Reaktionsablauf entweder erst ermöglichen oder beschleunigen können. In der Regel werden die Beschleuniger der Härterkomponente zugegeben, wie z. B. in Abschn. 4.3.3 (Methacrylatklebstoffe) beschrieben. In ähnlicher Weise ist die Funktion von Katalysatoren zu sehen mit dem Unterschied, dass diese im Endprodukt nicht erscheinen und bei der Reaktion nicht verbraucht oder verändert werden.

2.3.4 Haftvermittler

Neben den in Abschn. 7.1.3.1 beschriebenen Primern dienen Haftvermittler in gleicher Weise der Verbesserung der Haftungseigenschaften von Klebschichten auf den Fügeteiloberflächen. Während Primer in der Regel auf die Oberflächen aufgetragen werden, sind Haftvermittler in den meisten Fällen in geringer Konzentration Klebstoffbestandteile. Aus didaktischer Sicht lässt sich deren Funktionsweise aus Abb. 2.2 nachvollziehen: Zwei verschiedene reaktive Gruppen (Abschn. 2.1.3 und 3.1) an einem in den meisten Fällen linearen Molekülsegment ermöglichen einerseits eine chemische Reaktion mit den Atomen/Molekülen der Fügeteiloberfläche und andererseits mit entsprechenden funktionellen Gruppen der Klebstoffmoleküle. Auf diese Weise entstehen dann bei der Härtungsreaktion sog. „chemische Brücken". Vielfältig eingesetzt werden Haftvermittler auf Basis von Silanen (organische Siliziumverbindungen). Derartige Haftvermittler sind z. B. seit langem bei der Herstellung glasfaserverstärkter Kunststoffe im Einsatz, um die Adhäsion zwischen Glasfaser und dem entsprechenden Harz sowie auch für Glas-/Glasklebungen zu verbessern.

2.3.5 Füllstoffe

Mit dem Zusatz von Füllstoffen werden verschiedene Eigenschaftsänderungen der Kleb-
stoffe bzw. der Klebschichten angestrebt. Ihre wichtigsten Merkmale sind in Abhängigkeit
von der jeweiligen Anwendung die chemische Zusammensetzung, Korngrößenverteilung,
Dichte, Benetzbarkeit und für spezielle Anwendungen ergänzend Wärmeleitfähigkeit,
Wärmeausdehnungskoeffizient (Abschn. 7.3.1), elektrische Leitfähigkeit (Abschn. 11.5).
Weiterhin gilt ein inertes Verhalten den Polymermolekülen gegenüber (kein Anlösen,
Anquellen, Klebrigmachen) als wesentliche Voraussetzung für einen Einsatz.

   Eine Beeinflussung der Klebschichteigenschaften liegt u. a. in den Möglichkeiten einer
Verstärkung der Klebschicht, deren geringere Schwindung während der Aushärtung, so
wie der Verleihung besonderer elektrischer und physikalischer Eigenschaften. Als Zusatz
zu Klebstoffen kann beispielsweise eine Veränderung rheologischer Eigenschaften vorteilhaft sein. Nicht zu verwechseln mit Füllstoffen sind sog. *Streckmittel*, die vielfach vor
dem Hintergrund einer Kostenreduzierung und z. T. auch einer Qualitätsminderung der
Klebstoffe gesehen werden müssen.

Vom Klebstoff zur Klebschicht

3

3.1 Reaktionsklebstoffe – Grundlagen

Wie in Kap. 2 erläutert, bestehen die Reaktionsklebstoffe aus Monomeren bzw. Prepolymeren, die die für eine chemische Reaktion notwendigen Voraussetzungen besitzen. Diese Voraussetzungen sind ihre „reaktiven Gruppen", mit denen die Moleküle ausgestattet sind. Sie benötigen nur den richtigen „Anstoß", damit die Reaktion auch „anspringen" kann. So ein Anstoß kann z. B. erfolgen, wenn einem Monomer A das zu seinem „Haken" genau passende Monomer mit der „Öse" B zugemischt wird. Dann beginnen sich die Monomere A und B miteinander zu vereinigen, sie „reagieren" miteinander. Nach dem Mischen liegt demnach eine „reaktive" Mischung vor, in der mit zunehmender Zeit immer mehr A- und B-Monomere sich zu dem Polymer AB verbinden (in Abb. 3.1 vereinfacht dargestellt, es bilden sich auch verzweigte bzw. vernetzte Strukturen). Bei der Klebstoffverarbeitung spricht man von den beiden *Komponenten* A und B, die, da sie normalerweise in flüssiger Form vorliegen, nach den Angaben in Abschn. 7.2.2 miteinander gemischt werden.

Zum näheren Verständnis dient die Erklärung der folgenden Sachverhalte:

- Topfzeit,
- Mischungsverhältnis der Komponenten,

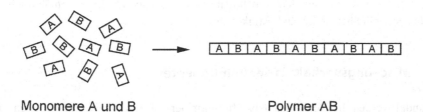

Monomere A und B   Polymer AB

Abb. 3.1 Bildung eines Polymers AB aus den Komponenten A und B

© Springer Fachmedien Wiesbaden 2016
G. Habenicht, *Kleben - erfolgreich und fehlerfrei*, DOI 10.1007/978-3-658-14696-2_3

- Einfluss der Zeit auf die Klebstoffaushärtung,
- Einfluss der Temperatur auf die Klebstoffaushärtung.

3.1.1 Topfzeit

Da die chemische Reaktion zwischen den beiden Komponenten A und B direkt nach dem Mischen in einem „Topf" beginnt, ist es erforderlich, diese fertige Klebstoffmischung zügig zu verarbeiten. Andernfalls ist die Reaktion zur Bildung des Polymers AB (der Klebschicht) bereits vor dem Auftragen auf die Fügeteile so weit fortgeschritten, dass die erwartete Festigkeit der Klebung beeinträchtigt wird. Zwischen dem Mischen des Klebstoffansatzes und dessen Auftragen auf die Fügeteile, sowie deren Fixierung, darf demnach nur eine – bei den einzelnen Reaktionsklebstoffen unterschiedlich lange – Zeitspanne liegen. Diese Zeit wird als *Topfzeit* (aus dem Englischen *pot-life*) bezeichnet. Je nachdem, wie groß die Bereitschaft der Monomere A und B ist, miteinander zu reagieren, kann die Topfzeit im Minutenbereich liegen, aber auch Stunden betragen.

Die Topfzeit ist bei den Verarbeitungshinweisen der Klebstoffe angegeben, sie unterliegt allerdings gewissen Schwankungen in Abhängigkeit von dem zu mischenden Ansatz. Der Grund dafür liegt in der Tatsache, dass bei der chemischen Reaktion der Komponenten miteinander Wärme, die „Reaktionswärme", entsteht. Da die Klebstoffmischungen über eine relativ geringe Wärmeleitfähigkeit verfügen, somit die entstehende Wärme nur sehr langsam an die Umgebung abgeleitet werden kann, ist es verständlich, dass große Ansätze (z. B. im Kilogramm-Bereich) sich mehr erwärmen als kleine Ansätze im Gramm-Bereich. Da die Reaktionsgeschwindigkeit der Komponenten A und B bei höherer Temperatur größer als bei tieferer Temperatur ist, ergibt sich bei großen Ansätzen somit eine kürzere Topfzeit. Die Topfzeit ist somit abhängig

- von der „Reaktivität", d. h. der Geschwindigkeit, mit der die Monomere miteinander reagieren,
- der Umgebungstemperatur sowie der
- Ansatzmenge.

Der zeit- und temperaturabhängige „Gelpunkt" stellt bei einem Reaktionsklebstoff den Zustand dar, bei dem er aus dem zunehmend höherviskosen in den festen Bereich übergeht, bis er schließlich seine Endfestigkeit erreicht hat.

3.1.2 Mischungsverhältnis der Komponenten

Im Handel werden die Reaktionsklebstoffe normalerweise in zwei verschiedenen Tuben oder Dosen (meistens als *Harz* und *Härter* bezeichnet) angeboten, deren Inhalt miteinander in den vom Hersteller vorgeschriebenen Gewichts- oder Volumeneinheiten gemischt

Abb. 3.2 Abhängigkeit der
Festigkeit einer Klebung vom
Mischungsverhältnis der Kom-
ponenten

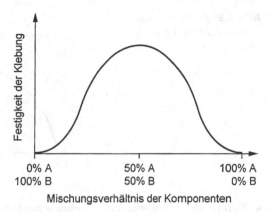

werden müssen. Bei diesen Klebstoffen haben wir es wegen der beiden zu mischenden Komponenten A und B daher mit den typischen *Zweikomponenten (2K)-Reaktionskleb-stoffen* zu tun.

Warum ist die Einhaltung der Mischungsverhältnisse bei den vorstehend beschriebenen Klebstoffen so wichtig? Wie in Abb. 3.1 schematisch dargestellt, benötigt beispielsweise bei Epoxidharzklebstoffen (Abschn. 4.1) ein Monomer A jeweils ein Monomer B, damit sich das Polymer AB bilden kann. Ist z. B. zu viel der Komponente A gegenüber B vorhanden, bleibt A im Überschuss und kann deshalb an weiteren Reaktionen nicht teilnehmen. Die Klebschicht härtet nicht endgültig aus, die Fügeteile werden also nicht ausreichend fest miteinander verbunden. Nimmt man Abb. 3.2 als Beispiel, so ist dort zu ersehen, dass die optimale Festigkeit der Klebung bei einem Mischungsverhältnis A:B = 1:1 gegeben ist.

3.1.3 Einfluss der Zeit auf die Klebstoffaushärtung

Wir haben gelernt, dass die Ausbildung der Klebschicht nach bestimmten chemischen Reaktionen erfolgt. Derartige Reaktionen sind nun abhängig von zwei wichtigen Einflüssen,

- der Zeit und
- der Temperatur.

Wie kann man sich den Einfluss der Zeit erklären? Dazu verfolgen wir, wie in Abb. 3.3 schematisch dargestellt, den zeitlichen Ablauf der Härtung in einer Klebstoffmischung aus den Komponenten A und B.

- Im Zeitpunkt 0 befinden sich in der Mischung nur die Monomermoleküle A und B in dem vorgeschriebenen Verhältnis.

Abb. 3.3 Zeitlicher Ablauf
der Polymerbildung aus den
Monomeren

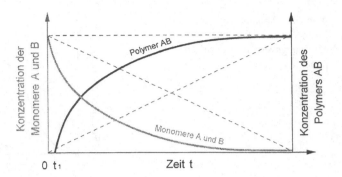

- Bereits kurze Zeit später (t_1) beginnen beide miteinander zu reagieren, es entstehen die ersten Polymermoleküle AB.
- Mit fortschreitender Zeit nimmt daher die Konzentration der Monomere A und B ab, gleichzeitig wird der Anteil an gebildeten Polymermolekülen AB immer größer.
- Je größer im weiteren Zeitablauf die gebildete Menge des Polymers AB wird, desto geringer wird die Konzentration an A- und B-Monomeren. Das führt schließlich dazu, dass diese sich nur noch selten „treffen" können, da zu viel Polymer AB zwischen ihnen liegt.
- Zu einer vom jeweiligen Klebstoff abhängigen Zeit wird dann wegen der kontinuierlich geringer werdenden Anteile an A und B, die sich nicht mehr „finden" können, die Reaktion beendet; die Klebstoffmischung ist zur Klebschicht „ausgehärtet". Nun liegt es in der Natur dieser chemischen Reaktionen, dass die Abnahme von A und B und die Zunahme von AB nicht gemäß der in Abb. 3.3 dargestellten gestrichelten Linien, also geradlinig (linear), sondern nach den ausgezeichneten Kurven erfolgt. War die Geschwindigkeit der Reaktion A + B → AB zu Beginn groß, wird sie mit zunehmender Zeit immer geringer. Theoretisch ist eine unendlich lange Zeit erforderlich, bis die Reaktion 100%ig abgelaufen ist. Diese Zeit ist u. a. auch von der Größe der gebildeten Polymermoleküle abhängig. Für die praktische Anwendung haben diese Überlegungen allerdings keinen großen Einfluss; sie sind aber wichtig, wenn wir uns im folgenden Abschnitt mit dem Einfluss der Temperatur auf diese Reaktionen beschäftigen.

3.1.4   Einfluss der Temperatur auf die Klebstoffaushärtung

Was kann getan werden, um die Reaktionszeiten zu verkürzen? Hier bietet sich als zweite Einflussgröße die Temperatur an. Durch Wärmezufuhr, d. h. Temperaturerhöhung, lassen sich chemische Vorgänge allgemein beschleunigen. Die Ursache liegt in den bei zunehmender Temperatur eintretenden erhöhten Molekülbeweglichkeiten. Am Beispiel des Wassers kann dieser Einfluss, wenn hier auch keine chemische Reaktion, sondern ein physikalischer Vorgang vorliegt, erklärt werden. Bei Temperaturen unter 0 °C liegt das Wasser als Eis in fester Form vor. Die Wassermoleküle sind in ein Kristallgitter eingebettet, können sich also nicht bewegen. Wird das Eis über 0 °C erwärmt, wird es in Form von Wasser flüssig, die Wassermoleküle sind nicht mehr gittermäßig fixiert und können sich durcheinander bewegen. Diese Bewegung wird mit zunehmender Temperatur immer größer, bis sie unter Normaldruck bei 100 °C ausreicht, dass die Moleküle den flüssigen Verbund aufgeben und als Wassermoleküle mit sehr hoher Beweglichkeit in den angrenzenden Luftraum übertreten.

Ähnlich geht es auch den Monomermolekülen. Durch die Temperaturerhöhung erhöht sich ihre Beweglichkeit und somit die Wahrscheinlichkeit, sich gegenseitig zu „treffen", um das Polymer AB zu bilden; ihre Reaktionsgeschwindigkeit wird größer, der Klebstoff härtet schneller und vollständiger aus. Durch Wärmezufuhr lässt sich demnach die Härtungszeit eines Reaktionsklebstoffs abkürzen.

Dieser willkommene Einfluss der Temperatur ermöglicht es weiterhin, Reaktionsklebstoffe herzustellen, bei denen nach dem Mischen der Komponenten die für die Klebstoffverarbeitung in der Regel unerwünschte Topfzeit weitgehend ausgeschaltet werden kann. Dazu werden Monomere ausgewählt, die bei Raumtemperatur oder auch darunter auf Grund ihrer chemischen „Trägheit" keine Neigung verspüren, miteinander zu reagieren. In gemischtem Zustand liegen sie also in einem „nichtreaktiven" Zustand vor und können ohne Topfzeitbegrenzung verarbeitet werden (Blockierung). Erst wenn die mit dem Klebstoff versehenen Fügeteile erwärmt werden, beginnt die Härtungsreaktion abzulaufen (Abschn. 3.2.2). Die erforderlichen Temperaturen sind je nach Monomeraufbau verschieden. In Bereichen von ca. 60–150 °C spricht man von warmhärtenden, darüber hinaus von heißhärtenden Klebstoffen. In Abb. 3.4 sind diese Zusammenhänge nochmals schematisch dargestellt.

Aus diesem Beispiel ergibt sich für den bei Raumtemperatur mit einer Aushärtungszeit von 24 h vorliegenden Klebstoff eine Verkürzung der Zeit auf ca. 20 min bei 80 °C.

Die jeweils optimalen Härtungszeiten und -temperaturen sind in den technischen Merkblättern oder auf den Verpackungen angegeben. Wenn für die Verarbeitung von Klebstoffen mit geringer Topfzeit keine automatischen Misch- und Dosiergeräte zur Verfügung stehen, sollte man dafür sorgen, dass nur die innerhalb der Topfzeit verarbeitbare

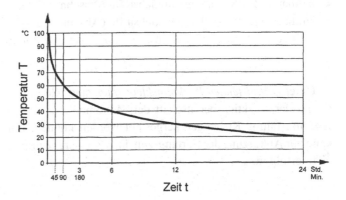

Abb. 3.4 Zusammenhang zwischen Reaktionszeit und Aushärtungstemperatur in einem Reaktionsklebstoff

Klebstoffmenge angesetzt wird, da durch vorzeitige Klebstoffaushärtung sonst Klebstoff-
verluste auftreten. Hieraus ergibt sich ebenfalls die Forderung, einen Zweikomponenten-
Klebstoff erst dann anzusetzen, wenn die zu klebenden Fügeteile nach den gegebenen
Vorschriften passend gemacht wurden und die Oberfläche entsprechend vorbereitet ist.

3.2   Zweikomponentige (2K-) und einkomponentige (1K-)Reaktionsklebstoffe

Das Grundprinzip der Aushärtung eines Reaktionsklebstoffs zu einer Klebschicht ist, wie
in Abschn. 3.1 beschrieben, eine chemische Reaktion. Dazu bedarf es für eine gegebene Harzkomponente A jeweils eines „Partners", mit dem diese Reaktion ablaufen kann.
Hinsichtlich der „Partnerwahl" gibt es nun zwei verschiedene Möglichkeiten:

- Klebstoffe, die zur Härtung mit einer zweiten Komponente gemischt werden müssen
  (2K-Reaktionsklebstoffe).
- Klebstoffe, die ohne Zumischung einer zweiten Komponente aushärten, da diese bereits durch den chemischen Zustand der Fügeteiloberfläche vorgegeben ist oder in die
  Klebfuge hinein diffundiert, z. B. Wassermoleküle (1K-Reaktionsklebstoffe).

3.2.1   2K-Reaktionsklebstoffe

Bei *2K-Reaktionsklebstoffen* wird der Harzkomponente A eine zweite Härterkomponente B in dem vom Klebstoffhersteller vorgeschriebenen Mischungsverhältnis zugegeben.
Beide Komponenten werden anschließend gleichmäßig nach den in Abschn. 7.2.2 beschriebenen Verfahren gemischt und auf die Fügeteile aufgetragen. Für diese 2K-Reakti-
onsklebstoffe sind die folgenden Klebstoffarten charakteristisch:

- kalthärtende 2K-Epoxidharzklebstoffe (Abschn. 4.1.1),
- kalthärtende 2K-Polyurethanklebstoffe (Abschn. 4.2.1),
- kalthärtende 2K-Methacrylatklebstoffe (Abschn. 4.3.3),
- weitere kalthärtende 2K-Klebstoffe auf Basis von Polyestern sowie speziellen Kautschuktypen.

Unter *kalthärtenden Reaktionsklebstoffen* sind Klebstoffe zu verstehen, mit denen auf
Grund der Reaktionsbereitschaft der Monomere bereits bei Raumtemperatur feste und
funktionsfähige Klebungen hergestellt werden können. Eine ergänzende Wärmezufuhr
kann zur Abkürzung der Härtungszeit, insbesondere bei Epoxidharzklebstoffen, muss aber
nicht erfolgen.

3.2.2 1K-Reaktionsklebstoffe

Bei *1K-Reaktionsklebstoffen* wird der Klebstoff nur in Form einer (der Harz-)Komponente auf die Fügeteile aufgetragen. Dass es dennoch zur Aushärtung einer Klebschicht kommt, liegt daran, dass die für die Härtung der Harzkomponente notwendigen reaktiven Bedingungen in der Klebfuge vorhanden sind. Diese Bedingungen können beispielsweise sein:

- Die an den Fügeteiloberflächen vorhandenen Wassermoleküle, die die Polymerisation (Abschn. 4.3) der *Cyanacrylatklebstoffe* (Abschn. 4.3.1) bewirken;
- der Kontakt mit metallischen Oberflächen, der bei *anaeroben Klebstoffen* (Abschn. 4.3.4) die Reaktion zu einer Klebschicht dann ermöglicht, wenn gleichzeitig der flüssige Klebstoff (durch die Fügeteile abgeschirmt) sich nicht mehr in Kontakt mit dem Sauerstoff der Luft befindet;
- das auf den Fügeteilen adsorbierte und in der umgebenden Luft vorhandene Wasser, das als Reaktionspartner für die feuchtigkeitshärtenden *1K-Polyurethanklebstoffe* (Abschn. 4.2.2) zur Verfügung steht. Diese Reaktionsweise ist ebenfalls typisch für die auf Polyurethanbasis aufgebauten *Dichtstoffe* (Abschn. 4.9), die beispielsweise im Baubereich zum Abdichten von Fugen zwischen Fenster- bzw. Türrahmen und Mauerwerk zum Einsatz kommen;
- bei *1K-Silicon-Kleb- und Dichtstoffen* ebenfalls die Luftfeuchtigkeit, die für die Reaktion zu der Klebschicht bzw. Fugenabdichtung verantwortlich ist. Bei dieser Reaktion wird als Nebenprodukt bei speziellen Siliconen Essigsäure gebildet, die an ihrem typischen Geruch erkennbar ist;
- eine weitere Möglichkeit, Reaktionsklebstoffe ohne Mischvorgang in Form von nur einer Komponente zu verarbeiten, ist dann gegeben, wenn die Komponenten A und B nach dem Mischen nicht miteinander reagieren, weil sie bei Raumtemperatur auf Grund ihrer chemischen Zusammensetzung dazu zu „träge" sind. Man kann diese Klebstoffe daher in gemischtem Zustand bei Raumtemperatur (oder zur Verlängerung der Lagerzeit in einer Kühltruhe) aufbewahren. Nach dem Auftragen auf die Fügeteile ist zur Überwindung der „Reaktionsträgheit" eine Wärmezufuhr erforderlich (Abschn. 3.1.4). Diese Klebstoffe werden als „blockierte" Reaktionsklebstoffe bezeichnet. Auch durch Zusatz von „Katalysatoren", die erst bei höheren Temperaturen wirksam werden, können derartige Systeme für eine Reaktion bei Raumtemperatur blockiert werden. Typische Beispiele für diese Klebstoffart sind die *warmhärtenden Epoxidharzklebstoffe*, die in bereits gemischter Form von den Klebstoffherstellern in Kartuschen oder auch Folienform (für großflächige Klebungen z. B. im Flugzeugbau) angeboten werden.
- Eine besondere Art der Blockierung reaktiver Komponenten ist die *Mikroverkapselung*. Auf diese Weise lassen sich durch eine Mischung verschiedener verkapselter Grundstoffe „Einkomponenten-Reaktionsklebstoffe" herstellen. Erst bei einer gewollten Zerstörung der Kapseln werden die reaktiven Komponenten freigesetzt. Anlässe für eine Kapselzerstörung können sein: Druck, Scherung, Wärme, Auflösen in entspre-

chenden Medien (z. B. Magensäure bei Retard-Medikamenten). Die Kapselgröße kann
in Abhängigkeit von der Prozesssteuerung bei einigen Mikrometern bis herauf in den
Millimeterbereich liegen. Die mikroverkapselten Substanzen liegen dann als trockenes,
freifließendes „Pulver", das aus den verkapselten Einzelkomponenten entsprechend
den erforderlichen Reaktionsanteilen zusammengemischt wird, vor. Die Kapselhüllen
bestehen aus polymeren oder anorganischen Verbindungen. Mikroverkapselte Klebstoffe finden vorwiegend als sog. „chemische Schraubensicherungen" Anwendung.
Die beim Hersteller auf die Schrauben oder Gewinde als „Slurry" in einer mittels
der Kapselwand gegenüber inerten Lösungsmittelpaste aufgebrachten Kapseln werden während der Verarbeitung infolge der zwischen Schraube und Mutter wirkenden
Scherbeanspruchung zerstört, sodass die reaktiven Substanzen in dem Gewindegang zu
einer Klebschicht aushärten können. Als mikroverkapselte Klebstoffe werden u. a. die
Grundstoffe Epoxidharze, Acrylate, Polyester und Polyurethane angeboten.

Abzugrenzen von den 1K-Reaktionsklebstoffen sind die in Kap. 5 beschriebenen *physikalisch abbindenden Klebstoffe,* die grundsätzlich nur in Form einer Komponente, nämlich
des schon „fertigen" Polymers, z. B. bei Schmelz-, Dispersions- und Lösungsmittelklebstoffen, vorliegen. Sie werden als *Einkomponenten-Klebstoffe* bezeichnet.

3.3 Eigenschaften der Klebschichten

Aus dem aufgetragenen flüssigen Klebstoff bildet sich nach den in den Abschn. 2.2.1
und 2.2.2 sowie den bisher in Kap. 3 beschriebenen Möglichkeiten chemischer Reaktionen
oder physikalischer Vorgänge die Klebschicht. Im Sinne einer exakten Ausdrucksweise
sprechen wir demnach von einem

- *Klebstoff* solange er noch nicht ausgehärtet ist, und von einer
- *Klebschicht* nach der erfolgten Aushärtung des Klebstoffs.

In einer fertigen Klebung befindet daher die Klebschicht und nicht der Klebstoff (siehe
auch Abb. 1.3).

Die besonderen Anforderungen an Klebschichten bestehen darin, die über die Fügeteile einwirkenden Kräfte zu übertragen. Wegen der vorhandenen Wechselwirkungen lassen
sich die Eigenschaften der Klebschichten nur zum Teil losgelöst von den Eigenschaften
der Fügeteile betrachten. Sie können für sich allein demnach das Verhalten der Klebungen
nur unvollkommen beschreiben (Abschn. 10.2.2). Erst die Kombination von Klebschicht
und Fügeteil (insbesondere dessen Oberfläche) ergibt die Haftungskräfte und somit einen
wesentlichen Teil der Gesamteigenschaften, die für die Festigkeit einer Klebung von entscheidendem Einfluss sind.

Je nach Art der Klebstoffbasis (Grundstoff) und dem Ablauf der chemischen oder physikalischen Härtungsreaktionen sind in der Klebfuge Polymere mit geraden, verzweigten

oder vernetzten Molekülstrukturen als Klebschichten vorhanden. Diese unterscheiden sich in ihren Eigenschaften, insbesondere unter Wärmeeinwirkung, wesentlich.

3.3.1 Thermoplaste

Polymere aus geraden und z. T. auch verzweigten Ketten. Sie werden bei Wärmezufuhr zunächst weich (plastisch) und bei weiter ansteigender Temperatur flüssig. Nach der Abkühlung verfestigen sie sich wieder. Diese Eigenschaft hat zu ihrem Namen als *Thermoplaste* (ebenfalls griechischen Ursprungs *thermos* = warm) geführt, also Stoffe, die durch Wärme plastisch bzw. weich werden. Die in Abschn. 5.1 beschriebenen Schmelzklebstoffe sind hierfür ein charakteristisches Beispiel.

3.3.2 Duromere

Polymere, die vernetzte Strukturen aufweisen. Sie können unter Wärmezufuhr nicht schmelzen, da die einzelnen Kettensegmente untereinander chemisch fest verbunden sind (wie z. B. ein an den Kreuzungsstellen geschweißtes Drahtgitter). In Abb. 3.5 sind diese Vernetzungsstellen durch schwarze Punkte dargestellt. Sie werden als *Duromere* (abgeleitet aus dem Lateinischen *durus* = hart) bezeichnet. Im Gegensatz zu den meisten Thermoplasten sind sie zudem in organischen Lösungsmitteln unlöslich.

Das unterschiedliche Verhalten der Thermoplaste und Duromere bei zunehmender Temperatur geht schematisch aus Abb. 3.6 hervor. Die Erweichungs- und Schmelztemperaturen der Thermoplaste können dabei je nach ihrer chemischen Zusammensetzung in großen Bereichen schwanken. Schmelzklebstoffe werden z. B. als Schmelze im Temperaturbereich von ca. 120–240 °C verarbeitet. Bei den Duromeren ist die dargestellte Temperaturabhängigkeit sehr stark vom Vernetzungszustand abhängig.

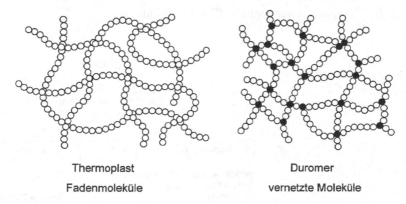

Thermoplast   Duromer

Fadenmoleküle   vernetzte Moleküle

Abb. 3.5 Thermoplastische und duromere Polymer-Strukturen

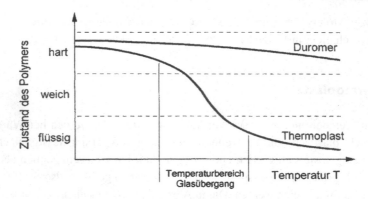

Abb. 3.6 Temperaturabhängigkeit des Polymerzustandes bei Thermoplasten und Duromeren (schematische Darstellung)

Bei weiter zunehmenden Temperaturen beginnt bei Polymeren eine chemische Zersetzung, d. h. die thermische Spaltung der Molekülstrukturen. Dieser Vorgang ist irreversibel, er kann durch Abkühlung nicht wieder rückgängig gemacht werden.

3.3.3 Elastomere

Polymere, die im Gegensatz zu den Duromeren aus weitmaschig vernetzten Makromolekülen aufgebaut sind, werden als *Elastomere* bezeichnet. Ihre charakteristische Eigenschaft besteht darin, dass sie bis zum Temperaturbereich chemischer Zersetzung nicht fließbar werden, sondern weitgehend temperaturunabhängig gummi-elastisch reversibel verformbar sind (z. B. Gummi-Erzeugnisse, Kautschukprodukte).

In Ergänzung zu den Kriterien der Klebstoffeinteilung in Abschn. 2.2 kann auf Basis der vorstehenden Ausführungen als weiteres Merkmal noch die Einteilung nach Art der aus den Klebstoffen gebildeten Klebschicht- bzw. Polymereigenschaften vorgenommen werden (Abb. 3.7, ergänzt durch typische Klebstoffgrundstoffe).

Abb. 3.7 Einteilung der Klebstoffe nach Art ihrer Polymereigenschaften

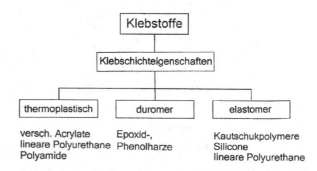

3.3.4 Thermomechanische Eigenschaften

Wie in Abschn. 3.3.2 erwähnt, ändern sich bei Polymeren, wenn auch bei Thermoplasten und Duromeren in unterschiedlichem Ausmaß, in Abhängigkeit von der Temperatur die physikalischen und mechanischen Eigenschaften. Ursache für diese Erscheinungen ist die mikro- bzw. makrobrownsche Bewegung der Makromoleküle (aus dem Griechischen *makros* = groß).

Die *mikrobrownsche* Bewegung kennzeichnet eine thermische Bewegung von Kettensegmenten oder Seitenketten (Abschn. 2.1.1) eines Makromoleküls, ohne dass dieses jedoch als solches im Sinne eines Platzwechsels in eine dafür ausreichende Bewegung gerät. Eine räumliche Umorientierung (*makrobrownsche* Bewegung) ist erst bei höheren Temperaturen, z. B. beim Beginn des Fließens von Thermoplasten, möglich (Abschn. 3.1.4 und 3.3.1). Je nach Polymerzusammensetzung und -struktur finden die beschriebenen Änderungen nicht bei definierten Temperaturen sondern in spezifischen Zustandsbereichen statt. Von diesen ist insbesondere der *Glaszustand* und die für diesen charakteristische *Glasübergangstemperatur* wichtig.

3.3.4.1 Glaszustand
Kennzeichnend für den Glaszustand ist ein weitgehend elastisches Verhalten der Polymere, bei dem das Verhältnis von Spannung zu Dehnung (Elastizitätsmodul, siehe Fachbegriff in Kap. 15) nur in geringem Maße temperaturabhängig ist. Mikro- und makrobrownsche Bewegungen finden nicht statt.

3.3.4.2 Glasübergangstemperatur T_g (Glastemperatur, Einfriertemperatur)
Die Glasübergangstemperatur ist definiert als die mittlere Temperatur des Bereiches, in dem die mikrobrownsche Bewegung der Moleküle bei der Abkühlung einfriert. Für die mechanischen Eigenschaften der Polymere bedeutet das eine starke Veränderung, insbesondere bei Thermoplasten (Abb. 3.6). Unterhalb der Glasübergangstemperatur (also zu tieferen Temperaturen hin) besitzen z. B. der Elastizitäts- oder Schubmodul höhere Werte, diese nehmen nach Überschreiten der Glasübergangstemperatur (also zu höheren Temperaturen hin) dann z. T. sehr stark ab. Die verschiedenen Polymere weisen jeweils für sie charakteristische Werte der Glasübergangstemperatur auf, die maßgeblich von der Molekülstruktur (linear, verzweigt oder vernetzt) abhängig sind. So liegen die Werte z. B. bei Kautschuktypen im Bereich von −50 bis −70 °C, bei Epoxidharzen können sie Größenordnungen von 100 bis 120 °C erreichen.

Für das Verhalten von Klebschichten ist der Wert der Glasübergangstemperatur ein wichtiger Parameter. Liegt dieser beispielsweise bei einem Polymer für einen Kontaktklebstoff (Abschn. 5.3) oberhalb Raumtemperatur, so ist dieses System nicht verwendungsfähig. Der Klebstoff liegt dann bei der Anwendungstemperatur in einem glasähnlichen Zustand vor, so dass die (makrobrownsche) Beweglichkeit der Moleküle bei Druckanwendung für eine gegenseitige Durchdringung (Verknäuelung) eingeschränkt ist und somit für die geforderte Klebschichtfestigkeit nicht ausreicht. Liegt andererseits bei Klebstoffen für den Einsatz bei erhöhten Temperaturen die Glasübergangstemperatur zu niedrig, also unterhalb der Beanspruchungstemperatur, ist von einer Abnahme der klebschichtspezifischen Festigkeitswerte bei der Anwendung auszugehen.

3.3.5 Kriechen

Das Versagen eines sich ablösenden Hakens, der mit einer Haftklebstoffschicht auf einer Keramik- oder Glasoberfläche befestigt ist, kann als typisches Beispiel für das Kriechverhalten einer Klebschicht betrachtet werden. Insbesondere thermoplastische Klebstoffe, zu denen in großem Umfang auch die Haftklebstoffe zählen (Abschn. 5.6), neigen bei hohen Beanspruchungen zum Kriechen. Ursache für dieses Verhalten ist das in zeitlicher Folge eintretende Versagen einzelner Bindungen zwischen den Polymermolekülen durch die von außen aufgezwungene Belastung. Durch Einsatz von Klebstoffen mit einem höheren Vernetzungsgrad kann die Kriechneigung der Klebschichten verringert werden.

Wichtige Reaktionsklebstoffe

4

Wie in Abschn. 3.2 beschrieben, werden bei den Reaktionsklebstoffen zwei Arten unterschieden, und zwar

- zweikomponentige (2K-)Klebstoffe,
- einkomponentige (1K-)Klebstoffe.

Bei den folgenden Darstellungen der wichtigsten Reaktionsklebstoffe wird auf die Zugehörigkeit zu einer dieser beiden Gruppen jeweils besonders hingewiesen. Weiterhin werden ergänzende Hinweise über spezielle Klebstoffeigenschaften, Verarbeitungsbedingungen sowie auch zu den wesentlichen chemischen Formeln gegeben.

4.1 Epoxidharzklebstoffe

4.1.1 Epoxidharzklebstoffe, zweikomponentig

Die Epoxidharzklebstoffe stellen zweifellos die wichtigste Gruppe der Reaktionsklebstoffe dar. Der Grund liegt in den sehr vielfältigen Formulierungsmöglichkeiten, die diese organischen Verbindungen bieten, um für die verschiedensten Anwendungsbereiche „maßgeschneiderte" Klebstoffe anbieten zu können. Charakteristisch für den Aufbau der Monomere ist eine spezielle Anordnung der Atome Kohlenstoff und Sauerstoff, die ihnen als Teil des Moleküls eine große Reaktionsbereitschaft mit anderen Monomeren erlauben. Bei dieser *Epoxidgruppe* haben sich zwei Kohlenstoffatome und ein Sauerstoffatom zu einem „Dreieck" verbunden.

Harzkomponente A mit Epoxidgruppe

© Springer Fachmedien Wiesbaden 2016
G. Habenicht, *Kleben - erfolgreich und fehlerfrei*, DOI 10.1007/978-3-658-14696-2_4

Eingeleitet wird die Härtungsreaktion dadurch, dass als zweite Komponente B Verbindungen der Harzkomponente zugemischt werden, die man als „Härter" bezeichnet und die in der Lage sind, das „Epoxid-Dreieck" zu öffnen.

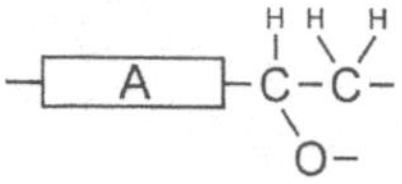

$$\boxed{\quad A \quad} - \overset{\overset{H}{|}}{\underset{\underset{O-}{|}}{C}} - \overset{\overset{H \; H}{\diagup}}{\underset{}{C}} -$$

Dadurch entstehen „Bindungsarme" (Valenzen), an die sich die Moleküle der Härterkomponente anlagern können. Typische Vertreter dieser Gruppe sind sog. *Amine*.

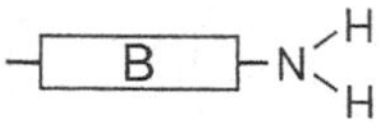

$$\boxed{\quad B \quad} - N \overset{\diagup H}{\underset{\diagdown H}{}}$$

Härterkomponente B mit Amingruppe

Diese beiden verschiedenen Monomere A und B mit ihren jeweiligen „reaktiven" Epoxid- und Amingruppen können sich, wie in Abb. 4.1 schematisch dargestellt, durch eine chemische Reaktion miteinander verbinden, sie „addieren" sich nach dem Schema A + B + A + B + ... zu den die feste (ausgehärtete) Klebschicht bildenden Makromolekülen. Von dieser Art der Polymerbildung leitet sich der für diese Reaktionsarten typische Begriff der *Polyaddition* ab.

Da an den jeweiligen Monomermolekülen A und B mehrere dieser reaktiven Gruppen vorhanden sein können, entstehen bei der Polyaddition netzartig verknüpfte Polymermoleküle mit duromeren Klebschichteigenschaften. Durch die vielfältige Auswahl der Komponenten A und B hinsichtlich ihres chemischen Aufbaus lässt sich u. a. auch das Härtungsverhalten beeinflussen. Unterschieden wird dabei:

- Härtung bei Raumtemperatur (kalthärtend).
- Härtung bei erhöhten Temperaturen (warmhärtend bis ca. 120 °C, heißhärtend bis ca. 250 °C).
- Verarbeitung mit kurzen oder langen Topfzeiten (Minuten, Stunden, Tage).

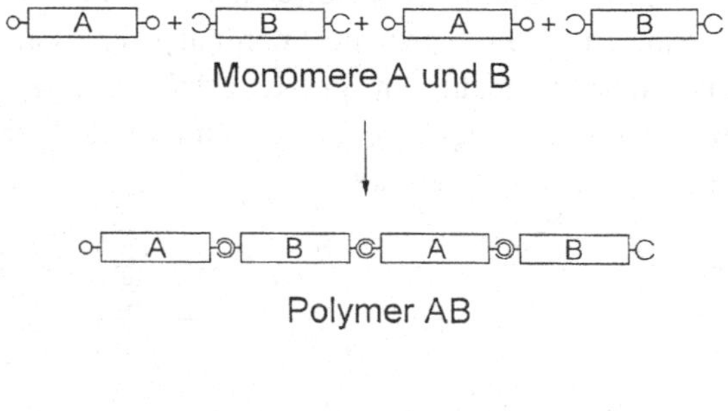

Abb. 4.1 Schematische Darstellung einer Polyadditionsreaktion zweier verschiedener Monomere A und B zu einem Polymer AB

Monomere A und B

Polymer AB

Ergänzende Hinweise:

- Für die Verarbeitung der hier beschriebenen 2K-Epoxid-Polyadditionsklebstoffe ist es wichtig, dass die auf den Verpackungen angegebenen Mischungsverhältnisse eingehalten werden (Abschn. 3.1.2);
- Um eine einheitliche Mischung sicherzustellen, wird häufig eine der beiden Komponenten eingefärbt. Der Mischvorgang ist solange durchzuführen, bis eine einheitliche Mischfarbe vorhanden ist;
- Als eine besonders praktische Verarbeitungsmöglichkeit bietet sich das Angebot dieser Klebstoffe in Form von Doppelkartuschen an (Abschn. 7.2.2.4);
- Sehr vorteilhaft für gelegentliche Anwendungen sind Verpackungen in Form von Folienheften, in denen die beiden Komponenten durch eine Siegelnaht voneinander getrennt sind und in denen Harz und Härter bereits im erforderlichen Mischungsverhältnis vorliegen;
- Bei Entnahme aus Tuben ist darauf zu achten, dass die Verschlüsse nicht verwechselt werden, da diese sonst mit der Tube verklebt werden.

4.1.2 Epoxidharzklebstoffe, einkomponentig

Einkomponenten-Epoxidharzklebstoffe werden fast ausschließlich im industriellen Bereich eingesetzt (Fahrzeugbau, Flugzeugbau, Elektronik). Sie sind bereits aus den Komponenten Harz und Härter gemischt, diese werden jedoch auf Grund spezieller Formulierungen daran gehindert, bei Raumtemperatur miteinander zu reagieren und somit auszuhärten (Blockierung, Abschn. 3.1.4).

So werden 1K-Systeme z. B. für den Flugzeugbau vorzugsweise als Klebstofffolien hergestellt, die bei tiefen Temperaturen (bis ca. $-20\,°C$) gelagert werden müssen. Nach dem Zuschneiden auf die entsprechenden Abmessungen der Fügeteile (Konfektionierung) und nach dem Fixieren der Fügeteile werden sie bei hohen Temperaturen (ca. $140–160\,°C$) ausgehärtet.

4.1.3 Reaktive Epoxidharz-Schmelzklebstoffe

Diese bei Raumtemperatur plastisch/festen 1K-Systeme werden in der Regel in Fassschmelzanlagen verarbeitet. Die Klebstofferwärmung erfolgt über beheizte Platten, die sich in Abhängigkeit vom Verbrauch in dem Fass kontinuierlich absenken und den Klebstoff „schichtweise" bis zum Start der Härtungsreaktion und der Viskositätserniedrigung erwärmen. Über ebenfalls beheizte und wärmeisolierte Schläuche wird die Klebstoffschmelze zu den Auftragsgeräten gepumpt. In der Klebfuge erfolgt dann während der Erstarrung der Schmelze (wie bei einem Schmelzklebstoff, Abschn. 5.1) ebenfalls die endgültige Aushärtung zu einer Klebschicht über die in Abschn. 4.1.1 beschriebene chemische Reaktion.

Der Vorteil dieser Klebschichten besteht darin, dass sie im Vergleich zu „normalen" thermoplastischen Schmelzklebstoffen auf Grund ihres duromeren Vernetzungsgrades über eine hohe Dauer-Wärmefestigkeit verfügen.

Verwendung finden die Epoxidharz-Schmelzklebstoffe vorwiegend im Fahrzeugbau, z. B. bei Unterfütterungsklebungen (Motor-, Heckklappe).

4.1.4   Eigenschaften und Verarbeitung der Epoxidharzklebstoffe

Als wesentliche Eigenschaften der Epoxidharzklebstoffe gelten eine

- hohe Festigkeit, auch bei thermischer Beanspruchung, bedingt durch den hohen Vernetzungsgrad,
- sehr gute Haftung auf fast allen Werkstoffen (über Ausnahmen siehe Abschn. 9.2 „Kleben von Kunststoffen"),
- große Feuchtigkeitsresistenz,
- gute Alterungsbeständigkeit gegenüber Umgebungseinflüssen.

Diesen positiven Eigenschaften steht allerdings eine relativ begrenzte Verformungsmöglichkeit der Klebschichten gegenüber. Dadurch wird das Kleben flexibler Werkstoffe bei dauernden Roll- oder Biegebeanspruchungen eingeschränkt. Für Anwendungen, bei denen spezielle Anforderungen an die Verformungseigenschaften der Klebschicht gestellt werden (z. B. bei Crashbeanspruchung im Fahrzeugbau), stehen Systeme mit speziellen flexibilisierenden Zusätzen zur Verfügung.

Im Hinblick auf die Verarbeitung der Epoxidharzklebstoffe gilt zusammenfassend:

- 2K-Systeme: Mischung der Komponenten (Topfzeit beachten!) – Auftrag auf die Fügeteile – Aushärtung bis zur Endfestigkeit.
- 1K-Systeme: Auftrag auf die Fügeteile – Aushärtung durch Wärmezufuhr bis zur Endfestigkeit.
- Eine Härtung bei erhöhten Temperaturen führt wegen der höheren Vernetzung zu einer Steigerung der Festigkeit und Beständigkeit der Klebung.

Epoxidharze sind weiterhin wesentliche Vorprodukte für die Herstellung von Faserverbundwerkstoffen, in die Glas-, Kohlenstoff- oder Kunststofffasern eingebettet sind. In ihren mechanischen Eigenschaften können diese z. B. im Fahrzeug-, Boots- und Flugzeugbau mit metallischen Werkstoffen konkurrieren.

4.2 Polyurethan (PUR-)Klebstoffe

Die PUR- (oder auch PU-)Klebstoffe härten ebenfalls nach dem beschriebenen Mechanismus der Polyaddition aus. Die reaktionsfähige Gruppe an den Molekülen der Harzkomponente A hat den chemischen Aufbau

$$-[\;A\;]-N=C=O$$

und wird als *Isocyanat-Gruppe* bezeichnet.

Diese Isocyanat-Gruppe hat die Eigenschaft, mit Verbindungen zu reagieren, in denen die reaktive Gruppe

$$-[\;B\;]-O-H$$

die sog. *Hydroxid-Gruppe*, vorhanden ist. Derartige für die Isocyanatvernetzung notwendigen Verbindungen tragen, da meistens mehrere –O–H Gruppen in den Molekülen vorhanden sind, die Bezeichnung *Polyole* (in der organischen Chemie wird die –O–H Gruppe bei bestimmten Molekülstrukturen mit der Silbenendung „ol" bezeichnet). Die chemische Verbindung „Alkoh*ol*", für die diese Gruppe ebenfalls charakteristisch ist, ist als Beispiel zu erwähnen. Polyole sind bei den 2K-PUR-Klebstoffen demnach die Härterkomponente B.

Die durch die chemische Reaktion von A und B sich ausbildende Molekülanordnung trägt die Bezeichnung *Urethan-Gruppe*. Sind in einem Polymermolekül mehrere dieser Gruppierungen enthalten, entstehen die als *Polyurethane* bezeichneten Makromoleküle, die nach erfolgter Härtungsreaktion letztlich die Klebschicht darstellen.

Durch die vielfältigen Ausgangsverbindungen, an denen die reaktiven Isocyanat- und Hydroxid-Gruppen chemisch gebunden sind, existieren verschiedene Arten von Polyurethanklebstoffen, die im Folgenden kurz beschrieben werden sollen. Eine Einteilung findet sich in Abb. 4.3.

4.2.1 Polyurethanklebstoffe, zweikomponentig (lösungsmittelfrei)

Bei diesen Klebstoffsystemen besteht

- die Komponente A aus einem niedermolekularen Polyisocyanat,
- die Komponente B aus einem niedermolekularen Polyol.

Da diese Komponenten nur aus relativ kleinen Molekülen bestehen, ist die Viskosität gering, sodass sie sich in dem jeweils vorgeschriebenen Verhältnis durch Rühren leicht mischen lassen. Die Härtungsreaktion läuft normalerweise bei Raumtemperatur ab.

Ergänzende Hinweise zu diesen Systemen finden sich am Schluss von Abschn. 4.2.2.

4.2.2 Polyurethanklebstoffe, einkomponentig (lösungsmittelfrei)

Der Hauptbestandteil dieser Klebstoffe besteht aus vorvernetzten, höhermolekularen Polyurethanen. Diese Prepolymere (Abschn. 2.1.3) liegen in flüssiger oder pastöser Form vor und besitzen noch freie Isocyanatgruppen (sog. Polyisocyanat-Polyurethan). Mit diesen Isocyanatgruppen vermag die im Wasser vorhandene –O–H Gruppe

$$H \vdots O - H$$

zu reagieren. Somit dienen Wassermoleküle als 2. Komponente für die endgültige Vernetzung. Sie sind als Reaktionspartner vorhanden:

- In Form der relativen Luftfeuchtigkeit. Diese ist definiert als das Verhältnis der in der Luft vorhandenen Wasserdampfmenge zu der bei der jeweiligen Temperatur überhaupt möglichen Maximalmenge. Bei einer Temperatur von 20 °C und einer relativen Feuchtigkeit von 70 % enthält ein Kubikmeter Luft 12 g Wasser. Weitere Werte sind in nachstehender Tabelle zusammengestellt;
- weiterhin steht als Reaktionskomponente die Feuchtigkeit **ad**sorbiert an den Fügeteiloberflächen und **ab**sorbiert in den Fügeteilen (z. B. bei Holz, Leder, Pappe, Papier, Kunststoffschäumen, Mauerwerk) zur Verfügung:

Temperatur in °C	Relative Feuchte in %									
	10	20	30	40	50	60	70	80	90	100
10	0,9	1,9	2,8	3,8	4,7	5,6	6,6	7,5	8,5	9,4
20	1,7	3,5	5,2	6,9	8,7	10,4	12,1	13,8	15,6	17,3
30	3,0	6,1	9,1	12,1	15,2	18,2	21,3	24,3	27,3	30,4
40	5,1	10,2	15,2	20,3	25,4	30,5	35,5	40,6	45,7	50,8

In speziellen Fällen kann das für die Vernetzung erforderliche Wasser auch durch Sprühen auf die noch nicht ausgehärtete Klebschicht vor dem Fixieren der Fügeteile aufgebracht werden. Dieses Vorgehen erfordert allerdings eine gewisse Vorsicht, da bei zu hoher Dosierung als Nebenprodukt Kohlendioxid entsteht, das bei gasundurchlässigen Fügeteilen zu einem Aufwölben der Klebung fuhrt und daher eine gleichmäßige Druckaufbringung erforderlich macht. Beim Kleben von Schaumstoffverbundelementen mit außenseitigen Metallblechen und/oder Holz-/Kunststofflaminaten (z. B. im Wohnwagen- und Containerbau) ist dieses ein übliches Verfahren. In Abb. 4.2 sind die möglichen Feuchtigkeitsquellen zusammengestellt.

Da diese 1K-Polyurethanklebstoffe durch Reaktion mit Wasser aushärten, spricht man auch von *feuchtigkeitshärtenden 1K-Polyurethanklebstoffen*. Sie zeichnen sich durch sehr gute Haftungseigenschaften auf fast allen Werkstoffen aus, insbesondere auch auf festhaftenden Putzen im Innen- und Außenbereich. Neben klebtechnischen Anwendungen

Abb. 4.2 Feuchtigkeitshärtung von 1K-Polyurethanklebstoffen

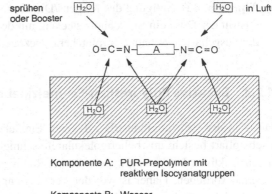

sprühen oder Booster H_2O H_2O in Luft

$O=C=N-\boxed{\quad A\quad}-N=C=O$

H_2O H_2O H_2O

Komponente A: PUR-Prepolymer mit reaktiven Isocyanatgruppen

Komponente B: Wasser

werden diese Formulierungen in großem Umfang auch als Dichtstoffe, z. B. als Ort-, Montageschäume (Abschn. 4.9) eingesetzt.

Ergänzende Hinweise:

- Für großflächige Klebungen feuchtigkeitsundurchlässiger Werkstoffe mit gleichmäßig aufgebrachten Klebschichten sind diese Klebstoffe nicht geeignet, da keine Aushärtung erfolgen kann. In diesen Fällen sind die Zweikomponentensysteme oder, wenn möglich, eine zusätzliche Befeuchtung wie vorstehend erwähnt, zu empfehlen.
- Da eine Aushärtung nur möglich ist, wenn ausreichend Feuchtigkeit aus der Luft oder aus ggf. feuchten Fügeteilen mit dem Klebstoff in Kontakt kommen kann, sollte der Klebstoff je nach Größe der Klebfläche in Punkten, parallelen Raupen oder Wellen aufgetragen werden. Ein spiralförmiger Raupenauftrag hat sehr lange Aushärtungszeiten zur Folge, da die innenliegenden Klebstoffraupen keine ausreichende Feuchtigkeit aufnehmen können.
- Für die feuchtigkeitshärtenden 1K-PUR-Klebstoffe bietet die Industrie sog. Booster-Systeme an, die mit einem feuchtigkeitshaltigen Gel arbeiten. Dadurch wird eine beschleunigte Aushärtung unabhängig vom Grad der vorhandenen Luftfeuchtigkeit ermöglicht.
- Auf gleicher Basis wie die einkomponentigen Polyurethanklebstoffe werden auch klebende Schäume angeboten, die aus Sprühdosen verarbeitet werden. Durch Kontakt mit Feuchtigkeit aus der Luft oder aus den Fügeteilen bildet sich ein formstabiler, schnittfester und auf den Fügeteilen gut haftender Schaum, der über sehr gute Dichtungseigenschaften verfügt.
- Vorteilhaft ist die Anwendung dieser Klebstoffe als Alternative zu mechanischen Fügeverfahren wie Dübeln, Schrauben, Nageln etc. sowie für viele Anwendungen im und am Haus (Schilder, Spiegel, Fliesen, Paneelwände, Briefkästen).

- **Tipp:** Nach Beendigung des Klebens/Dichtens in die noch flüssige Masse am Ventil-austritt der Dose ein Streichholz stecken, mit dem dann vor der nächsten Anwendung der ausgehärtete Schaumpfropfen herausgezogen werden kann.

4.2.3   Reaktive Polyurethan-Schmelzklebstoffe (lösungsmittelfrei)

Diese in der Fahrzeugindustrie z. B. zum Einkleben der Scheiben vielfach eingesetzte Klebstoffart besteht aus höhermolekularen, schmelzbaren Polyisocyanaten mit endstän-digen reaktiven Isocyanatgruppen, die bei Raumtemperatur in einem sehr hochviskosen Zustand vorliegen. Daher ist vor der Verarbeitung ein Aufschmelzen auf ca. 60–80 °C erforderlich, um sie mittels Druckluft aus Düsen auf die Scheiben raupenförmig auftra-gen zu können (Abschn. 11.2 und Abb. 11.2). Nach Erkalten in der Klebfuge zwischen Karosserieflansch und Glasscheibe besitzen die Klebschichten eine so hohe Kohäsions-festigkeit, dass das Fahrzeug innerbetrieblich bewegt werden kann. Da in der Klebschicht noch freie Isocyanatgruppen vorhanden sind, vermögen diese mit der Feuchtigkeit in der Luft zu reagieren, um auf diese Weise die endgültige Vernetzung zu erzielen. In Ab-hängigkeit von der Luftfeuchtigkeit und bedingt durch die geringe Angriffsfläche für die Wassermoleküle an den Klebschichtkanten ist dieser Vorgang sehr zeitabhängig; er kann mehrere Tage dauern. Durch die zusätzliche Vernetzung resultieren Klebschichten mit gegenüber „normalen" Schmelzklebstoffen (Abschn. 5.1) wesentlich höheren Wär-mebeständigkeiten. Dieser über zwei verschiedene Härtungsmechanismen (Abkühlen – Vernetzen) ablaufende Vorgang hat zu der Bezeichnung *reaktive Schmelzklebstoffe* ge-führt.

Bei der Verarbeitung ist die sog. Hautbildungszeit zu beachten, d. h. die Zeit, in der durch den Kontakt mit der Feuchtigkeit der Luft oberflächlich bereits die Härtungsreak-tion einsetzt. Durch diese „Haut" kann dann keine ausreichende Benetzung des zweiten Fügeteils mehr erfolgen.

Die herausragende Eigenschaft dieser PUR-Klebschichten ist die über einen weiten Temperaturbereich (ca. −40 bis 80 °C) vorhandene hohe Elastizität bzw. Flexibilität. Die-ses thermomechanische Verhalten ist die Voraussetzung für den Einsatz in der Fahrzeug-industrie.

4.2.4   Polyurethan-Lösungsmittelklebstoffe, einkomponentig

In diesem Fall handelt es sich um physikalisch abbindende Klebstoffe. Die bereits vernetz-ten Hydroxyl-Polyurethanmakromoleküle werden in organischen Lösungsmitteln gelöst. Vor dem Fixieren der Fügeteile müssen die Lösungsmittel je nach der Struktur der zu kle-benden Werkstoffe entweder vollständig oder zum überwiegenden Teil abdunsten. Die an den Makromolekülen noch vorhandenen -O–H Gruppen sind eine wesentliche Vorausset-zung für die sehr guten Haftungskräfte auf den Fügeteiloberflächen.

4.2.5 Polyurethan-Lösungsmittelklebstoffe, zweikomponentig

Diese Klebstoffe bestehen hinsichtlich der Komponente A aus einem in einem Lösungs-mittel gelösten Hydroxyl-Polyurethan, dem als Komponente B ein Polyisocyanat, eben-falls in gelöster Form zugemischt wird. Die dadurch mögliche Vernetzung ergibt ge-genüber den vorstehend erwähnten 1K-Systemen eine größere Kohäsionsfestigkeit der Klebschicht und somit auch höhere Beständigkeiten gegenüber chemischen und physika-lischen Beanspruchungen.

4.2.6 Polyurethan-Dispersionsklebstoffe

Im Vergleich zu den lösungsmittelhaltigen Systemen zeichnen sich die PUR-Dispersio-nen (Abschn. 5.4) durch ihre Unbrennbarkeit und damit wesentlich problemlosere Verar-beitung aus. Es handelt sich um hochmolekulare Hydroxyl-Polyurethane, die in Wasser dispergiert sind. Neben den einkomponentigen physikalisch abbindenden Systemen sind ebenfalls 2K-Systeme im Einsatz, bei denen die Komponente B spezielle Polyisocyanate enthält, die mit den -O–H Gruppen des Hydroxyl-Polyurethans in wässriger Lösung zur Reaktion kommen.

Zusammenfassend gibt Abb. 4.3 nochmals eine Übersicht über die beschriebenen Poly-urethanklebstoffe. Diese werden in Abhängigkeit von den zu klebenden Werkstoffen und den vorhandenen Verarbeitungsbedingungen in den verschiedensten Industriebereichen eingesetzt, so beispielsweise

- in der Schuhindustrie zum Kleben von Sohlen an Oberteile,
- in der Verpackungsindustrie zum Kaschieren (großflächiges Verkleben) von Folien aus Polyethylen, Polyester, Zellglas, Aluminium, Papier, Pappe,
- in der Fahrzeugindustrie zur Klebung von Verbundkonstruktionen aus Polyurethan-schaum oder Polystyrol mit Deckschichten aus Holz, Kunststoff, Aluminium, Stahl-blech für Fahrzeugaufbauten und zum Einkleben von Glasscheiben in die Karosserie,
- zum Kleben flexibler Werkstoffe, wenn sie dauernden Biege- und Rollbeanspruchun-gen ausgesetzt sind (z. B. Förderbänder).

Besondere Vorteile der Polyurethanklebstoffe sind die sehr gute Haftung an vielen Oberflächen, auch an solchen, die sonst schwer klebbar sind, z. B. Weich-PVC. Weiterhin zeichnen sie sich durch eine gute Chemikalien- und Wärmebeständigkeit sowie durch eine hohe Flexibilität auch bei tiefen Temperaturen aus. Je nach dem von den jeweiligen che-mischen Grundstoffen abhängigen Vernetzungsgrad der Polymermoleküle, der u. a. auch die Festigkeit der Klebschicht bestimmt, können PUR-Klebstoffe zu Elastomeren oder Duromeren aushärten.

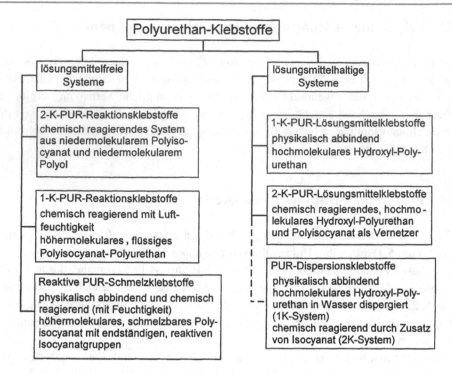

Abb. 4.3 Einteilung der Polyurethanklebstoffe

4.3 Acrylatklebstoffe

Diese Klebstoffsysteme unterscheiden sich hinsichtlich der Härtungsreaktion grundsätzlich von den beschriebenen Epoxid- und Polyurethanklebstoffen, für die das Prinzip der
Polyaddition charakteristisch ist.

Das besondere Merkmal der Acrylate ist das Vorhandensein der bereits in Abschn. 2.1
erwähnten Kohlenstoff-Kohlenstoff-Doppelbindung, d. h. zwei Kohlenstoffatome werden
über zwei „Bindungsarme" (*Valenzen*) miteinander verbunden

In dieser *Kohlenstoff-Kohlenstoff-Doppelbindung* kann eine der beiden Bindungen

aufgetrennt werden, sodass zwei neue Bindungsmöglichkeiten geschaffen werden.

Diese „Spaltung" der Doppelbindung findet bei der Härtungsreaktion der Acrylate unter bestimmten Voraussetzungen, die im Folgenden näher beschrieben werden, an einer

Abb. 4.4 Schematische Darstellung einer Polymerisationsreaktion gleicher oder ähnlicher Monomere A zu einem Polymer von A

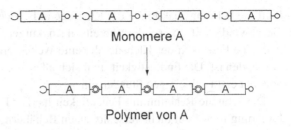

Monomere A

Polymer von A

Vielzahl von Monomermolekülen statt, so dass sich die Monomere an den jeweils neu entstehenden Bindungen zu einem Polymer vereinigen können:

Bei dieser Reaktionsart liegen also nicht zwei in ihrem Aufbau grundsätzlich verschiedene Monomermoleküle A und B wie bei den Epoxidharz- und Polyurethan-Klebstoffen vor, sondern gleichartige oder, zumindest was die C=C-Doppelbindung anbetrifft, ähnliche Monomere. Die Doppelbindung ist somit die Voraussetzung für den Härtungsvorgang bei den Acrylatklebstoffen. Für den vorstehend dargestellten Reaktionsmechanismus hat sich der Ausdruck *Polymerisation* eingeführt. Klebstoffe, die auf diese Weise aushärten, nennt man daher *Polymerisationsklebstoffe*.

In Anlehnung an Abb. 4.1 lässt sich diese Reaktionsart somit schematisch wie folgt darstellen (Abb. 4.4).

Je nach den Bedingungen, unter denen die Spaltung der C=C-Doppelbindung erfolgt, werden verschiedene Acrylatklebstoffe unterschieden. Als bekannteste Vertreter dieser Gruppe gelten die Cyanacrylatklebstoffe.

4.3.1 Cyanacrylatklebstoffe

Diese Klebstoffe sind unter der Bezeichnung *Sekundenklebstoffe* bekannt geworden, da sie innerhalb von sehr kurzer Zeit (im Sekundenbereich) aushärten. Wenn auch der Wortbestandteil „Cyan" zu der Annahme führen kann, hier könnte etwas „Giftiges" vorliegen, trifft das auf Grund des chemischen Aufbaus dieser Stoffe in keiner Weise zu. Allerdings sind, wie bei allen Klebstoffen, gewisse Vorsichtsmaßnahmen bei der Verarbeitung einzuhalten, die in Abschn. 7.5 gesondert behandelt werden.

Auslöser für die Spaltung der C=C-Doppelbindung ist bei den Cyanacrylaten die Feuchtigkeit der Luft, die sich auf den Fügeteiloberflächen niederschlägt, d. h. an ihnen „adsorbiert" ist. Sobald der flüssige Klebstoff mit Wassermolekülen in Kontakt kommt, läuft die Härtungsreaktion in der Klebfuge in Form einer Polymerisation mit sehr großer Geschwindigkeit ab, so dass bereits nach kurzer Zeit eine „Handhabungsfestigkeit", d. h. eine Festigkeit der Klebung, die eine Weiterverarbeitung im Arbeitsprozess erlaubt, vorhanden ist. Die Endfestigkeit stellt sich allerdings je nach vorhandenem Feuchtigkeitsangebot erst nach einigen Stunden ein.

Die schnelle Reaktion mit Feuchtigkeit hat zur Folge, dass diese Klebstoffe bei ihrer Lagerung in absolut dicht verschlossenen Behältern, meistens Kunststoffflaschen, aufbewahrt werden müssen, um eine Aushärtung in der Vorratsflasche zu vermeiden.

An dieser Stelle ist auf einen wichtigen Unterschied zu den in dem Abschn. 4.2.2 beschriebenen feuchtigkeitshärtenden einkomponentigen Polyurethanklebstoffen hinzuweisen. Während bei den Cyanacrylaten bereits sehr geringe Spuren von Feuchtigkeit für eine schnelle Polymerisation ausreichen, benötigen die Polyurethane für eine vollständige Aushärtung wesentlich größere Feuchtigkeitsmengen, weil bei diesen Verbindungen das Wasser in chemisch gebundener Form Bestandteil der Klebschicht wird. Bei den Cyanacrylaten ist das Wasser lediglich der Auslöser („Starter") der Härtungsreaktion.

Cyanacrylat-Klebstoffe werden industriell vielfältig eingesetzt, z. B.

- zum Kleben von Kunststoffen (bei Polyethylen und Polypropylen mit einem entsprechenden Primer, Abschn. 9.2.6), Gummi und Kautschukverbindungen,
- als Gewebeklebstoffe und Sprühverbände in der Medizin,
- zum Kleben von elektronischen und optischen Bauteilen,
- für Fixierklebungen.

Ergänzende Hinweise

- Da die Wirksamkeit des an den Fügeteiloberflächen adsorbierten Wassers nur für die Polymerisation begrenzter Klebschichtdicken ausreicht, sollten diese ca. 0,2 mm nicht überschreiten. Weiterhin sollte darauf geachtet werden, dass in den Verarbeitungsräumen die relative Luftfeuchtigkeit im Bereich von ca. 40–70 % liegt.
- Nach Auftragen des Klebstoffs müssen die Fügeteile umgehend vereinigt werden, sonst kommt es wegen der beginnenden Polymerisation zu einer verringerten Festigkeit der Klebung.
- Besonders geeignet sind diese Klebstoffe für kleine Klebflächen, da für einen großflächigen Auftrag die offene Zeit zu gering ist und daher bereits vor der Fügeteilfixierung eine Aushärtung eintreten kann.
- Sekundenklebstoffe werden je nach Anwendungsfall in verschiedenen Verarbeitungsformen angeboten von leicht-flüssig für ein leichtes Eindringen des Klebstoffes bei Spaltklebungen bis zu gelartigen, pastösen Formulierungen für Klebungen an senkrechten Flächen und Fügeteilen mit porösen Oberflächen.
- Beim Einsatz von Cyanacrylatklebstoffen ist zu beachten, dass die Beständigkeit der Klebungen gegenüber Wasser, insbesondere bei höheren Temperaturen, nicht mit der von Epoxidklebungen vergleichbar ist. Bei Klebungen im Haushalt kann daher nicht

von einer unbegrenzten „Spülmaschinenfestigkeit" ausgegangen werden. Die Wärmebeständigkeit ist in der Regel auf ca. 80 °C begrenzt.

- Direkter Kontakt von Klebstoff und Hautpartien (z. B. Fingerspitzen) ist unbedingt zu vermeiden, da durch die auf der Haut vorhandene Feuchtigkeit innerhalb kürzester Zeit ein Zusammenkleben erfolgt. Verklebte Hautflächen sofort in warme Seifenlauge eintauchen und versuchen, die Hautpartien langsam und unter leichten Bewegungen wieder voneinander zu lösen, anschließend mit Hautcreme einfetten. Wenn Klebstoffspritzer ins Auge gelangen, werden diese durch die Tränenflüssigkeit sofort ausgehärtet. Das Auge muss umgehend mit Wasser gespült werden, anschließend ist in jedem Fall ein Augenarzt aufzusuchen. Das Arbeiten mit einer Schutzbrille kann derartigen Unfällen vorbeugen!
- Bei Sekundenklebstoffen ist unbedingt darauf zu achten, dass sie nicht in Kinderhände gelangen. Wegen der sehr schnellen Aushärtung stellen sie hier ein erhebliches Gefahrenpotenzial dar.
- **Tipp:** Bei niedrigen Luftfeuchtigkeiten die Fügeteiloberfläche kurz anhauchen. Die dadurch erhöhte Feuchtigkeit auf den Oberflächen beschleunigt die Aushärtung.
- **Tipp:** Eine Möglichkeit, angebrochene Flaschen wieder feuchtigkeitsdicht zu verschließen, ergibt sich durch Eintauchen der Flaschenspitze in flüssiges Wachs oder Stearin einer Kerze (nach Löschen der Flamme!). Nach dem Abkühlen des Stearins bildet sich ein dichter Verschluss aus, der beim Wiedergebrauch leicht entfernt oder durchlöchert werden kann. Außerdem empfiehlt es sich, angebrochene Flaschen im Kühlschrank in einem gut verschlossenen Glas aufzubewahren, um auf diese Weise den Feuchtigkeitszutritt so gering wie möglich zu halten.

4.3.2 Strahlungshärtende Klebstoffe

Eine weitere Möglichkeit, die C=C-Doppelbindung zu spalten, besteht in der Zufuhr von Energie. Energie ist in verschiedener Art in Strahlungen enthalten; bekannt ist z. B. die Wärmestrahlung eines Heizofens bzw. einer Glühlampe oder die Strahlung einer Röntgenröhre, die durch das Körpergewebe zu dringen vermag. Für die Härtung, also die Polymerisation der C=C-Monomere, eignet sich besonders die *ultraviolette Strahlung* (UV-Strahlung), die als Teil der Sonnenstrahlung bekannt ist. Treffen diese UV-Strahlen auf die Klebstoffmonomere, denen noch sog. Photoinitiatoren zugegeben werden, so werden die in den Monomeren enthaltenen Doppelbindungen gespalten und die Polymerisation läuft in ähnlicher Weise wie in Abschn. 4.3 dargestellt, ab. Das Kleben mit strahlungshärtenden Klebstoffen setzt demnach voraus, dass mindestens eines der Fügeteile für die UV-Strahlung durchlässig ist. Daher verwendet man diese Klebstoffe für Glas-Glas- und Glas-Metall-Klebungen (Abschn. 9.3) oder für UV-durchlässige Kunststoffe, z. B. Plexiglas-Klebungen. Ein weiterer großer Anwendungsbereich liegt in der Herstellung von Haftklebebändern, bei denen die auf dem Trägermaterial aufgetragene Klebschicht der UV-Strahlung direkt zugänglich ist.

Neben einem geeigneten UV-härtenden Klebstoff benötigt man ergänzend geeignete UV-Strahlungsquellen, die in Form von Handlampen oder Durchlaufanlagen erhältlich sind. Sehr wichtig ist eine genaue Abstimmung der UV-Strahlung auf den zu härtenden Klebstoff, um eine optimale Härtung zu erzielen (Abschn. 9.3.3).

Wegen ihrer Lichtempfindlichkeit sollten UV-härtbare Klebstoffe, obwohl sie in lichtundurchlässigen Verpackungen im Handel sind, dennoch im Dunkeln aufbewahrt werden. Der Vorteil strahlungshärtender Klebstoffe liegt in ihrer sehr kurzen Härtungszeit (kurze Taktzeiten in der Fertigung) sowie in der einkomponentigen Verarbeitungsmöglichkeit (siehe auch Abschn. 9.3.3).

4.3.3 Methacrylatklebstoffe

Diese 2K-Reaktionsklebstoffe zeichnen sich durch einen weiten Verarbeitungsspielraum aus, da die Topfzeiten über eine große Zeitspanne variiert werden können. Die Harzbasis ist ein Acrylat, genauer ein Methylmethacrylat, übrigens der gleiche Grundstoff, aus dem Plexiglas (chemisch: Polymethylmethacrylat) hergestellt wird. Die entstehenden Klebschichten sind von der chemischen Zusammensetzung her betrachtet als „Plexiglasschichten" anzusehen, weisen also thermoplastische Eigenschaften auf.

Die Acrylatmonomere polymerisieren auf Grund der im Molekül enthaltenen C=C-Doppelbindung unter dem Einfluss eines Härters, der durch eine Sauerstoff-Sauerstoff-Bindung charakterisiert wird, ein sog. Peroxid (auch das Wasserstoffperoxid oder auch Wasserstoffsuperoxid genannt, ein bekanntes Bleichmittel, weist eine solche O–O-Bindung auf). Für den Start der Polymerisation wird ein Beschleuniger gebraucht, der vom Hersteller bereits in die Harzkomponente eingearbeitet ist.

Die Methacrylatklebstoffe können nach den folgenden Verfahren verarbeitet werden:

1. Der Peroxidhärter wird als Pulver dem Harz zugemischt. Hier genügen bereits sehr geringe Mengen von ca. 1–3 %. Die Hersteller bieten „schnelle" Klebstoffe mit Topfzeiten im Minutenbereich und „langsamere" Klebstoffe mit Topfzeiten bis zu einer Stunde an. Schnelle Klebstoffe werden üblicherweise mit Dosieranlagen verarbeitet. Sie sind auch zu empfehlen, wenn es sich um gelegentliche Klebvorgänge handelt und keine Misch- und Dosieranlagen zur Verfügung stehen, müssen aber sofort nach dem Mischen verarbeitet werden (MIX-System).
2. Diese Variante sieht vor, dass der Peroxidhärter in einem organischen Lösungsmittel gelöst auf eines der beiden Fügeteile aufgetragen wird. Nach Abdunsten des Lösungsmittels verbleibt der Härter in sehr dünner Schicht auf der Oberfläche und kann dort eine ausreichend lange Zeit verbleiben ohne sich zu verändern.
Auf das andere Fügeteil wird die mit dem Beschleuniger versehene Harzkomponente aufgetragen, auch diese unterliegt keiner Topfzeitbegrenzung. Erst wenn beide Fügeteile miteinander fixiert werden, kommt es durch den Kontakt von Härter und Harz-/Beschleuniger-System zu der chemischen Reaktion der Klebschichtausbildung. Diese

Verfahrensart wird industriell häufig angewandt, ist aber auch für den handwerklichen oder halbindustriellen Einsatz vorteilhaft, da es keine Topfzeitbeschränkungen gibt. Zu beachten ist dabei, dass die Klebschicht nicht zu dick sein darf, da sonst ggf. die in dünner Schicht auf dem einen Fügeteil vorhandene Härtermenge für eine vollständige Härtung nicht ausreicht. Da der Härter in Form einer Lösung aufgebracht wird, wird dieses Verfahren als *Härterlack-Verfahren* bezeichnet (NO-MIX-System).

3. Hier handelt es sich um das sog. *A-B-Verfahren.* Es hat den Vorteil, dass die in nur geringen Konzentrationen erforderliche Härterzugabe (ca. 3–5 %) – was rein mischtechnisch zu Problemen bzw. zu einem hohen Investitionsaufwand führen kann – bereits beim Klebstoffhersteller erfolgt.

   Die Komponente A besteht dann aus dem Acrylat-Harz mit dem Beschleuniger, die Komponente B aus dem Harz, aber ohne Beschleuniger, jedoch mit dem Härterzusatz. Beide Komponenten sind ohne Topfzeitbegrenzung lagerfähig.

   Die Verarbeitung erfolgt durch Mischen der Komponenten A und B, hierbei löst der in Komponente A vorhandene Beschleuniger gemeinsam mit dem Härter in Komponente B die Reaktion aus. Der Anwender hat die Wahl zwischen AB-Klebstoffen mit verschiedenen Topfzeiten. Eine andere Möglichkeit besteht darin, die Komponente A auf das eine und die Komponente B auf das zweite Fügeteil aufzutragen. Nach dem Fixieren der Fügeteile erfolgt dann eine Vermischung beider Komponenten und es kommt zur Klebschichtaushärtung. Alternativ können A- und B-Komponente auch in zwei Klebstoffraupen übereinander gelegt werden. Anschließend wird sofort gefügt und die Härtung setzt unverzüglich ein.

   Alle drei Verfahrensvarianten laufen bei Raumtemperatur ab, Abb. 4.5 zeigt ergänzend die Vorgehensweise bei der Verarbeitung nach dem A-B-Verfahren.

   Grundlage der Verarbeitung von Methacrylatklebstoffen nach diesem Verfahren ist demnach das folgende Prinzip:

- keine Reaktion zwischen Beschleuniger und Monomer;
- keine Reaktion zwischen Härter und Monomer;
- Reaktion findet erst statt, wenn
  Beschleuniger + Härter + Monomer
  in einer Mischung vereinigt sind.

Methacrylatklebstoffe eignen sich sehr gut für Klebungen von Metallen, Gläsern und duromeren Kunststoffen. Besonders bewährt haben sie sich in der Lautsprecherfertigung zum Kleben von Ferritkernen. Sehr vorteilhaft sind die hohen Festigkeiten sowie die kurzen Härtungszeiten ohne großen Aufwand für Mischanlagen.

Ergänzende Hinweise:

- In diesem Zusammenhang ist noch einmal auf den grundsätzlichen Unterschied der Methacrylate im Vergleich zu der Verarbeitung der zweikomponentigen Epoxidharz-

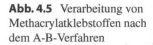

Abb. 4.5 Verarbeitung von
Methacrylatklebstoffen nach
dem A-B-Verfahren

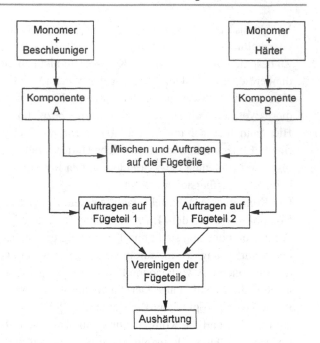

und Polyurethanklebstoffe einzugehen. Während bei diesen die jeweils zweite Komponente in der Regel in flüssiger oder pastöser Form im Verhältnis von ca. 1 : 1 mit der Harzkomponente gemischt wird, wird nach der beschriebenen Methode 1 in Abschn. 4.3.3 das Härterpulver im Verhältnis zu der vorgelegten Harzkomponente nur in einem sehr geringen Prozentsatz dosiert. Dieser Unterschied liegt in dem speziellen Härtungsmechanismus der Methacrylatklebstoffe begründet.

- Für die Methode 3 (A-B-Verfahren) sind auch Doppelkartuschen im Handel, aus denen die Verarbeitung (Abschn. 7.2.2.4) im richtigen Mischungsverhältnis erfolgt.
- Acrylate eignen sich in entsprechenden Formulierungen für Montagezwecke im Baubereich. Die nach der Aushärtung entstehenden Reaktionsprodukte besitzen eine hohe Druckfestigkeit, können durch Bohren, Fräsen, Schleifen, Sägen u. ä. bearbeitet werden und finden auf Grund ihrer spaltfüllenden Eigenschaften beispielsweise für Fugenreparaturen Verwendung (Polymermörtel, Abschn. 4.10).

4.3.4 Anaerobe Klebstoffe

Diese Einkomponenten-Reaktionsklebstoffe sind solange flüssig, wie sie sich in Kontakt mit dem Sauerstoff der Luft befinden. Dieser hindert die Monomermoleküle daran zu polymerisieren. Erst nach Vereinigung der Fügeteile, z. B. dem Aufbringen einer Mutter auf ein mit dem Klebstoff versehenes Gewinde, kann kein Sauerstoff mehr in Kontakt mit dem Klebstoff treten, so dass dieser aushärtet. Bei der Chemie dieses Vorgangs spielen ergän-

Abb. 4.6 Anwendungsmöglichkeiten anaerober Klebstoffe

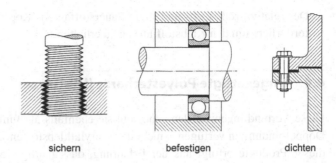

sichern   befestigen   dichten

zend auch die metallischen Oberflächen der Fügeteile eine wichtige Rolle; deshalb sollten die Klebschichten eine Dicke von 0.2 mm nicht überschreiten. Abgeleitet von dem griechischen Wort „anaerob" (ohne Sauerstoff lebend) nennt man diese Klebstoffe *anaerobe Klebstoffe*.

Anaerobe Klebstoffe dienen vorwiegend dem Zweck, Gewinde vor einem ungewollten Lösen als Folge von Vibrations- oder Schlagbeanspruchungen zu sichern und stellen eine bevorzugte Alternative zu mechanischen Sicherungselementen dar. Weiterhin ermöglichen sie Welle-Nabe-Klebungen, z. B. bei der Befestigung eines Zahnrades auf einer Welle (Abb. 12.6). Hervorragend bewährt haben sie sich ebenfalls als flüssig applizierbare Flächendichtungen als Alternative zu den in den jeweiligen Abmessungen erforderlichen Feststoffdichtungen. In Abb. 4.6 sind diese Anwendungsmöglichkeiten dargestellt.

Je nach ihrer chemischen Basis und dem daraus resultierenden duromeren Vernetzungsgrad sind die Klebschichten temperaturbeständig und somit sehr gut geeignet für den Getriebe- und Motorenbau. Im Reparaturfall lassen sich die Klebungen durch Erwärmen auf ca. 120–150 °C wieder lösen.

Ergänzende Hinweise:

- Die Anwendung erfolgt durch Auftragen des Klebstoffs auf die möglichst fettfreien Gewinde und durch sofortiges Eindrehen der Schraube. Eine ausreichende Anfangsfestigkeit stellt sich nach ca. 30 min, die endgültige Funktionsfestigkeit nach ca. 3 h ein. Das Befestigen durch Klebstoffe bietet weiterhin den Vorteil einer absoluten Dichtigkeit der Verschraubung und verhindert mögliches Festrosten.
- Bei Sacklöchern, Klebstoff in das untere Drittel der Bohrung auftragen, damit dieser beim Anziehen der Schraube bzw. des Stehbolzens oder auch beim Einkleben eines Stiftes an den Innen-(Gewinde-)Wänden hochgepresst wird.
- Für den Fall, dass derartig gesicherte Verschraubungen wieder gelöst werden sollen, gibt es Klebstoffe mit unterschiedlichen Klebschichtfestigkeiten (Losbrechmomenten).
- Der für das Aushärten dieser Klebstoffe wichtige Metallkontakt ist naturgemäß beim Kleben von Kunststoffen nicht gegeben. Aus diesem Grunde halten die Hersteller sog. „Aktivatoren" bereit, die vorher auf die Kunststoffoberflächen aufgebracht werden und so die Aushärtung ermöglichen.

- Der relativ große Luft- und somit Sauerstoffanteil (Kopfraum) in den Flaschen ist erforderlich, um den Klebstoff flüssig zu erhalten.

4.4 Ungesättigte Polyesterharze (UP-Harze)

Diese Verbindungen werden – obwohl sie ebenfalls als funktionelle Gruppe über C=C-Doppelbindungen verfügen – nicht den Acrylatklebstoffen zugerechnet. Die Erwähnung dieser Produkte erfolgt aus der Erfahrung, dass häufig Reparaturen an Booten, Fahrzeugaufbauten (z. B. Wohnwagen) und anderen Kunststoffteilen durchgeführt werden, bei denen ungesättigte Polyesterharze als Zweikomponentensysteme mit Härterkomponenten auf Basis Styrol eine wichtige Rolle spielen.

Unter ungesättigten Harzen versteht man in diesem Zusammenhang allgemein Verbindungen, die C=C-Doppelbindungen enthalten und die durch Polymerisation und Vernetzung mit entsprechenden Monomeren in gesättigte, also keine Doppelbindungen mehr enthaltende, duromere Verbindungen überführt werden können. Man geht auch hier von Harz- und Härterkomponenten aus, die nach dem Mischen bei Raumtemperatur oder auch in der Wärme aushärten.

Die Durchführung einer Reparatur wird in Abschn. 7.3.2.1 beschrieben.

4.5 Phenolharzklebstoffe

Neben den Polyadditions- und Polymerisationsklebstoffen gibt es noch eine dritte Art von Klebstoffen, die sich durch einen besonderen Reaktionsmechanismus bei der Aushärtung auszeichnen. Der Vollständigkeit halber sollen sie erwähnt werden, obwohl ihre Bedeutung gegenüber den bisher erwähnten Systemen geringer ist. Ihr besonderes Merkmal ist die Tatsache, dass bei der Bildung der Polymere aus den Monomeren noch ein Nebenprodukt entsteht, was bei der Aushärtung zu berücksichtigen ist. Das zentrale Molekül bei diesen Klebstoffen ist das *Formaldehyd*,

$$\begin{matrix} H \\ H \end{matrix} \!\!> C = O$$

das mit weiteren Molekülen, wie z. B. Phenol, Harnstoff, Melamin, unter Abspaltung (Kondensation) von Wassermolekülen zu einer Klebschicht reagiert. Von diesem Vorgang leitet sich auch die Bezeichnung *Polykondensations-Klebstoffe* ab (Abb. 4.7).

Wegen der Wasserabspaltung müssen diese Klebstoffe beim Kleben undurchlässiger Werkstoffe, z. B. Aluminiumblechen im Flugzeugbau, bei hoher Temperatur und unter einem hohen Druck in sog. Autoklaven ausgehärtet werden, um eine Volumenvergrößerung der Klebschicht durch Dampfblasenbildung zu vermeiden.

Polykondensationsklebstoffe auf der Basis von Phenol bzw. Phenolderivaten mit Formaldehyd werden vorwiegend im Holzleimbau (in der Holzverarbeitung spricht man

Abb. 4.7 Schematische Darstellung einer Polykondensationsreaktion zweier verschiedener Monomere A und B zu einem Polymer AB unter Abspaltung von Wasser

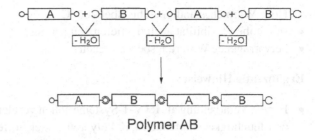

Polymer AB

traditionsgemäß vom „Leimen" an Stelle von „Kleben"), z. B. bei der Herstellung von Schichtverbunden (Sperrholz, Span- und Faserplatten, Balken) eingesetzt. Da die Fügeteile bei diesen Anwendungen in der Lage sind das bei der Polykondensationsreaktion entstehende Wasser aufzunehmen, erfolgt die Verarbeitung in beheizten Pressen, um den erforderlichen Anpressdruck bei der geforderten Temperatur aufbringen zu können (Abschn. 7.2.4). Für Anwendungen im nicht industriellen Bereich spielen diese Klebstoffe praktisch keine Rolle.

Ein besonderes Merkmal der Phenolharzklebstoffe ist die außerordentlich hohe Warmfestigkeit der Klebschichten bis zu mehreren hundert Grad Celsius. Aus diesem Grund haben sie im Fahrzeugbau zum Kleben von Bremsscheiben und Kupplungsbelägen auf Metallträgern verbreitete Anwendung gefunden.

4.6 Silicone

Zu den nach einer Polykondensationsreaktion aushärtenden Klebstoffen gehören auch die Silicone. Bei ihnen handelt es sich um Systeme, die hinsichtlich ihres chemischen Aufbaus zwischen den organischen und anorganischen Verbindungen (Abschn. 2.2.5 und Abb. 2.4) stehen. Sie weisen in ihrer Grundstruktur anstelle von Kohlenstoffketten Silicium-Sauerstoff-Bindungen auf:

$$-\overset{|}{\underset{|}{Si}}-O-\overset{|}{\underset{|}{Si}}-O-\overset{|}{\underset{|}{Si}}-O-$$

Der Haupteinsatz liegt auf dem Gebiet der Dichtungsmassen (Silicon-Kautschuk), für das sie in Form reaktiver Einkomponentensysteme (vorwiegend in Kartuschen) angeboten werden (RTV-1-Systeme, Raum-Temperatur-Vulkanisation). Wie die in Abschn. 4.2.2 beschriebenen 1K-Polyurethane härten auch sie unter Einfluss von Feuchtigkeit aus der umgebenden Luft aus. Bei dieser Reaktion kommt es bei bestimmten Formulierungen zur Abspaltung von Essigsäure, die an ihrem charakteristischen Geruch erkennbar ist. Kleb- und Dichtschichten auf Siliconbasis zeichnen sich durch die folgenden Eigenschaften aus:

- Hohe Wärmebeständigkeit bis über 200 °C,
- sehr hohe Flexibilität auch bei tiefen Temperaturen (−50 bis −70 °C),
- hervorragende Witterungsbeständigkeit.

Ergänzende Hinweise:

- Für die Verarbeitung als RTV-1-Systeme gelten vergleichbare Voraussetzungen wie bei den feuchtigkeitshärtenden I K-Polyurethanklebstoffen (Abschn. 4.2.2). Um die nur über eine ausreichende Luftfeuchtigkeit mögliche Aushärtung sicherzustellen, muss beim Auftragen der Kleb- und Dichtstoffraupen darauf geachtet werden, dass sie einen ausreichenden Luftkontakt haben (Hinterlüftung, keine spiralförmigen oder in sich geschlossenen Raupen auftragen, zu empfehlen sind parallel liegende Raupen).
- Wenn diese Voraussetzungen aus konstruktiven Gründen nicht möglich sind, bieten sich als Alternative 2K-Systeme (RTV-2) mit kürzeren Härtungszeiten an.
- Die Fügeteile müssen nach dem Klebstoffauftrag sofort fixiert werden, da sonst bereits eine Aushärtung (Hautbildung auf der Klebstoffraupe) eintritt, die zu einer Verringerung der Haftungseigenschaften führt.
- Da das Eindringen der Feuchtigkeit in die aufgetragenen Raupen durch Diffusion erfolgt, liegen die Härtungszeiten je nach Fugengeometrie im Bereich von Stunden bis zu mehreren Tagen. Allgemein kann davon ausgegangen werden, dass die Aushärtung von außen nach innen mit ca. 2 mm pro Tag voranschreitet. Hinzuzufügen ist, dass bei hohem Feuchtigkeitsgehalt und hoher Temperatur eine schnelle, bei niedriger Feuchte und Temperatur eine langsame Härtung erfolgt.

4.7 Zusammenfassung Reaktionsklebstoffe

Die in den Abschn. 4.1 bis 4.6 beschriebenen Reaktionsklebstoffe sind in Abb. 4.8 nochmals entsprechend der jeweiligen Härtungsreaktionen zusammengestellt.

Im Hinblick auf die thermisch-mechanischen Eigenschaften der Klebschichten lassen sich die erwähnten Reaktionsklebstoffe wie folgt unterteilen:

Duromere: Epoxidharze, Phenolharze, Polyurethane (stark vernetzt), anaerobe Klebstoffe.

Thermoplaste: Cyanacrylate, Methacrylate, strahlungshärtende Klebstoffe, Polyurethane (abhängig vom Vernetzungsgrad).

Elastomere: Silicone, Polyurethane (abhängig vom Vernetzungsgrad).

Die beschriebenen Reaktionsklebstoffe eignen sich zum Kleben fast aller in Industrie, Handwerk und auch im privaten Bereich verwendeten metallischen und nichtmetallischen Werkstoffe. Sie zeichnen sich durch gute bis sehr gute Haftungseigenschaften auf entsprechend vorbereiteten Oberflächen (Abschn. 7.1.2) sowie beanspruchungsgerechte Festigkeiten aus. Einige Kunststoffe, insbesondere Polyethylen, bedürfen allerdings besonderer

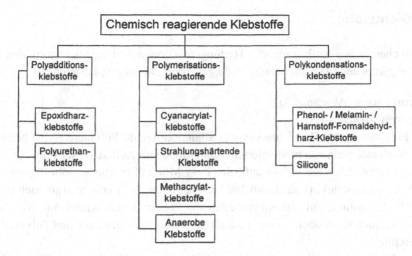

Abb. 4.8 Einteilung wichtiger Reaktionsklebstoffe nach Art ihrer Polymerbildung

Maßnahmen hinsichtlich ihrer Oberflächenvorbehandlung. Hierzu wird auf Abschn. 9.2 verwiesen.

Den Reaktionsklebstoffen zuzuordnen sind in weiterem Sinn die in den folgenden Abschnitten beschriebenen

- Klebstofffolien,
- Dichtstoffe und
- Polymermörtel,

da deren Härtungsmechanismen auf den bereits beschriebenen chemischen Reaktionen beruhen.

4.8 Klebstofffolien

Gegenüber den Klebebändern (Abschn. 5.6) und den Klebestreifen (Abschn. 5.7) sind die *Klebstofffolien* streng abzugrenzen. Als Klebstoffgrundstoffe sind vorwiegend blockierte Zweikomponenten-Reaktionsklebstoffe (Abschn. 3.1.4) im Einsatz. Für Transport und Lagerung (bei tiefen Temperaturen) befinden sie sich auf einem – nicht haftenden – Trägermaterial. Vor der Verarbeitung werden sie von diesem abgelöst, anschließend zwischen die Fügeteile gelegt (Konfektionierung) und unter Druck und Wärme ausgehärtet (Abschn. 3.1.4, 3.2.2 und 4.1.2). Spezielle Klebstofffolien (z. B. Phenolharz-Nitrilkautschuk) werden auch durch geeignete Lösungsmittel aktiviert.

4.9   Dichtstoffe

In ihrem chemischen Aufbau und den Härtungsreaktionen sind die Dichtstoffe den Klebstoffen eng verwandt. Die am häufigsten eingesetzten Dichtstoffe basieren auf

- Polyurethanen (Abschn. 4.2).
- Siliconen (Abschn. 4.6).
- MS-Polymeren, ihre Bezeichnung (oder silanmodifizierte Polymere SMP) beruht auf
  dem Vorhandensein von modifizierten Silangruppen im Aufbau dieser Polymere, siehe
  auch Abschn. 2.3.4. Sie weisen aufgrund ihrer Molekülstruktur sowohl Eigenschaften
  der Siliconkautschuke (hohe Elastizität auch bei tiefen Temperaturen) als auch entsprechender Elastomere mit Moleküleinheiten von Polyurethanstrukturen auf. Aus diesem
  Grund werden sie in der Literatur auch als „Hybride" aus Siliconen und Polyurethanen
  bezeichnet.
- Polysulfiden, auch bekannt unter dem Markennamen „Thiokol", besitzen aufgrund
  des Schwefelgehaltes in der Polymerbasis eine hohe Chemiekalienbeständigkeit. Diese
  trifft besonders zu gegenüber Treibstoffen, Fetten, Ölen. Wegen dieses Verhaltens dienen sie vielfältig zum Abdichten von Bodenplatten im Tankstellenbereich. Eine sehr
  spezielle Anwendung der Polysulfide beruht wegen dieser Eigenschaften im Flugzeugbau zum Abdichten der Treibstofftanks.
- Elastomeren mit verschiedenartiger chemischer Basis (z. B. Butyle).
- Acrylate, vorwiegend Dispersionen auf Basis von Polyacryl – oder Polymethacrylsäu-
  reestern (Abschn. 4.3 und 4.3.3).

Der wesentliche Unterschied zwischen Klebstoffen und Dichtstoffen ergibt sich somit
aus dem Ziel ihrer Anwendung:

- Dichtstoffe haben primär die Aufgabe, die Durchlässigkeit einer Fuge für gasförmige
  und/oder flüssige Medien zu vermeiden oder zu vermindern.
- Klebstoffe bzw. Klebschichten haben primär die Aufgabe, über die als Bestandteil der
  Konstruktion ausgebildete Klebfuge Kräfte zu übertragen.

Die folgenden Begriffe sind für die Eigenschaftsbeschreibung von Dichtstoffen wichtig:

- Das *Rückstellungsvermögen* bezieht sich auf eine vorangegangene Dehnung oder Stau-
  chung und charakterisiert das Bestreben des Polymers, wieder in den Ausgangszustand
  zurück zu kehren. Da Dichtstoffe je nach ihrem chemischen Aufbau sowohl elastische (gummiartige) als auch plastische (verformbare) Anteile aufweisen, ist das Rückstellungsvermögen sehr unterschiedlich. Von einem plastischen Verformungsverhalten
  spricht man bei Werten unterhalb 20 %, von einem elastischem Verhalten bei Werten
  oberhalb von 70 %. Dichtstoffe zwischen diesen Grenzen weisen elastoplastische oder
  plastoelastische Verformungseigenschaften auf.

- Die *Standfestigkeit (Standvermögen)* bezeichnet die Eigenschaft, auch an senkrechten Fugen die Lage bis zum vollständigen Abbinden nicht zu verändern.
- Eine *Volumenänderung* kann sich entweder als Volumenschwund bei Verdunstung der flüssigen Phase (Ausbildung von Hohlkehlen) oder als Volumenzunahme (z. B. durch CO_2-Gasbildung bei polyurethanbasierten Dichtstoffen) bemerkbar machen.

Bedingt durch die vielfältigen Anwendungen, besonders im Außenbereich, sind an Dichtstoffe sehr hohe Anforderungen hinsichtlich Wärme- und Formbeständigkeit in einem weiten Temperaturbereich bei Kälte und Hitze zu stellen. Weiterhin müssen sie auf Grund gegebener klimatischer Einwirkungen über hervorragende Alterungs- und Witterungsbeständigkeiten verfügen.

Hinsichtlich der Verarbeitung wird bei den Dichtstoffen unterschieden nach

- *Flüssigdichtungen:* Dichtstoffe, die in dünn- bis dickflüssiger Konsistenz in die Dichtfuge aufgetragen werden. Erfolgt die Montage der mit dem Dichtstoff versehenen Bauteile **vor** der abgeschlossenen Vernetzung des Polymers, spricht man von *Nassverbau* oder dem *Formed-in-Place-Gasket-(FIPG)-Verfahren*. Beim *Trockenverbau* erfolgt die Montage der Dichtpartner erst **nach** der abgeschlossenen Vernetzung der Dichtmasse mit haftender Dichtung. Dieses Vorgehen wird mit *Cured-in-Place-Gasket-(CIPG)-Verfahren* bezeichnet.
- *Schaumdichtungen:* Diese Dichtungen enthalten kleine Luftblasen, die ein Komprimieren der Dichtungen erlauben. Bei diesen Systemen resultiert die eigentliche Dichtfunktion nur im komprimierten Zustand.
- *Kompaktdichtungen:* Diese liegen in einem porenfreien Zustand vor, sie sind nur in geringem Ausmaß komprimierbar. Als Beispiel seien O-Ringe erwähnt, die ggf. nach gewünschtem Durchmesser des Dichtungsringes und der Fugengeometrie mittels Cyanacrylatklebstoff an der Einsatzstelle herstellbar sind.
  Tipp: Zum Zuschneiden des O-Ringes eine neue Schneideklinge benutzen, sonst kann ein ungerader Schnitt mit nicht parallelen Schnittflächen entstehen. Aus gleichem Grund keine Schere benutzen. Beide Enden des O-Ringes müssen wegen möglicher Oberflächenverschmutzung während der Lagerung frisch angeschnitten werden.

4.10 Polymermörtel

Diese in weiterem Sinn nicht den Klebstoffen zuzuordnenden Materialien werden vorwiegend im Baubereich für Reparaturen, zur Befestigung von Verankerungsmitteln in Bohrlöchern sowie Sanierungen eingesetzt. Man versteht darunter Mörtel, die statt des üblichen Bindemittels Zement flüssige reaktive Kunstharze als Gesamtsystem oder als Zusätze enthalten. Als Zuschlagstoffe dienen die in der Betontechnologie üblichen Quarzmehle und Quarzsande. Polymermörtel zeichnen sich im Vergleich zum Zementmörtel durch eine hohe chemische Beständigkeit, höhere Zugfestigkeit, geringeren Elastizitätsmodul sowie eine kürzere Abbindezeit aus. Als Kunstharze werden Epoxide, Polyurethane, ungesättigte Polyester sowie Methacrylate eingesetzt.

Mörtelmassen auf rein anorganischer Basis bestehen aus hydraulisch abbindenden Bestandteilen wie Zement oder Gips, die durch Wasser härtbar sind. Im Gegensatz zu diesen Produkten stehen die nichthydraulischen, d. h. nur an der Luft trocknende Mörtel.

Physikalisch abbindende Klebstoffe

5

Wie bereits in Abschn. 2.2.2 beschrieben, treten bei diesen Klebstoffen in der Klebfuge keine chemischen Reaktionen auf, da die Klebschichtpolymere bereits in einem „fertigen" Zustand vorliegen. Somit wird diesen Klebstoffen vor der Verarbeitung auch keine zweite Komponente zugeführt, es handelt sich ausnahmslos um einkomponentige Systeme. Um diese auf die Fügeteile auftragen zu können, müssen sie in einen benetzungsfähigen Zustand überführt werden (Abschn. 6.2). Die dafür gegebenen Möglichkeiten finden sich bei einigen dieser Klebstoffe in ihren Bezeichnungen wieder.

5.1 Schmelzklebstoffe

Die den Thermoplasten (Abschn. 3.3.1) zugehörigen *Schmelzklebstoffe,* auch *Hotmelts* genannt, werden durch Wärmezufuhr, z. B. in elektrisch beheizten Düsen der Auftragsgeräte, verflüssigt und dann auf die Fügeteile aufgetragen. Da sich die heiße Schmelze schnell abkühlt, müssen die Fügeteile umgehend fixiert werden. Die „offene Zeit", d. h. die Zeitspanne, die zwischen Klebstoffauftrag und Fügeteilfixierung keinesfalls überschritten werden darf, ist bei diesen Klebstoffen sehr kurz. Die offene Zeit ist sehr stark von den Wärmeleiteigenschaften der Fügeteile abhängig; je schneller diese die Wärme aus der Schmelze ableiten, desto kürzer ist sie. Angeboten werden Schmelzklebstoffe in Form von Blöcken, Stangen, Folien, Granulat oder auch als Pulver.

Je nach dem chemischen Aufbau der Schmelzklebstoffpolymere (Polyamidharze, gesättigte Polyester, Ethylen-Vinylacetat-Copolymere, Polyurethane) liegen die Verarbeitungstemperaturen zwischen 120 und 240 °C.

Während der Verarbeitungsphase Aufheizen – Abkühlen durchlaufen Schmelzklebstoffe keine chemische Veränderung. Gegenüber chemisch reagierenden und lösungsmittelhaltigen Klebstoffen besitzen sie einige bemerkenswerte Vorteile:

© Springer Fachmedien Wiesbaden 2016

G. Habenicht, *Kleben - erfolgreich und fehlerfrei*, DOI 10.1007/978-3-658-14696-2_5

- Freiheit von Lösungsmitteln und somit keine besonderen Brandschutzmaßnahmen erforderlich,
- verarbeitbar als Einkomponenten-Systeme,
- sehr kurze Abbindezeiten, dadurch hohe Produktionsgeschwindigkeiten möglich,
- als Thermoplaste bieten sie die Möglichkeit, Klebungen durch Wärmezufuhr wieder zu lösen (wichtig in Verbindung mit dem Recycling).

Die Verarbeitung erfolgt bei geringem Verbrauch aus elektrisch beheizten Handpistolen, in die der Schmelzklebstoff stabförmig eingesetzt wird. Durch Betätigung einer Vorschubeinrichtung wird der Stab in die Heizzone gedrückt, in der er dann aufschmilzt und aus einer Düse austritt (Abb. 5.1). Für Serienklebungen stehen Aufschmelzanlagen und mit ihnen verbundene automatisch arbeitende Dosiervorrichtungen zur Verfügung.

Schmelzklebstoffe haben wegen ihrer relativ einfachen Verarbeitung vielfältige Anwendungen gefunden, so z. B. in der

- Verpackungsindustrie (Kartonverklebung).
- Buch- und Broschürenherstellung (Rückenleimung).
- Holz- und Möbelindustrie (Kantenumleimung, Furnierummantelungen, konstruktive Klebungen).
- Schuhindustrie (Sohlen- und Innenklebungen).
- Elektrotechnik (Spulenwicklungen, Fixierung von Drähten).
- Textilindustrie.

Im letzten Fall sind die Schmelzklebstoffe in Folienform (auch perforiert für einen Feuchtigkeitsaustausch) als *Heißsiegelklebstoffe* im Einsatz. Die Folie wird zwischen die zu verklebenden Stoffbahnen gelegt und in Heizpressen oder auch mittels eines Bügelei-

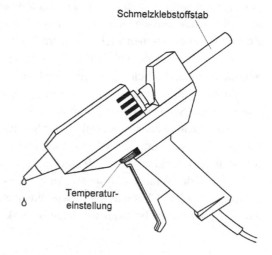

Abb. 5.1 Handpistole zum Auftrag von Schmelzklebstoffen

sens aufgeschmolzen. Die Schmelze fließt in das Gewebe und bildet nach dem Erkalten eine feste Klebung und damit verbunden auch eine Gewebeversteifung.

Ergänzende Hinweise:

- Wegen der im Vergleich zu Holz oder Kunststoffen wesentlich größeren Wärmeleitfähigkeit der Metalle ist es zur Erzielung guter Haftfestigkeiten zweckmäßig, die zu verklebenden Fügeteile auf die Temperatur der Schmelze vorzuwärmen (Heißluftpistole, ggf. Föhn bei stärkster Heizleistung; wegen ihrer elektrischen Leitfähigkeit in keinem Fall in einem Mikrowellenofen!).
- Das Kleben von Kunststoffen, insbesondere von Thermoplasten, erfordert wegen ihrer begrenzten thermischen Beständigkeit gewisse Vorsichtsmaßnahmen, um eine Verformung der Fügeteile zu vermeiden (Schmelzklebstoffe mit niedriger Verarbeitungstemperatur, z. B. auf Polyamidbasis, verwenden).
- Auf Grund der begrenzten offenen Zeit sind Flächenklebungen nur eingeschränkt möglich. Für den industriellen Einsatz sind zum Kleben größerer Flächen spezielle Schmelzklebstoffe und für deren Verarbeitung besonders abgestimmte Auftragsgeräte im Einsatz (Sprühverarbeitung).
- Vorsicht vor Verbrennungen, die Schmelzen besitzen im flüssigen Zustand Temperaturen in der Größenordnung von 200 °C.

5.2 Lösungsmittelklebstoffe

Unter *Lösungsmittelklebstoffen* werden solche Klebstoffe verstanden, bei denen die Polymere in organischen Lösungsmitteln gelöst oder angepastet sind. Die Lösungsmittel oder auch Lösungsmittelgemische dienen lediglich als Verarbeitungshilfsmittel und müssen vor dem Vereinigen der Fügeteile entweder vollständig oder teilweise aus der aufgetragenen flüssigen Klebschicht durch Abdunsten oder Eindringen in die Fügeteile entfernt werden. Der erste Fall ist geboten bei lösungsmittelundurchlässigen Werkstoffen (Metalle, Glas, duromere Kunststoffe), der zweite Fall betrifft poröse und lösungsmitteldurchlässige Werkstoffe (Papier, Pappe, Holz, Leder). Durch Wärmezufuhr kann dieser Vorgang beschleunigt werden. Als Lösungsmittel dienen vorwiegend Ester, Ketone, ggf. Anteile verschiedener Alkohole. Der gesamte Lösungsmittelanteil liegt bei ca. 75–85 %.

Folgende Polymere bzw. auch Polymermischungen, ggf. in Kombination mit klebrig machenden Harzen, kommen für Lösungsmittelklebstoffe vorwiegend zum Einsatz:

- Polyvinylacetat und Copolymere,
- Polyvinylalkohol und Copolymere,
- Natur- und künstliche Kautschuke,
- Nitrocellulose,
- Acrylate,
- Polyurethane.

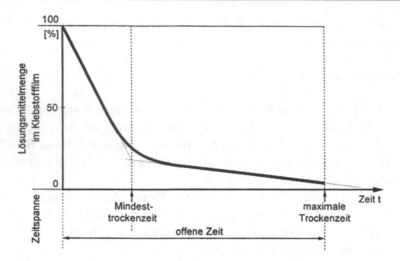

Abb. 5.2 Abhängigkeit der Lösungsmittelmenge in der flüssigen Klebschicht von der Zeit

Für die auf Lösungsmitteln aufgebauten Klebstoffarten sind für die Verarbeitung einige Begriffe wichtig, die im Folgenden erklärt werden (Abb. 5.2).

- **Mindesttrockenzeit:**
  Während der Mindesttrockenzeit entweicht der größte Anteil der in dem flüssigen Klebstoff nach dem Auftragen enthaltenen Lösungsmittel. Diese Zeit sollte vor dem Vereinigen der Fügeteile in jedem Fall verstreichen, um möglichst schnell eine hohe Anfangsfestigkeit zu erzielen.
- **Maximale Trockenzeit:**
  Sie ist gekennzeichnet durch die Zeit, die gerade noch eine Klebung ermöglicht. Wird die maximale Trockenzeit überschritten, haben sich die Polymerschichten bereits so verfestigt, dass die Kohäsionsfestigkeit der Klebschicht beeinträchtigt werden kann. Eine Ausnahme bilden die Kontaktklebstoffe (Abschn. 5.3), die in ihrer Rezeptur noch klebrigmachende Bestandteile aufweisen und bei denen nach Vereinigen der Fügeteile ein hoher Anpressdruck aufgebracht wird.
- **Offene Zeit:**
  Zeitspanne, auch als „offene Wartezeit" oder „Nassklebzeit" bezeichnet, die zwischen dem Klebstoffauftrag und dem Vereinigen der Fügeteile liegen kann, ohne dass durch diese Wartezeit Einbußen in der Endfestigkeit der Klebung zu erwarten sind. Wird allerdings die Nassklebzeit überschritten und das Fixieren der Fügeteile erst dann durchgeführt, hat das eine Schwächung der Klebfestigkeit zur Folge (Ausnahme: Kontaktklebstoffe). Die offene Zeit schließt also die Zeitspanne der Mindestrockenzeit mit ein.

Einer besonderen Erklärung bedarf in diesem Zusammenhang der Begriff „Nassklebstoff". Er dient bei der Verarbeitung von Lösungsmittelklebstoffen der Abgrenzung zu den

Abb. 5.3 Prinzip des
Abbindens von Lösungsmit-
telklebstoffen

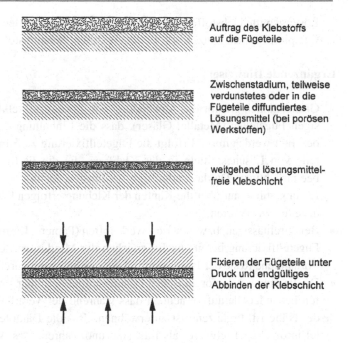

Auftrag des Klebstoffs
auf die Fügeteile

Zwischenstadium, teilweise
verdunstetes oder in die
Fügeteile diffundiertes
Lösungsmittel (bei porösen
Werkstoffen)

weitgehend lösungsmittel-
freie Klebschicht

Fixieren der Fügeteile unter
Druck und endgültiges
Abbinden der Klebschicht

Kontaktklebstoffen und beschreibt den noch (teils) flüssigen Zustand des Klebstoffs vor dem Fixieren der Fügeteile. Diese Bezeichnung stellt in weiterem Sinne keine allgemein übliche Klebstoffkennzeichnung dar.

Abb. 5.3 zeigt schematisch das Prinzip des Abbindens lösungsmittelhaltiger Klebstoffe.

Für die Auswahl und die Verarbeitung von Lösungsmittelklebstoffen sind die folgenden Kriterien wichtig:

- Porosität der Fügeteile. Je nach Porengröße kann der aufgetragene Klebstoff in dem Werkstoff „wegschlagen", sodass keine ausreichend dicke Klebschicht verbleibt. Abhilfe kann in diesem Fall ein zweiter Klebstoffauftrag nach einer kurzen Wartezeit (jeweils auf beide Fügeteile) bringen, weiterhin ggf. ein Klebstoff mit einer höheren Viskosität.
- Temperatur der Fügeteile bzw. der Umgebung. Je höher die Temperatur ist, desto schneller entweichen die Lösungsmittel; das wiederum führt zu einer Verkürzung der offenen Zeit.
- Auftragsmenge des Klebstoffs. Je dicker die aufgetragene Klebschicht ist, desto mehr Lösungsmittel müssen entweichen. Aus diesem Grund kann es zu einer Verlängerung der offenen Zeit kommen.
- Aufbringen eines Anpressdruckes. Bei der Verarbeitung von Lösungsmittelklebstoffen empfiehlt es sich in jedem Fall, nach dem Fixieren der Fügeteile einen über die Klebfläche gleichmäßig verteilten Druck aufzubringen. Dadurch werden die auf beiden Fügeteilen vorhandenen Polymermoleküle miteinander „verhakt" bzw. „verknäuelt", was zu einer Erhöhung der Kohäsionsfestigkeit der Klebschicht führt.

Lösungsmittelklebstoffe eignen sich insbesondere zum Kleben poröser Werkstoffe, wie z. B. Papier, Pappen, Holz, Kork, Leder, Textilien, Schaumstoffe.

Ergänzende Hinweise:

- Grundsätzlich gilt für die Anwendung von Lösungsmittelklebstoffen bei undurchlässigen Fügeteilen (Metalle, Gläser), dass die Einhaltung der maximalen Trockenzeit beachtet werden muss. Erfolgt die Fügeteilfixierung zu früh, verbleiben zu große Anteile von Lösungsmitteln in der Klebfuge, die die Festigkeit der Klebschicht stark beeinträchtigen. Da das endgültige Verdunsten der in der Klebschicht verbleibenden Lösungsmittel nur über die Kanten der Klebung erfolgen kann, sind sehr lange Abbindezeiten zu erwarten.
- Bei durchlässigen, bzw. porösen Werkstoffen (Papiere, Kartonagen, Holz etc.) kann die Fügeteilfixierung bereits nach Erreichen der Mindesttrockenzeit (Abb. 5.2) erfolgen. Vorhandene Reste der Lösungsmittel entweichen dann durch die Fügeteile.
- Da die eingesetzten organischen Lösungsmittel brennbar sind, ist bei diesen Klebstoffen besonders darauf zu achten, dass während der Verarbeitung keine Zündquelle in der Nähe ist. Ergänzend ist zu erwähnen, dass die Dämpfe organischer Lösungsmittel in der Regel schwerer als Luft sind und während des Abdunstens auf den Boden sinken. Dort können sie dann „kriechen", sodass selbst weiter entfernte Zündquellen eine Entzündung bewirken. Grundsätzlich ist anzustreben, Klebungen mit Lösungsmittelklebstoffen unter entsprechenden Absaugvorrichtungen durchzuführen. Aus diesen Gründen geht der Trend in der Klebstoffentwicklung aus ökologischen Gesichtspunkten bereits seit vielen Jahren zu lösungsmittelfreien oder mindestens lösungsmittelarmen Klebstoffformulierungen.
- Für das Kleben von *Polystyrolschaum* ist darauf zu achten, dass nur sog. „styroporneutrale" Klebstoffe verwendet werden. Der Grund liegt in der Fähigkeit von polaren Lösungsmitteln (z. B. Chloroform, Aceton), das Polystyrol zu lösen und somit die Schaumstruktur zu zerstören. Für diese Anwendungen sind spezielle Styroporklebstoffe im Handel.
- Für in Lösungsmitteln lösliche Kunststoffe wie z. B. Acryl-(Plexi-)glas, Polycarbonat, Polyvinylchlorid sind spezielle Lösungsmittelklebstoffe im Handel (Abschn. 9.2.5).
- Für großflächige Anwendungen werden Lösungsmittelklebstoffe auch als „Sprühklebstoffe" in Dosen angeboten.

5.3   Kontaktklebstoffe

Kontaktklebstoffe zeichnen sich dadurch aus, dass die Lösungsmittel aus dem aufgetragenen Klebstoff vor dem Fixieren der Fügeteile vollständig abdunsten müssen (je nach aufgetragener Klebstoffmenge 15–20 min), bis die Klebschicht sich bei kurzer Berührung mit dem Finger „berührtrocken" anfühlt. Die maximale Trockenzeit nach Abb. 5.2 wird also überschritten. Anschließend werden die Fügeteile durch einen möglichst hohen Anpressdruck vereinigt, sodass es in sehr kurzer Zeit zur Ausbildung einer Klebung mit einer relativ großen Festigkeit kommt. Zu dieser Festigkeit trägt neben der gegenseitigen Durchdringung („Verhakung, Verknäuelung") der Polymermoleküle in hohem Maße auch die Ausbildung von kristallinen Strukturen in der Klebschicht bei.

Bei der Verarbeitung der Kontaktklebstoffe wird unterschieden in die

- *Einseitenverklebung (Nasskleben):*
  Bei dieser Verfahrensart wird der Klebstoff nur auf *ein* Fügeteil aufgetragen. Sie kann dann angewendet werden, wenn lösungsmitteldurchlässige bzw. saugfähige Werkstoffe (Leder, Textilien, Holzerzeugnisse) verklebt werden sollen. Ein vollständiges Abdunsten der Lösungsmittel ist in diesem Fall nicht erforderlich.
- *Zweiseitenverklebung:*
  Hierbei handelt es sich um das eigentliche „Kontaktkleben", das immer dann angewendet werden muss, wenn lösungsmittelundurchlässige bzw. dichte Materialien (Metalle, Glas, Kunststoffe) geklebt werden sollen oder von der Klebung eine sehr hohe Anfangsfestigkeit gefordert wird. Bei saugfähigen Materialien ist ggf. ein zweimaliger Klebstoffauftrag durchzuführen.

Wichtige Polymere für Kontaktklebstoffe sind natürliche und künstliche Kautschuktypen, insbesondere Polychloropren-Kautschuk und Polyurethanpolymere.

Ein typisches Beispiel einer Kontaktklebung ist das Flicken eines Gummischlauches mit einer „Gummilösung". Die in der Gummilösung befindlichen Kautschukpolymere vereinigen sich nach Abdunsten des Lösungsmittels unter Druck mit sich selbst und mit den Anteilen der durch die Lösungsmittel angequollenen Bereiche der Gummioberflächen.

Ergänzende Hinweise:

- Für die Festigkeit einer Kontaktklebung ist wegen der vorstehend beschriebenen Klebschichtausbildung ein hoher Anpressdruck wichtiger als eine lange Anpresszeit.
- Vorteilhaft ist die Möglichkeit, mit Kontaktklebstoffen – im Gegensatz zu den in Abschn. 5.2 beschriebenen Lösungsmittelklebstoffen – auch lösungsmittelundurchlässige Werkstoffe wie Metalle, Glas, kunstoffbeschichtete Platten etc. nach dem Zweiseitenverfahren verkleben zu können.
- Da Kontaktklebstoffe flexible Klebschichten ausbilden, die in gewissen Grenzen verformungsfähig sind und somit Materialspannungen ausgleichen können, eignen sie sich besonders für Werkstoffe wie z. B. Leder, Gummi, Sohlenmaterialien (Schuhindustrie) etc.
- Auf Grund der den Kontaktklebstoffen eigenen langen „offenen Zeit" (Abschn. 5.2) sind sie ebenfalls für Verklebungen großer Flächen, z. B. in der Holzverarbeitung zum Aufbringen von Furnieren, im Einsatz.

- Beim Fixieren der Fügeteile ist darauf zu achten, dass diese nachträglich nicht mehr justiert werden können. Es empfiehlt sich, ggf. Fixierhilfen (Kante zum Anlegen der Fügeteile o. Ä.) zu verwenden.
- Ergänzend zu den vorstehend beschriebenen einkomponentigen Kontaktklebstoffen gibt es ebenfalls zweikomponentige Systeme mit Isocyanatverbindungen als Härterkomponente sowie lösungsmittelfreie Formulierungen.

5.4 Dispersionsklebstoffe

Von den in Abschn. 5.2 beschriebenen Lösungsmittelklebstoffen unterscheiden sich die Dispersionsklebstoffe im Wesentlichen durch die Wahl von Wasser als einem unbrennbaren „Lösungsmittel". Hieraus ergibt sich bereits ein großer Vorteil hinsichtlich möglicher Gefahren bei der Verarbeitung sowie der Einhaltung umweltrelevanter Vorschriften. Aus diesem Grund wird seitens der Klebstoff- und Rohstoffhersteller schon seit Jahren ein großer Forschungs- und Entwicklungsaufwand betrieben, um Lösungsmittelklebstoffe durch Dispersionsklebstoffe zu ersetzen.

Was sind Dispersionen? Physikalisch betrachtet handelt es sich um sog. Mehrphasensysteme, bei denen eine „Phase" den Zustand eines bestimmten Stoffes bezeichnet. So liegen z. B.

- in fester Phase die meisten Werkstoffe (Metalle, Kunststoffe, Gläser, Mineralien),
- in flüssiger Phase Wasser, Öle, Lösungsmittel,
- in gasförmiger Phase die uns bekannten Gase (Sauerstoff, Stickstoff, aber auch Wasserdampf) vor.

Im Fall der Dispersionen ist durch die Polymerteilchen in Durchmesserbereichen von 10^{-4}–10^{-5} cm (zehntausendstel bis hunderttausendstel Zentimetern) eine feste Phase in einer flüssigen Phase (Dispersionsmittel Wasser) „dispergiert" (aus dem Lateinischen *dispergere* = fein verteilen). Die Kleinheit der Teilchen und besondere Zusätze (Stabilisatoren, Emulgatoren) hindern die Teilchen daran sich abzusetzen. Der Festkörpergehalt liegt im Bereich von 40–70 %. Der Abbindemechanismus zur Ausbildung der Klebschicht wird durch die Entfernung der flüssigen Phase eingeleitet. Das kann erfolgen durch

- Verdunsten des Wassers und/oder
- Eindringen des Wassers in die Fügeteile.

Da die letztere Möglichkeit nur bei porösen Oberflächen gegeben ist, werden Dispersionsklebstoffe vorwiegend für Werkstoffe eingesetzt, die die Fähigkeit besitzen, das Wasser der flüssigen Klebschicht durch „Aufsaugen" zu binden. Zurück bleiben die Polymerteilchen mit der ihnen eigenen Klebrigkeit, die sich zu einer Klebschicht „verschmelzen"

(*Filmbildung*). Die offene Zeit (Abschn. 5.2) bei der Verarbeitung von Dispersionsklebstoffen wird stark vom Feuchtigkeitsgehalt der Fügeteile und der relativen Luftfeuchtigkeit beeinflusst. Mit höherem Feuchtigkeitsangebot steigt die offene Zeit.

Die wichtigsten Polymere für Dispersionsklebstoffe sind Polyvinylacetat, Acrylate, Kautschuke, Polyurethane, Polychloropren.

Unter den vorzugsweise verklebbaren Werkstoffen befinden sich u. a. Holz und Holzprodukte wie Hart- und Weichholz, Spanplatten, Hartfaserplatten, Sperrholz, Furniere, Nut- und Federverbindungen, Schwalbenschwanz- und Schlitzzapfenverbindungen. Auf Grund der Lösungsmittelfreiheit sind Dispersionsklebstoffe auch zum Kleben von Styropor gut geeignet.

Ergänzende Hinweise:

- Da der Wasseranteil des Dispersionsklebstoffs während des Abbindens von den Fügeteilen aufgenommen werden muss, ist die Abbindezeit von dem Feuchtigkeitsgehalt, vor allem bei Holz (günstiger Bereich 8–10 %), abhängig (Abschn. 9.5).
- Bei der Auswahl des für Holz geeigneten Dispersionsklebstoffes ist auf die späteren Beanspruchungen der Klebung, insbesondere durch Feuchtigkeit, zu achten (Abschn. 9.5).
- Der Dispersionsklebstoff wird in der Regel einseitig aufgetragen, bei sehr rauen Schnittkanten und harten Hölzern auch beidseitig. Dabei müssen Rückstände von der Holzbearbeitung vorher entfernt werden.
- Fügeteile zusammenfügen, solange der Klebstoff noch nass ist, anschließend die Klebung unter Druck fixieren.
- Dispersionsklebstoffe vor Frost schützen, auch nach dem Auftauen sind sie infolge Zerstörung der Dispersion nicht mehr einsetzbar.
- Metalle, Gläser und andere undurchlässige Werkstoffe sind mit Dispersionsklebstoffen nicht klebbar.

5.5 Plastisole

Diese ebenfalls zu den physikalisch abbindenden Klebstoffen zählenden einkomponentigen Produkte bestehen in ihrer verarbeitungsfähigen Mischung aus zwei Bestandteilen: PVC-(Polyvinylchlorid-)Partikeln und Weichmachern (Abschn. 9.2.9). Die festen PVC-Partikel werden in dem hochviskosen Weichmacher dispergiert. Die Ausbildung der Klebschicht erfolgt durch Erwärmung (120–180 °C), dabei quillt das thermoplastische PVC auf und kann in diesem Zustand den Weichmacher in sich aufnehmen (keine chemische Reaktion!). Dieser Vorgang wird als Sol-Gel-Prozess bezeichnet. Das ehemals zweiphasige System (Sol) wandelt sich durch die Einlagerung des Weichmachers in ein einphasiges System (Gel) um.

Typische Anwendungen finden sie als Kleb-Dichtstoffe in der Karosseriefertigung (Falz- und Bördelklebungen, Vibrationsdämmung, Korrosionsschutz) sowie auch als Dichtungen in Flaschen- und Gläserverschlüssen. Aus Umweltgründen (Salzsäureabspaltung bei thermischer Entsorgung) werden PVC-Plastisole zunehmend durch Acrylat-Plastisole und Epoxidsysteme ersetzt.

5.6   Haftklebstoffe, Klebebänder

Haftklebstoffe sind die wesentlichen Bestandteile von Selbstklebebändern und -etiketten. Bei ihnen handelt es sich um Polymere, die eine permanente Klebrigkeit besitzen und die in der Regel auf Trägermaterialien (Kunststoff-/Metallfolien, siliconisierte Papiere) aufgebracht sind. Zur Verbesserung ihrer Klebrigkeit werden ihnen Verbindungen zugefügt, die eine große Eigenklebrigkeit aufweisen, z. B. Harze, Weichmacher. Ihre Haftung auf den zu klebenden Materialien erreichen die Haftklebstoffe durch einen Anpressdruck, hiervon leitet sich die angelsächsische Bezeichnung *Pressure Sensitive Adhesive (PSA)* ab.

Bei der Herstellung von Klebebändern wird neben einer Elektronenstrahlung die in Abschn. 4.3.2 beschriebene UV-Strahlungshärtung eingesetzt. Die zu polymerisierenden Monomermoleküle werden in flüssiger Form auf die zu beschichtenden Trägermaterialien durch Walzen aufgetragen und unter einer UV-Strahlungsquelle kontinuierlich innerhalb von Sekunden zur Polymerschicht ausgehärtet. Je nach deren Zusammensetzung können vorgegebene Haftungswerte eingestellt werden. Bei den Haftklebebändern lassen sich die in Abb. 5.4 dargestellten Systeme unterscheiden.

- Transferklebebänder: Hierbei handelt es sich um Klebstofffilme, die zu 100 % aus dem entsprechenden Haftklebstoffpolymer (in den meisten Fällen Acrylate) bestehen. Für die Verarbeitung sind sie auf einem abtrennbaren Trägermaterial aufgebracht.
- Einseitige Klebebänder: Klebebänder mit einem Trägermaterial, auf das die Klebschicht einseitig aufgebracht und mit diesem verbunden ist.
- Zweiseitige Klebebänder: Klebebänder mit einem Trägermaterial, auf das die Klebschicht beidseitig aufgebracht und mit diesem verbunden ist.
- Geschäumte Klebebänder: Klebebänder ohne ein artfremdes Trägermaterial, bei denen das Gesamtsystem aus dem in geschäumter und geschlossenzelliger Struktur vorliegenden Haftklebstoffpolymer mit beidseitigen Klebeeigenschaften besteht. Sie sind nicht zu verwechseln mit ein- oder zweiseitigen Klebebändern mit Schaumstruktur-Trägermaterialien. Bei diesen gleicht der Schaumstoff durch entsprechende Verformungen (Dehnung, Kompression) die Dichtungsfuge – ggf. mit dem Nachteil bleibender Spannungen – zwar elastisch aus, der dünne Haftklebstofffilm vermag dagegen nur geringe Oberflächenrauheiten zu überbrücken.

Um ein Zusammenkleben der zweiseitigen und geschäumten Klebebänder beim Aufrollen zu vermeiden, sind siliconisierte Papiertrennlagen („release-liner") erforderlich. Die

Abb. 5.4 Aufbau von Klebebändern

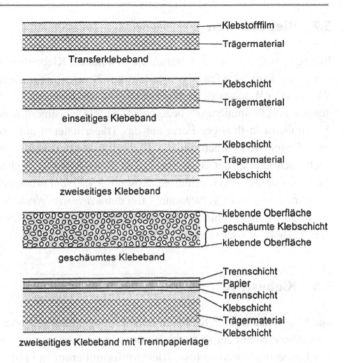

Klebstofffilm
Trägermaterial

Transferklebeband

Klebschicht
Trägermaterial

einseitiges Klebeband

Klebschicht
Trägermaterial
Klebschicht

zweiseitiges Klebeband

klebende Oberfläche
geschäumte Klebschicht
klebende Oberfläche

geschäumtes Klebeband

Trennschicht
Papier
Trennschicht
Klebschicht
Trägermaterial
Klebschicht

zweiseitiges Klebeband mit Trennpapierlage

speziell formulierten Trennschichten ermöglichen ein rückstandsfreies Abziehen des Kle-
bebandes. Gleiche Trennpapiere dienen auch der vorübergehenden Befestigung bei der
Verwendung von Klebeetiketten.

Je nach Formulierung werden permanente (z. B. für Fahrzeugvignetten, TÜV-Plaket-
ten) oder wiederablösbare Haftklebstoffe angeboten. Eine besondere Bedeutung haben in
der Vergangenheit sog. „repositionierbare" Haftklebstoffe erlangt, mit denen vor allem
Papiere als mehrfach klebende Notizzettel ausgerüstet sind.

Ergänzende Hinweise:

- Bei der Verarbeitung von Selbstklebebändern ist zu berücksichtigen, dass eine Lage-
  korrektur der Fügeteile nach dem Fixieren nicht mehr möglich ist.
- Klebebänder eignen sich ebenfalls als Fixierhilfen bei der Herstellung von Klebungen,
  um die Fügeteile gegen ein Verschieben zu sichern (bei warmhärtenden Klebstoffen
  allerdings nur eingeschränkt einsetzbar).
- **Tipp:** Beim Kleben mit Haftklebstoffen die Oberfläche der Werkstoffe zunächst entfetten, anschließend dann den Klebebereich und die Haftklebschicht mit einem Föhn
  erwärmen und sofort unter Druck fixieren. Durch diese Vorgehensweise wird die Klebschicht „beweglicher" und kann die Oberflächenstrukturen besser ausgleichen, außerdem erfolgt dadurch eine Vergrößerung der Kontaktfläche.

5.7   Klebestreifen

In Ergänzung zu den in Abschn. 5.6 erwähnten Klebebändern versteht man unter *Klebestreifen* Papierstreifen, die meistens aus Kraftpapier bestehen und die mit einer durch Wasser oder Wärme aktivierbaren Klebstoffschicht beschichtet sind. Die Klebschicht, allgemein als „Gummierung" bezeichnet, besteht aus einem wasseraktivierbaren Klebstoff, der zunächst in flüssiger Form auf das Trägermaterial aufgebracht und dann getrocknet wird. Durch die Befeuchtung des Klebestreifens bei der Verarbeitung entwickeln sich die Klebeigenschaften der Gummierschicht. Als Klebstoffgrundstoff finden vorwiegend Produkte auf tierischer (Glutinleime, Abschn. 5.9.2) und pflanzlicher (Stärke-, Dextrinleime, Abschn. 5.9.3) Basis Verwendung. Bei den *wärmeaktivierbaren* Klebestreifen werden auf die Papierstreifen Schmelzklebstoffbeschichtungen aufgebracht, die vor dem Verkleben mittels Heißluft oder Infrarotstrahlung aktiviert werden.

5.8   Klebestifte

Die Möglichkeit, einen Klebstoff ohne Lösungsmittel und/oder Wärmezufuhr durch einfaches Abreiben auf ein zu verklebendes Material aufzutragen, wird vielfach praktiziert. In den Klebestiften werden feste Klebstoffformulierungen in Stabform verschiebbar in einer verschließbaren Hülse angeordnet. Beim Abreiben auf einer beispielsweise Papieroberfläche hinterlassen sie einen klebrigen Film. Klebestifte enthalten in der Regel wasserlösliche oder wasserdispergierbare Polymere mit Klebeeigenschaften, die in einer formgebenden Gerüstsubstanz eingebettet sind, einem sog. „Seifengel". Diese Substanz ist so aufgebaut, dass sie bei mechanischer Beanspruchung, im vorliegenden Fall durch die Scherkräfte beim Abreiben, zerstört wird und die klebenden Bestandteile freisetzt. Je nach gewünschtem Verwendungszweck stehen Klebestifte mit permanenten oder wieder ablösbaren Eigenschaften zur Verfügung.

5.9   Klebstoffe auf Basis natürlicher Rohstoffe

Im Vergleich zu den „jungen" Klebstoffen auf künstlicher Basis sind die sich von Naturprodukten ableitenden Klebstoffe z. T. seit Jahrtausenden bekannt. Die wesentlichen Unterschiede zu den Reaktionsklebstoffen liegen in den teilweise geringen Alterungsbeständigkeiten in feuchter Atmosphäre und auch in den niedrigen Klebfestigkeiten. Für hochbeanspruchte Klebungen bei Metallen, Kunststoffen, Gläsern u. a. werden sie nicht eingesetzt. Einen großen Marktanteil verzeichnen sie jedoch – z. T. in modifizierter Form – für das Kleben von Papier- und Papperzeugnissen (Tapeten, Verpackungen, Etikettieren von Glas- und Kunststoffbehältern) und in der Holzverarbeitung. Für besondere Beanspruchungen, z. B. Wasserfestigkeit, existieren Klebstoffe, die mit entsprechenden Kunstharzen kombiniert sind.

Im Bereich der Anwendung natürlicher Klebstoffe haben sich die traditionellen Begriffe „Kleister" statt „Klebstoff" oder „leimen" statt „kleben" bis heute aufrechterhalten. Definitionsgemäß ist ein

Leim: Klebstoff, bestehend aus tierischen und/oder pflanzlichen Grundstoffen (ggf. auch gemischt mit synthetischen Anteilen) sowie Wasser als Lösungsmittel.

Kleister: Klebstoff in Form eines wässrigen Quellungsproduktes, das zum Unterschied von Leimen schon in geringer Grundstoffkonzentration eine hochviskose, nicht fadenziehende Masse bildet.

Die Ausbildung der Klebschicht folgt dem Prinzip des physikalischen Abbindens (Abschn. 2.2.2) unter gleichzeitiger Verdunstung oder Aufsaugen des Wassers durch die (porösen) Fügeteile.

Unterschieden werden Produkte auf

tierischer Basis: Haut-, Knochen-, Leder-, Fisch- und Caseinleim (wichtigster Leim für die Flaschenetikettierung), Glutinschmelzleim;

pflanzlicher Basis: Stärke-, Dextrin-, Celluloseleim, Gummi arabicum.

Tapetenkleister besteht in der Grundsubstanz aus Cellulose (Holzbestandteil), die im Hinblick auf die geforderten Verarbeitungseigenschaften (Wasserlöslichkeit, Festigkeit, ggf. auch Wiederablösbarkeit) chemisch modifiziert wird.

Von den in großer Anzahl verfügbaren Naturprodukten verdienen die folgenden Klebstoffe besondere Erwähnung:

5.9.1 Caseinleime

Als Grundstoff ist Casein in der Milch in Form von Phosphorproteinen (Eiweißverbindungen) enthalten, die allerdings in ihrem Ursprungsaufbau nicht wasserlöslich sind. Eine Überführung in einen quellbaren oder wasserlöslichen Zustand erfolgt durch Zusatz von Alkalien, z. B. Natronlauge. Dadurch findet eine „Hydratisierung" (Möglichkeit der Anlagerung von Wassermolekülen an Molekülstrukturen) der Eiweißverbindungen als Voraussetzung für eine Wasserlöslichkeit statt.

Je nach Anforderungen an die Feuchtigkeits-/Wasserbeständigkeit erfolgen Zusätze von Kalklauge (Calciumhydroxid) oder auch Wasserglas (Abschn. 5.10). Ein herausragendes Einsatzgebiet für Caseinleime ist die Etikettierung von Glasflaschen sowohl auf nassen als auch auf trockenen Oberflächen. Für Kunststoffflaschen sind sie wegen der in Abschn. 9.2.4 näher beschriebenen Oberflächeneigenschaften der Kunststoffe nicht oder nur eingeschränkt geeignet. Für Anwendungen im Holzbau sind Caseinleime ebenfalls nur bedingt verwendbar, wenn überhaupt, dann im Innenbereich bei nur geringen Anforderungen an die Feuchtigkeitsbeständigkeit.

5.9.2   Glutin(schmelz)leime

Zur Herstellung dieser Leime dient als Ausgangsprodukt Kollagen (auch Collagen, griech. „Leimbildner"). Es besteht aus langfaserigen, hochmolekularen Proteinen, die vorwiegend im Binde- und Stützgewebe (Haut, Knochen, Knorpel, Sehnen) enthalten sind.

Wie bei den Caseinleimen erwähnt, erfolgt auch beim Kollagen durch Zusatz von Alkalien (Calciumhydroxid) oder durch Behandlung mit Wasserdampf eine Hydratisierung der Molekülstrukturen als Voraussetzung für Quellbarkeit oder Löslichkeit in wässrigen Medien. Nach Entfernung der wässrigen Phase (Vakuum) steht der Leim in fester Form zur Verfügung. Die Verarbeitung erfolgt als ca. 40 bis 50 %ige wässrige Leimlösung bei erhöhter Temperatur (60 bis 70 °C), die bei Abkühlung unterhalb von 40 °C zu einer festen Klebschicht abbindet. Ein typisches Einsatzgebiet finden Glutinleime wegen der guten Verformbarkeit ihrer Klebschichten bei Rückenverklebungen in der Buchherstellung.

5.9.3   Dextrinleime

Im Gegensatz zu den auf tierischen Produkten basierten Casein- und Glutinleimen sind die Grundstoffe für Dextrinleime pflanzlicher Natur. Hauptbestandteil ist Stärke, die von den Pflanzen bei der Photosynthese (Assimilation mittels Lichtstrahlung, Wasser, Kohlendioxid) als Kohlenhydrate gebildet wird. Die in der Regel pulverförmige Stärke (z. B. Kartoffel-, Mais-, Reisstärke) ist in kaltem Wasser schwer löslich. Beim Erhitzen der wässrigen Suspension (Aufschlämmung) tritt bei einer charakteristischen Temperatur eine Quellung der Stärkepartikel auf, bei weiterer Temperaturerhöhung geht die milchige Suspension in einen hochviskosen Stärkekleister über. Die Temperaturspanne zwischen Beginn und Ende der Quellung wird als Quellungsbereich bezeichnet (Kartoffelstärke 56–67 °C, Maisstärke 64–72 °C).

Dextrin wird aus Stärke durch Rösten bei ca. 110 °C und Säuern (geringe Mengen Salpetersäure) gewonnen, dadurch erhält die Stärke eine gewisse Wasserlöslichkeit, wirkt weniger verdickend und kann als Kleister in höheren Konzentrationen (50 bis 60 %) hergestellt werden. Anwendungen finden diese Leime ebenfalls zum Etikettieren, aber auch bei der Wellpappenherstellung. Neben den vorstehend beschriebenen Klebstoffen sind weitere natürliche Grundstoffe bekannt (Zellulose, Lignin, Tannin) aus denen Klebstoffe hergestellt werden. Eine ausführliche Beschreibung ist in Kap. 14 [18] erschienen.

5.10   Klebstoffe auf anorganischer Basis

Diese Klebstoffgruppe wird in Fällen sehr hoher Wärmebeständigkeit der Klebfuge eingesetzt. Grundsätzlich ist festzustellen, dass auf Grund der chemischen Bindungsverhältnisse in den Molekülen anorganische Verbindungen eine wesentlich größere Formstabilität und thermische Beständigkeit aufweisen als organische Verbindungen (Abschn. 2.2.5).

Besonders zu erwähnen ist das „Wasserglas", speziell Natriumwasserglas, das zum weitgehend wasserfesten Verkleben von Papieren und Pappen verwendet wird. Es besteht aus einer wässrigen, kolloidalen Lösung von Natriumsilicat. Das Abbinden erfolgt durch Verdunstung des Wassers durch die porösen Werkstoffe und anschließende Ausbildung von Kieselsäurestrukturen. Auch für die Glaskolben/Sockelklebungen bei Glüh- und Halogenlampen sind Formulierungen auf Basis anorganischer Produkte (Silikate, Metalloxide, Borate) im Einsatz. Weitere anorganische Grundstoffe finden sich ergänzend in

- Gips (Calciumsulfat), beispielsweise zur Herstellung von Span- und Faserplatten,
- Sorelzement (Magnesiumcarbonat, -sulfat), beispielsweise zur Herstellung von Steinholzfußböden oder Span-/Holzwolleleichtbauplatten.

Bindungskräfte in Klebungen 6

6.1 Bindungskräfte zwischen Klebschicht und Fügeteil (Adhäsion)

Eine häufig gestellte Frage bezieht sich auf die Ursachen für die Ausbildung der Haftung von Klebstoffen/Klebschichten auf Oberflächen. Eine Antwort begründet dieses Phänomen oftmals mit dem Vorhandensein einer rauhen Oberfläche, in die sich die Klebschicht „verhaken" kann, im Sinne der in Abschn. 1.1 gegebenen Beschreibung also „formschlüssig" mit dem Fügeteil verbunden ist (Abb. 6.1).

Diese formschlüssige oder „mechanische Verklammerung" (man spricht auch von einer „mechanischen Adhäsion") ist tatsächlich eine Möglichkeit, um Klebschicht und Fügeteile miteinander zu verbinden. Sie tritt bevorzugt dann auf, wenn sehr raue und/oder poröse Oberflächen vorhanden sind, z. B. bei Papieren, Pappen, Holz, Keramik oder Kunststoffschäumen. Diese Vorstellung versagt aber bei glatten Oberflächen, wobei eine Oberfläche, die wir als „glatt" bezeichnen, unter einem Mikroskop durchaus eine „Gebirgslandschaft" aufweisen kann. Diese feinen Rauheiten können aber kaum zu einer ausreichenden mechanischen Verklammerung beitragen. Es muss also noch eine weitere Möglichkeit geben, damit Klebschicht und Fügeteil sich so dauerhaft fest miteinander verbinden können.

Bevor auf diese Zusammenhänge eingegangen werden kann, ist als neuer Begriff die *Adhäsion zu* erklären. Dieses Wort ist lateinischen Ursprungs *(adhaesio, adhaerere)* und bedeutet soviel wie „an etwas hängen, haften". Der Ausdruck „Adhäsion", dem man sehr häufig begegnet, gehört zu den Standardbegriffen der Klebtechnik.

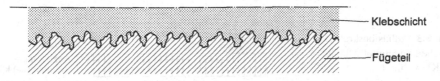

Abb. 6.1 Formschlüssige Verbindung von Klebschicht und Fügeteil

© Springer Fachmedien Wiesbaden 2016
G. Habenicht, *Kleben - erfolgreich und fehlerfrei*, DOI 10.1007/978-3-658-14696-2_6

Abb. 6.2 Adhäsionskräfte an
Fügeteiloberflächen

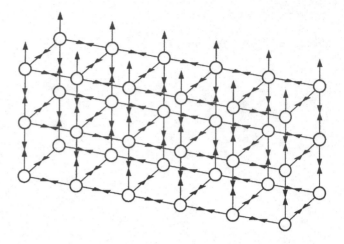

Wie ist die Adhäsion zu erklären? Aus dem täglichen Leben sind uns viele Beispiele bekannt, in denen Stoffe an anderen haften, z. B. feine Staubpartikel an einer Glasscheibe oder Kunststoffschiene, Wassertropfen an einer senkrechten Fläche.

Auch Glasplatten oder polierte Metallflächen können aneinander haften, so dass man sie durch Abziehen kaum voneinander lösen kann. Die Ursache für dieses Verhalten liegt in dem inneren Aufbau der Werkstoffe begründet. Alle uns bekannten Stoffe sind aus Atomen und Molekülen aufgebaut, deren Zusammenhalt auf elektrischen Kräften beruht. Im Innern der Werkstoffe sind diese Kräfte gleichmäßig zwischen den Atomen und/oder Molekülen verteilt. Im Bereich der Oberfläche haben die dort befindlichen Atome und Moleküle jedoch keine gleichartigen „Nachbarn" mehr, mit denen sie elektrische Kräfte austauschen können, daher wirken diese in die umgebende Atmosphäre hinein. Sie sind in der Lage, andere Stoffe, z. B. Staubpartikel oder Wassertropfen an sich zu binden. Es kommt zu einer „Adhäsion". Diese Art der Bindungskräfte werden auch *Dipolkräfte* genannt (Abb. 6.2).

In ähnlicher Weise bilden auch die Polymermoleküle in dem Klebstoff derartige Kraftwirkungen aus, die sich dann mit denen der Fügeteiloberfläche zu einer innigen Bindung vereinigen, wie in Abb. 6.3 wiedergegeben.

Diese *Adhäsionskräfte* sind also die Grundlage dafür, dass eine Klebung, bestehend aus den Fügeteilen und der Klebschicht, hält. Da sie sich zwischen den einzelnen Molekülen bzw. Atomen ausbilden, nennt man sie auch *zwischenmolekulare Kräfte*. Die Entfernungen, über die die Adhäsionskräfte wirken können, sind sehr gering, sie bewegen sich in

Abb. 6.3 Adhäsionskräfte
zwischen Fügeteiloberfläche
und Klebschicht

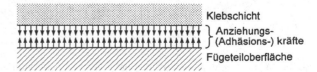

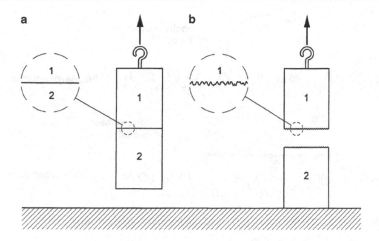

Abb. 6.4 Ausbildung von Haftungskräften bei **a** ideal glatten und **b** rauen Oberflächen

der Größenordnung von 10^{-5} (hunderttausendstel) Millimetern. So ist es zu erklären, dass ganz ebene, feinstpolierte Oberflächen noch eine gewisse Haftung aneinander aufweisen können. In Abb. 6.4a lässt sich auf diese Weise das Teil 2 (ohne dass es über eine Zwischenschicht mit dem Teil 1 verbunden ist) von dem Teil 1 von der Grundfläche abheben. In Abb. 6.4b ist das wegen der rauen Oberflächen nicht möglich.

Bei dieser Betrachtung wird deutlich, dass die Adhäsionskräfte nur dann wirksam werden können, wenn sich nicht andere Stoffe, z. B. die erwähnten Staubpartikel oder Feuchtigkeitsschichten mit den Fügeteiloberflächen verbunden haben, bevor der Klebstoff aufgetragen wird. Dann stehen keine oder nur noch eine geringe Anzahl an Adhäsionskräften für eine ausreichende „Anbindung" der Klebschicht an die Oberfläche zur Verfügung. Wenn also in den Verarbeitungshinweisen der Klebstoffhersteller zu lesen ist: „Die zu klebenden Teile sollen trocken, staub- und fettfrei sein", dann hat dieser Hinweis seine Begründung in den vorstehend beschriebenen Zusammenhängen. In Abschn. 7.1 wird auf diesen Zusammenhang bei der Oberflächenbehandlung als wesentlichem Schritt zur Herstellung von Klebungen noch besonders eingegangen.

6.2 Benetzung

Unter der Annahme einer entsprechend vorbehandelten sauberen Oberfläche erfolgt als nächster Schritt der Auftrag des Klebstoffs. Dabei muss jedoch gewährleistet sein, dass die Klebstoffmoleküle sich den Bereichen, in denen die von der Fügeteiloberfläche ausgehenden Adhäsionskräfte vorhanden sind, auch annähern können. Nur dann kann der Klebstoff sich trotz einer mehr oder weniger vorhandenen Rauheit auf der Oberfläche ausbreiten, sie also „benetzen". Ergänzend ist eine ausreichende Fließfähigkeit des Klebstoffs wichtig. In der Fachsprache wird diese Eigenschaft als *Viskosität* bezeichnet. Eine

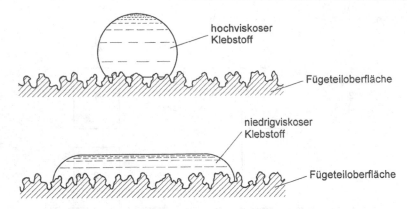

Abb. 6.5 Benetzungsverhalten eines hoch- und niedrigviskosen Klebstoffs

vollständige und gleichmäßige Benetzung der zu klebenden Oberfläche ist demnach eine unabdingbare Voraussetzung für die Herstellung einer festen Klebung. Abb. 6.5 stellt diesen Unterschied zwischen einem niedrig- und einem hochviskosen Klebstoff dar.

Aus Abb. 6.6 sind die für den Einfluss der Oberflächenrauheit auf die Eigenschaften einer Klebung verschiedenen geometrischen Oberflächenarten ersichtlich.

- Die *geometrische Oberfläche*: Sie ergibt sich aus den gemessenen Werten der die Klebfläche bestimmenden Fügeteilbreite b und der Überlappungslänge $l_{ü}$ zu $A = bl_{ü}$.
- Die *wahre Oberfläche*: Sie wird auch Mikrooberfläche genannt und schließt zusätzlich zu der geometrischen Oberfläche die durch die Rauheit bedingte Oberflächenvergrößerung mit ein. Die durch die Oberflächenrauheit charakterisierte wahre Oberfläche bestimmt insofern die Haftungseigenschaften der Klebung mit, weil mit größer werdender Oberfläche die Anzahl der möglichen Grenzschichtanteile, die zu zwischenmolekularen Bindungen führen, ebenfalls vergrößert wird.
- Die *wirksame Oberfläche*: Sie stellt den Anteil der wahren Oberfläche dar, der durch den Klebstoff benetzt wird, zur Ausbildung von Grenzschichtreaktionen in der Lage

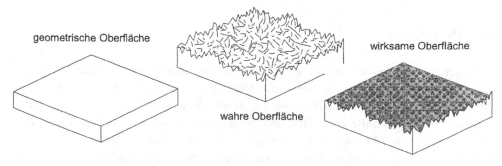

Abb. 6.6 Oberflächenarten

Abb. 6.7 Benetzungsarten von Flüssigkeiten auf Oberflächen

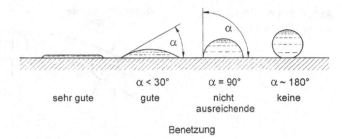

$\alpha < 30°$ $\qquad$ $\alpha = 90°$ $\qquad$ $\alpha \sim 180°$

sehr gute $\qquad$ gute $\qquad$ nicht ausreichende $\qquad$ keine

Benetzung

ist und wirklich zu der Festigkeit der Klebung beiträgt. Zusammenfassend ergibt sich demnach die Beziehung:

Wahre Oberfläche > wirksame Oberfläche > geometrische Oberfläche.

Je nach Klebstoffviskosität und dem Benetzungsvermögen einer Oberfläche gibt es verschiedene Erscheinungsformen eines auf die Oberfläche gegebenen Flüssigkeitstropfens. Charakteristisch ist in diesem Zusammenhang der zwischen dem flüssigen Klebstoff und der Fügeteiloberfläche sich ausbildende Benetzungswinkel α. Je geringer dieser ist, desto besser ist die Benetzung. Von einer guten Benetzung spricht man, wenn die Werte von α unter 30° liegen. Breitet sich ein Klebstoff (oder eine Flüssigkeit allgemein) spontan, also ohne Einwirkung äußerer Einflüsse (wie walzen, pinseln, rakeln) gleichmäßig auf einer Oberfläche aus, liegt ein sehr gutes Benetzungsverhalten vor, in diesem Fall spricht man von einer *Spreitung* (Abb. 6.7). Der Fall von $\alpha \sim 180°$ (Kugelform) ist beispielsweise von Quecksilbertropfen bekannt.

6.3 Oberflächenspannung

Das Benetzungsverhalten einer Flüssigkeit auf einer Oberfläche ist nicht nur, wie in Abschn. 6.2 erwähnt, von ihrer Viskosität, sondern in entscheidendem Maße auch von ihrer Oberflächenspannung abhängig. Dieser Begriff leitet sich zunächst von der Vorstellung ab, dass beispielsweise ein Wassertropfen durch eine ihn „umspannende" unsichtbare Haut daran gehindert wird, zu zerfallen. Der wirkliche Grund für diese Erscheinung lässt sich aus Abb. 6.8 erklären.

Während im Innern einer Flüssigkeit auf die im vorliegenden Beispiel befindlichen Wassermoleküle aus allen Richtungen jeweils gleiche Anziehungskräfte wirken, sind diese Kräfte an der Grenzfläche des Wassertropfens zu der umgebenden Luft nicht ausgeglichen. Daher besteht eine in das Tropfeninnere gerichtete Kraft F, die die Wassermoleküle aus der Oberfläche in das Innere des Tropfens zu ziehen versucht. Als Folge ist der Wassertropfen bestrebt, seine Oberfläche zu verkleinern, was zur Ausbildung der Kugel-/ Tropfenform führt (die Kugel ist die einzige geometrische Form, bei der das Verhältnis von Volumen zu Oberfläche am geringsten ist).

Abb. 6.8 Oberflächenspannung bei Flüssigkeiten

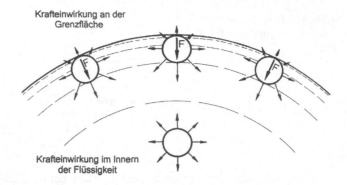

Krafteinwirkung an der Grenzfläche

Krafteinwirkung im Innern der Flüssigkeit

Neben Flüssigkeiten besitzen auch feste Körper, z. B. Metalle, Gläser, Kunststoffe, eine Oberflächenspannung. Diese ist wegen der Steifigkeit dieser Werkstoffe für das Auge zwar nicht sichtbar, sie lässt sich aber messtechnisch bestimmen. Beim Auftrag eines Klebstoffs vereinigen sich also zwei Partner mit – je nach Fügeteilwerkstoff und Klebstoff – unterschiedlichen Oberflächenspannungen.

Entscheidend für die Benetzungsfähigkeit des Systems ist nach den Gesetzen der Thermodynamik die Differenz der Oberflächenspannung zwischen Fügeteil und Klebstoff. Die Werte der Oberflächenspannungen werden in der Dimension mN/m (milli-Newton pro Meter) angegeben. Zur Abgrenzung der Begriffe „Oberflächenspannung" zu „Oberflächenenergie" siehe Abschn. 6.4. (Zur Unterscheidung der Dimensionen m (Meter) und m (Milli) erfolgt in relevanten Abschnitten für Milli kursive Schreibweise m.)

6.4 Oberflächenenergie

Während die Oberflächenspannung (Abschn. 6.3) einer Flüssigkeit ihr Bestreben charakterisiert, für ein gegebenes Volumen die geringstmögliche Oberflächengröße (Kugelform) einzunehmen, ist für eine Oberflächenvergrößerung eine bestimmte Energie, die Oberflächenenergie, erforderlich (Beispiel: Zerteilung von Wasser in feinste Wasserteilchen mittels der Energie von Druckluft). Der Begriff Oberflächen „Spannung" hat sich eingebürgert, obwohl dieser die Dimension von mN m^{-1}, also linienbezogen und nicht wie nach der Festigkeitslehre exakt flächenbezogen mN m^{-2}, zu Grunde liegt. Wird die energetische Betrachtungsweise eingeführt, ergibt sich für die Oberflächenenergie, da 1 Nm = 1 J ist, die Dimension mJ m^{-2}. Dass die Kugelform das günstigste Verhältnis von Volumen zu Oberfläche darstellt, ergibt sich aus folgendem Beispiel:

1 cm^3 Wasser besitzt in *Würfelform* eine Kantenlänge von 1 cm und eine Oberfläche von $6 \cdot (1 \, \text{cm} \cdot 1 \, \text{cm}) = 6 \, \text{cm}^2$. 1 cm^3 Wasser besitzt in *Kugelform* nach $V = 1 \, \text{cm}^3 = \frac{4}{3}\pi r^3$ einen Radius der Kugel von 0,62 cm und nach $A = 4 \, \pi \, r^2$ eine Oberfläche von 4,8 cm^2. Die Differenz zu Gunsten der Kugelform beträgt demnach 1,2 cm^2 = 20 %.

Für ausgewählte Werkstoffe sind nachstehend Werte der Oberflächenenergien in der Dimension $mJ\,m^{-2}$ zusammengestellt:

Polytetrafluorethylen (Teflon)	18,5
Silicone	24
Polypropylen	29
Polyethylen	31
Polymethylmethacrylat (Acrylglas)	33–44
Polycarbonat	34–37
Polyvinylchlorid (PVC)	40
Polyethylenterephthalat (PET)	43
Polyamid 6.6 (Nylon)	46
Epoxidharz	47
Wasser	**72,8**
Aluminium	1200
Chrom	2400
Eisen	2550
Gold	1550
Kupfer	1850
Nickel	2450
Quecksilber	610
Silber	1250
Zink	1020
Gläser	300–500

Bemerkung: Da der Aufbau und die Zusammensetzung der einzelnen Werkstoffe unterschiedlich sein können, handelt es sich bei diesen Werten nur um Anhaltspunkte und nicht um spezifische Werkstoffwerte.

Aus diesen Werten ist ersichtlich, dass die jeweilige Differenz der Oberflächenenergien bei Metallen gegenüber Klebstoffen sehr groß, bei Kunststoffen gegenüber Klebstoffen sehr gering ist. Für die klebtechnische Praxis hat das die folgende Bedeutung:

- Metalle lassen sich nach entsprechender Vorbehandlung gut bis sehr gut kleben (auf Grund ihres „edlen" Charakters bilden die Edelmetalle Gold, Silber, Platin etc. hier allerdings eine Ausnahme).
- Kunststoffe lassen sich über adhäsive Bindungen nur unter speziellen Voraussetzungen kleben. Die hierzu erforderlichen Grundlagen werden in Abschn. 9.2 beschrieben.

6.5   Bindungskräfte innerhalb einer Klebschicht (Kohäsion)

Für feste Klebungen sind nicht nur ausreichend viele und stark ausgebildete Adhäsionskräfte Voraussetzung, auch die zwischen den Fügeteilen vorhandene Klebschicht muss eine entsprechende Festigkeit aufweisen. Ausgehend von Abb. 6.4 lässt sich diese Forderung verdeutlichen: Bringt man – nach vorhergehender Entfettung, damit die Oberflächen gut benetzt werden – zwischen die beiden rauen (rechten) Fügeteile einige Tropfen eines dünnflüssigen Öls, lässt sich trotz der rauen Oberfläche das untere Fügeteil mit dem oberen von der Grundfläche abheben, beide Teile „haften" also durch die sie verbindenden Adhäsionskräfte des Ölfilms, der hier gleichsam wie ein „Klebstoff" wirkt, aneinander. Allerdings lassen sie sich leicht gegeneinander verschieben, weil die Ölschicht flüssig und nicht fest ist. Klebstoffe zeichnen sich dadurch aus, dass sie zwar im Zustand des Auftragens auf die Fügeteile ebenfalls flüssig sind, dann aber zu einer festen Zwischenschicht aushärten, die ein gegenseitiges Verschieben der Fügeteile nicht mehr zulässt. Gegenüber einer Flüssigkeit sind demnach ihre „Inneren Kräfte", die ihren Zusammenhalt bewirken, sehr viel größer. Nach dem lateinischen Wort *cohaerere* = sich gegenseitig anziehen, zusammenhalten, werden diese in einer Klebschicht vorhandenen Kräfte *Kohäsionskräfte* genannt. Kohäsionskräfte wirken in allen festen und auch flüssigen Stoffen. Je größer sie sind, desto größer ist auch die Formbeständigkeit eines Stoffes.

Bei der Herstellung einer Klebung besteht demnach die Forderung, dass die Klebschicht eine über die gesamte Klebfuge gleichmäßig ausgebildete Kohäsionsfestigkeit besitzt. Störend können sich z. B. falsche Mischungsverhältnisse der Komponenten oder durch den Mischvorgang in den Klebstoff eingebrachte Luftblasen auswirken. Eine weitere Ursache für unzureichende Kohäsionsfestigkeiten kann auch die Nichteinhaltung der erforderlichen Aushärtungszeit bzw. -temperatur sein.

Zusammenfassend lassen sich die in einer Klebung wirkenden Kräfte, wie in Abb. 6.9 dargestellt, beschreiben.

Als **Adhäsion** wird somit das Haften gleicher oder verschiedener Stoffe aneinander, als **Kohäsion** die innere Festigkeit eines Stoffes, im vorliegenden Fall der Klebschicht, bezeichnet. Der Wirkungsbereich der Adhäsionskräfte ist als **Grenzschicht** definiert, siehe auch Abb. 1.3.

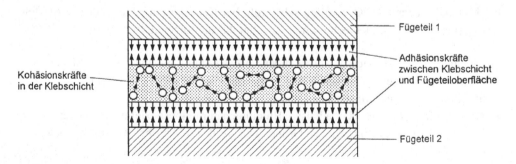

Abb. 6.9 Adhäsions- und Kohäsionskräfte in einer Klebung

Herstellung von Klebungen

Nach der Beschreibung der Grundlagen über den Aufbau der Klebstoffe und die Klebstoffarten sowie über die in Klebungen wirksamen Bindungsverhältnisse gilt es, die für
die Herstellung von Klebungen wichtigsten Verfahrensschritte darzustellen. Dabei lassen
sich zwei Gruppen unterscheiden (Abb. 7.1):

- Verfahren, die der Ausbildung der Adhäsionskräfte dienen. Hierzu gehören die Oberflächenbehandlung der Fügeteile und der Klebstoffauftrag;
- Verfahren, die die Kohäsionsfestigkeit der Klebschicht bestimmen. In diesem Fall sind
  die Bedingungen hinsichtlich Zeit, Temperatur und Druck bei der Klebstoffaushärtung
  zu beachten.

Abb. 7.1 Verfahrensschritte
zur Herstellung von Klebungen

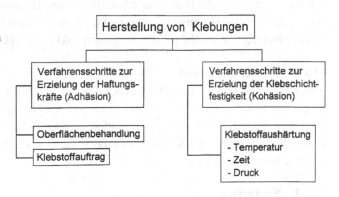

© Springer Fachmedien Wiesbaden 2016
G. Habenicht, *Kleben - erfolgreich und fehlerfrei*, DOI 10.1007/978-3-658-14696-2_7

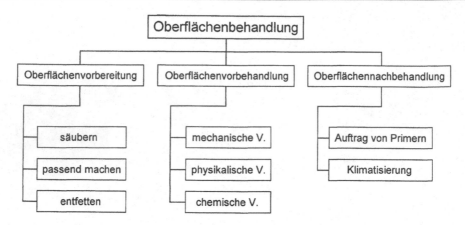

Abb. 7.2 Verfahren der Oberflächenbehandlung

7.1 Oberflächenbehandlung

Für die Oberflächenbehandlung können je nach den gegebenen Voraussetzungen die in Abb. 7.2 erwähnten drei Verfahrensarten angewandt werden.

7.1.1 Oberflächenvorbereitung

7.1.1.1 Säubern

Das Säubern der Klebflächen dient der Entfernung von anhaftenden festen Schichten wie Schmutz, Rost, Zunder, Farben, Lacken etc. Es wird vorzugsweise auf mechanischem Wege mittels Schleifen oder Bürsten durchgeführt. Selbst für gering beanspruchte Klebungen ist das Säubern eine Grundvoraussetzung für die angestrebte Festigkeit einer Klebung, da Fremdschichten von vornherein als Ausgangspunkt für Klebfugenbrüche anzusehen sind.

7.1.1.2 Passend machen

Dieser Arbeitsschritt ist im Wesentlichen für die Erzielung gleichmäßiger Klebschichten erforderlich. Hier ist insbesondere bei kleinen Klebflächen, wie sie beispielsweise für Prüfungen herangezogen werden, die Entfernung des Schnittgrates an den Probekörpern notwendig. Bei größeren Klebflächen ist das Richten der Fügeteile als Voraussetzung für parallele Klebfugen wichtig.

7.1.1.3 Entfetten

Das Entfetten kann mittels organischer Lösungsmittel oder heißem (ca. 60–80 °C), mit flüssigen Reinigungsmitteln (ca. 1–3 %) versetztem destillierten Wasser erfolgen. Hierbei ist allerdings darauf zu achten, dass z. B. Spülmittel geringe Anteile von Siliconverbindungen enthalten können, die bei Verbleiben auf der Oberfläche eine Benetzung erschweren.

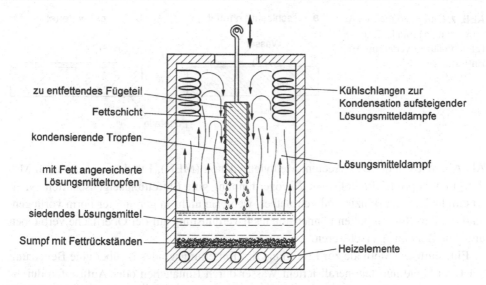

zu entfettendes Fügeteil

Fettschicht

kondensierende Tropfen

mit Fett angereicherte
Lösungsmitteltropfen

siedendes Lösungsmittel

Sumpf mit Fettrückständen

Kühlschlangen zur
Kondensation aufsteigender
Lösungsmitteldämpfe

Lösungsmitteldampf

Heizelemente

Abb. 7.3 Prinzip der Dampfentfettung

Die Entfettung ist eine der wichtigsten Voraussetzungen für eine einwandfreie Benetzung, daher sollte sie in jedem Fall erfolgen, unabhängig davon, ob eine weitere Oberflächenvorbehandlung erfolgt oder nicht.

Die anwendbaren Entfettungsverfahren sind abhängig von der zu entfettenden Stückzahl, der Gestalt der Fügeteile und dem Grad der geforderten Fettfreiheit:

- Die einfachste Möglichkeit des Entfettens ist das Abwischen der Fügeteile mit lösungsmittelgetränkten, fusselfreien Textil- oder Papiertüchern sowie das Tauchen. Beide Vorgehensweisen haben allerdings den Nachteil eines unkontrollierten Entfettungsgrades durch ungleichmäßiges Abwischen oder durch mögliche Fettanreicherungen im Lösungsmittel. Für Klebungen im nichtindustriellen Maßstab oder bei Anwendungen im Heimwerkerbereich gibt es zu diesen beiden Möglichkeiten keine Alternative.

- Für technische Anwendungen ist zur Erzielung einer hohen und gleichmäßigen Fettfreiheit die *Dampfentfettung* im Einsatz. Bei diesem Verfahren werden die Fügeteile in eine je nach Siedepunkt des eingesetzten Lösungsmittels erwärmte Lösungsmitteldampfphase eingebracht. Durch die Lösungsmittelkondensation an den zunächst kalten Fügeteilen erfolgt ein „Abwaschen" der Fettanteile mit dem Vorteil, dass praktisch keine Wiederbefettung durch das sich in dem „Sumpf" der Entfettungsanlage anreichernde Fett erfolgen kann (Abb. 7.3).

7.1.1.4 Entfettungsmittel

Die früher vorwiegend angewendeten guten Fettlöser Tri- bzw. Perchlorethylen sind in den vergangenen Jahren zunehmend als starke Umweltschädiger und mitverantwortlich für den Abbau der Ozonschicht erkannt worden und werden daher nicht mehr verwendet.

Abb. 7.4 Fehlerhafte (Tropfenbildung **a**) und fehlerfreie (gleichmäßige Verteilung **b**) Entfettung

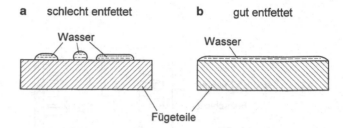

Als Alternativen besitzen Aceton, Methylethylketon (MEK), Ethylacetat oder auch Methyl- und Isopropylalkohol sowie Nitroverdünnung gute Entfettungseigenschaften. Nicht zu empfehlen sind Benzin und Petrolether, wenn sie nicht in gereinigter Form vorliegen, da diese Paraffine enthalten können, die nach Verdunstung auf der Oberfläche verbleiben und eine Benetzung erschweren.

Eine einfache Methode zur Ermittlung des Entfettungsgrades ist über eine Benetzung der Oberfläche mit demineralisiertem Wasser durch Eintauchen oder Auftropfen durchführbar. Wenn eine Oberfläche durch Wasser benetzbar ist, ist sie es in jedem Fall auch durch Klebstoffe, da letztere gegenüber Wasser ein besseres Benetzungsvermögen aufweisen (Abb. 7.4).

Ergänzende Hinweise:

- Auf Grund ihrer guten Fettlöslichkeit greifen die organischen Lösungsmittel auch die natürlichen Fettschichten auf der Haut an, sodass es bei ständigem Kontakt zu Hautschäden kommen kann. Das Tragen von Gummihandschuhen und das Eincremen mit Hautschutzsalben werden als vorbeugende Maßnahmen daher dringend empfohlen.
- Wegen der Möglichkeit einer Fettübertragung von der Haut auf die Oberflächen dürfen diese nach dem Entfetten keinesfalls wieder mit der bloßen Hand berührt werden.
- Vorsicht: Organische Lösungsmittel sind brennbar! Die gebrauchten lösungsmittelgetränkten Tücher sind unbedingt in verschlossenen Behältern abseits von Flammenquellen aufzubewahren und so bald wie möglich ordnungsgemäß zu entsorgen (Abschn. 7.5.1).

7.1.2 Oberflächenvorbehandlung

Im Anschluss an die Oberflächenvorbereitung kommt der Oberflächenvorbehandlung die Aufgabe zu, die auf den Fügeteiloberflächen für die Ausbildung einer festen Klebung notwendigen Adhäsionskräfte zu erzeugen. Da fast alle für das Kleben interessanten Werkstoffe die Eigenschaft besitzen, sich an ihrer Oberfläche mit Fremdschichten (Oxide, Rost, Staub, Fette) zu bedecken, müssen diese vor dem Klebstoffauftrag vollständig entfernt werden, da es sonst zu einer Störung in der Ausbildung der Adhäsionskräfte kommt (Abb. 7.5).

Abb. 7.5 Beeinträchtigung der Adhäsionskräfte durch Oberflächenverunreinigungen

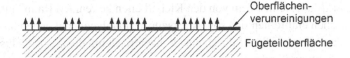

Oberflächen-
verunreinigungen

Fügeteiloberfläche

7.1.2.1 Mechanische Oberflächenvorbehandlung

Das *Schleifen, Bürsten, Schmirgeln* oder *Strahlen* sind die wichtigsten Verfahren. In jedem Fall ist eine vorherige Entfettung durchzuführen, da eventuell vorhandene Fettrückstände sonst auf der Oberfläche verteilt und ggf. sogar in feine Poren oder sonstige Vertiefungen hineingepresst werden können.

Schleifen, Bürsten und Schmirgeln zeichnen sich gegenüber dem Strahlen durch eine geringe Staubbelastung aus, allerdings lässt die Gleichmäßigkeit der Vorbehandlung z. T. zu wünschen übrig. Verbessert werden kann die Schleif- oder Bürstwirkung durch eine wiederholte im Winkel von 90° erfolgende Durchführung (Kreuzschliff). Für die Vorbehandlung größerer Flächen werden im Handel Schwing- und Bandschleifmaschinen angeboten. Wirkungsvoller als das Schleifen und Bürsten ist das Strahlen mit Strahlgut, das in unterschiedlicher Art und Form (Korund, Stahlkorn, Glasperlen) angeboten wird. Insbesondere für Langzeitbeanspruchungen von Klebungen ist das Strahlen gemessen an dem durchzuführenden Aufwand als optimales Vorbehandlungsverfahren anzusehen. Abhängig vom Strahldruck und Strahlkorndurchmesser wird eine mehr oder weniger zerklüftete Oberfläche gebildet, wie sie beispielsweise in Abb. 7.6 für einen Stahl wiedergegeben ist.

Die bei dem Strahlen erzielbaren Rauheiten hängen vom Strahldruck und der Korngröße des Strahlgutes ab, sie liegen in der Größenordnung von 50–100 µm (1 µm = 1 Mikrometer = 0,001 mm).

Das Strahlen wird, wenn die Größe der vorzubehandelnden Flächen es erlaubt, in geschlossenen Strahlkabinen durchgeführt, die mit einer Sammel- und Wiederzuführung zum wiederholten Einsatz des Strahlmittels ausgerüstet sind. Da bei diesen Kabinen eine Freisetzung von Staubpartikeln nicht ausgeschlossen werden kann, ist es in jedem Fall

Abb. 7.6 Gestrahlte Stahloberfläche Strahlgut: Korund; Körnung: 0,5–1 mm, Strahldruck 0,8 MPa; Düsenabstand: ca. 100 mm

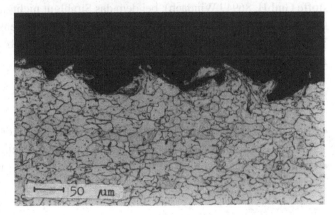

ratsam, sie in einem von den Klebarbeiten getrennten Raum aufzustellen. Für größere Flächen empfehlen sich sog. Rücksaugstrahlanlagen, bei denen das Strahlgut nach Auftreffen auf die Oberfläche durch eine konzentrisch um die Austrittsdüse angebrachte Absaugvorrichtung wieder in den Strahlkreislauf zurückgeführt wird.

Als alternative Möglichkeit zu diesem „Überdruck"-Strahlen ist das „Unterdruck"-Strahlen entwickelt worden, bei dem der gesamte Aufbau ein geschlossenes System ist, welches überwiegend staub- und emissionsfrei arbeitet und die Abtragprodukte direkt von der Oberfläche absaugt. Auf Grund dieser Tatsache kann auf eine aus Prozesssicht ungünstige Nachreinigung der bearbeiteten Oberfläche verzichtet werden.

Durch die mittels Druckluft mit hoher Energie auf die Fügeteiloberflächen auftreffenden Strahlkörner kann eine Verdichtung der Oberfläche mit einer daraus resultierenden Spannungsausbildung auftreten, die insbesondere bei dünnen Fügeteilen (Blechen bis ca. 2 mm Dicke) eine Durchbiegung zur Folge hat. Vermeiden lässt sich diese Erscheinung durch Aufspannen des Bleches auf eine dicke, starre Unterlage. Rückgängig machen lässt sich die Durchbiegung durch ein Strahlen der Fügeteilrückseite. Beim Schleifen und Bürsten tritt dieser Nachteil nicht auf.

Da die für das Strahlen benötigte Druckluft in Kompressoren erzeugt wird, kann nicht ausgeschlossen werden, dass sich in ihr geringe Ölmengen befinden, die nach dem Strahlen auf der Oberfläche verbleiben. Aus diesem Grund ist es unbedingt erforderlich, anschließend nochmals eine Entfettung durchzuführen, mit dem zusätzlichen Vorteil, dass auch möglicherweise in den Rauheiten der Oberfläche noch vorhandene Strahlgutrückstände entfernt werden.

Zusammenfassend ist festzustellen, dass eine Oberflächenvorbehandlung in den Stufen

Entfetten – Strahlen – Entfetten

gemessen an dem dafür erforderlichen Aufwand die optimalen Voraussetzungen für die Herstellung von Klebungen mit guten Langzeitbeständigkeiten bietet.

Eine besondere Variante des Strahlens ist das *„Saco"-Verfahren* (DELO-Industrieklebstoffe GmbH, 86949 Windach), bei dem das Strahlgut nicht nur mechanisch auf die Oberfläche einwirkt, sondern auf Grund der speziellen Zusammensetzung auch zu chemischen Veränderungen der Oberfläche führt, durch die weitere Verbesserungen im Verhalten von Klebungen erzielt werden können.

Ergänzende Hinweise:

- Bewährt hat sich für das Schleifen ein aus Holz oder Kork hergestellter Schleifklotz, um den das Schmirgelpapier gewickelt und ggf. mit einem Klebeband befestigt wird.
- Gute Reinigungsergebnisse erreicht man auch mit so genannten Drahtschwämmen, wie sie im Haushalt üblich sind.

7.1.2.2 Physikalische und chemische Oberflächenvorbehandlung

Beim Schleifen, Bürsten oder Strahlen (mit Ausnahme des oben erwähnten Saco-Verfahrens) wird die Oberfläche eines Werkstoffs chemisch nicht verändert. Es entsteht eine der Zusammensetzung des Werkstoffs entsprechende reine Oberfläche mit einer charakteristischen Struktur, wie beispielsweise in Abb. 7.6 dargestellt. Die physikalischen und chemischen Vorbehandlungsverfahren verfolgen dem gegenüber das Ziel, die Oberflächen chemisch zu verändern. Dadurch gelingt es einerseits, für besonders hohe Beanspruchungen an Klebungen die Adhäsionskräfte weiter zu verstärken und andererseits Werkstoffe, die sich nur schwer kleben lassen (z. B. Kunststoffe), überhaupt klebbar zu machen.

Da die *physikalischen Verfahren* vorwiegend beim Kleben der Kunststoffe Anwendung finden, werden sie in Abschn. 9.2.4 beschrieben.

Mittels *Laser* lassen sich ebenfalls Oberflächenbehandlungen durchführen, diese begründen sich auf zwei Verfahrensziele:

- Änderung der Oberflächenmorphologie durch thermische Einwirkung,
- Modifizierung der chemischen Struktur der Oberfläche in geeigneter reaktiver Atmosphäre durch entsprechende Strahlungsenergien ggf. in Kombination mit ausgewählten Primern.

Alle *chemischen Verfahren* haben den Nachteil, dass sie zu ihrer Durchführung z. T. stark gesundheitsschädliche und aggressive Chemikalien benötigen. Ihre Anwendung unterliegt gesetzlichen Auflagen und somit strengen Sicherheitsbestimmungen, zu denen noch ein hoher Aufwand für ihre Entsorgung nach Gebrauch kommt. Aus diesem Grund werden sie nur in Ausnahmefällen, in denen eine besonders lange Lebensdauer der Klebungen bei gleichzeitig hohen Beanspruchungen, auch durch Korrosion, garantiert werden müssen, industriell eingesetzt. Ein Beispiel dafür ist der Flugzeugbau bei Lebenserwartungen der Flugzeuge bis zu 30 Jahren.

7.1.2.3 Beizen

In die Gruppe der chemischen Oberflächenvorbehandlungsverfahren ist auch das Beizen einzubeziehen. Hierbei handelt es sich um die Anwendung verdünnter Säuren, die die auf Metalloberflächen vorhandenen Schichten über chemische Reaktionen entfernen, sodass metallisch reine Oberflächen entstehen. Auch hier gelten für die Anwendung die entsprechenden Vorschriften.

7.1.2.4 Oberflächenschichten und Unterwanderungskorrosion

Zur Anwendung der beschriebenen Oberflächenvorbehandlungsverfahren und ihrer Wirkungsweise soll nachfolgend der für metallische Werkstoffe typische Aufbau der Oberflächenschichten beschrieben werden (Abb. 7.7).

Auf dem Grundwerkstoff, dessen Oberfläche bei der Herstellung hinsichtlich seiner mechanischen und metallurgischen Eigenschaften gezielt verändert werden kann (durch Kaltverformung beim Nachwalzen), befindet sich zunächst eine „Reaktionsschicht". Ihren

Abb. 7.7 Oberflächenschichten metallischer Werkstoffe

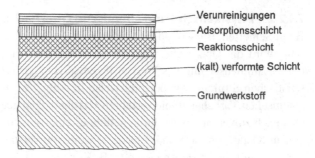

Verunreinigungen
Adsorptionsschicht
Reaktionsschicht
(kalt) verformte Schicht
Grundwerkstoff

Namen hat sie durch die Eigenschaft vieler metallischer Werkstoffe, mit den in der Luft vorhandenen Bestandteilen Sauerstoff, Wasserdampf u. a. chemisch zu reagieren. Das Rosten von Eisen oder das „Anlaufen" von Silber sind hierfür charakteristische Beispiele. Diese gegenüber dem Grundwerkstoff chemisch veränderten Schichten weisen je nach den Bedingungen bei ihrer Ausbildung eine mehr oder weniger gute Haftung auf dem Grundwerkstoff auf. Bekannt ist, dass Rostschichten von der Oberfläche abplatzen können. Solche natürlich gewachsenen Oberflächen-Reaktionsschichten können somit keine Voraussetzung für die Ausbildung festhaftender Klebschichten sein. Sie müssen vor dem Klebstoffauftrag entweder mechanisch durch Schleifen, Bürsten oder Strahlen oder auch durch chemisches Beizen entfernt werden. Durch Entfetten lassen sich diese Schichten nicht beseitigen!

Wenn erforderlich, werden im Anschluss daran durch gezielte chemische Reaktionen unter genau definierten Bedingungen auf die saubere Oberfläche wieder Reaktionsschichten mit sehr guten Haftungseigenschaften aufgebracht, auf die dann geklebt werden kann. Hierzu werden die chemischen und elektrochemischen Vorbehandlungsverfahren eingesetzt, die allerdings, wie bereits ausgeführt, einen hohen Aufwand erfordern.

Die in Abb. 7.7 erwähnten Adsorptions- und Verunreinigungsschichten werden bei der mechanischen Oberflächenvorbehandlung mit entfernt. Derartige Schichten, z. B. adsorbierte Feuchtigkeit oder Stäube, bilden sich auf sauberen Oberflächen sehr schnell wieder neu. Aus diesem Grund muss die Zeit zwischen der Oberflächenvorbehandlung und dem Klebstoffauftrag so kurz wie möglich sein. Staub- und Adsorptionsschichten lassen sich mit ausreichender Reinigungswirkung durch Entfetten wieder entfernen.

Auf einen wichtigen Unterschied zwischen den mechanischen und chemischen Oberflächenvorbehandlungsverfahren ist abschließend hinzuweisen. Erstere sind in ihrer Auswirkung nur auf den Bereich der Klebfläche beschränkt, d. h. sie sind nicht in der Lage, die der Klebschicht benachbarten Bereiche gegenüber möglichen Beanspruchungen aus der Umgebung zu schützen. Was nützt die beste Oberflächenbehandlung, wenn im Laufe der Zeit von außerhalb der Klebfuge durch Korrosion eine Unterwanderung der Klebschicht erfolgt, die zur Zerstörung der Klebung führt? Dieser Vorgang ist in Abb. 7.8 dargestellt.

Abb. 7.8 Unterwanderungskorrosion von Klebschichten

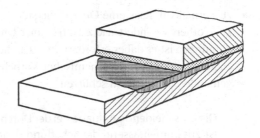

7.1.3 Oberflächennachbehandlung

Eine Oberflächennachbehandlung wird dann durchgeführt, wenn die Haftungseigenschaften einer Oberfläche weiter verbessert werden sollen oder Klebungen besonders harten Beanspruchungen, z. B. durch Feuchtigkeit und Korrosion, ausgesetzt sind. Auch die Möglichkeit, dass zwischen Herstellung und Verarbeitung der zu klebenden Materialien längere Zeiten bei häufig unkontrollierten Lagerungsbedingungen eintreten, ist hier zu beachten.

7.1.3.1 Primer
Primer werden für klebtechnische Anwendungen in der Regel direkt im Anschluss an die
Fertigung auf die Werkstoffe aufgebracht, der Auftrag ist jedoch auch nach erfolgter Oberflächenvorbehandlung üblich. Primer bestehen aus Lösungen von Polymeren, z. T. auch
reaktiven Monomeren in organischen Lösungsmitteln, die in ihrer Zusammensetzung den
Klebstoffen verwandt sind und in dünner Schicht (bis ca. 5 g/m^2) durch Tauchen, Pinseln
oder Walzen auf die Oberfläche aufgetragen werden. Nach dem Trocknen, ggf. auch bei
erhöhter Temperatur, bilden Primerschichten eine sehr gute Voraussetzung zur Herstellung
fester und beständiger Klebungen. In diesem Zusammenhang ist darauf hinzuweisen, dass
Primer und Klebstoff unbedingt aufeinander abgestimmt sein müssen und nur der von
dem Klebstoffhersteller für einen bestimmten Klebstoff vorgeschriebene Primer verwendet werden darf.

7.1.3.2 Klimatisierung
Im Rahmen der Oberflächennachbehandlung verdient der Vollständigkeit halber die Kli-
matisierung Beachtung. Bei wechselnden Temperatur- und Feuchtigkeitsschwankungen
besteht die Möglichkeit einer die Haftungseigenschaften einschränkenden Kondensation
von Wasser auf den Fügeteilen.

Die beschriebenen Möglichkeiten der Oberflächennachbehandlung dienen somit zwei Zie-
len,

• die aus den jeweiligen Vorbehandlungen resultierenden Adhäsionsbedingungen zu erhalten oder ggf. zu verbessern und

- zu vermeiden, dass eine Oberfläche sich auch nach erfolgter Klebung nicht mehr unkontrolliert verändert wie z. B. bei einer Unterwanderungskorrosion. Für spezielle Bedingungen ist es daher erforderlich, auch die die Klebung umgebenden Flächen mittels chemischer oder elektrochemischer Vorbehandlungsverfahren, ggf. auch Primern, gegen äußere Angriffe zu schützen.

▶   Die entscheidende Aufgabe bei der Durchführung der Oberflächenbehandlung
     ist zusammenfassend die Schaffung definierter Oberflächeneigenschaften für
     reproduzierbare Klebergebnisse.

7.2   Klebstoffverarbeitung

7.2.1   Vorbereitung der Klebstoffe

Wenn auch in den meisten Fällen davon auszugehen ist, dass der Klebstoff vom Hersteller in verarbeitungsfähigem Zustand zur Verfügung gestellt wird, kann dennoch nicht ausgeschlossen werden, dass vor der Verarbeitung eine entsprechende Vorbereitung erfolgen muss. Dieser Arbeitsschritt kann folgende Maßnahmen beinhalten:

7.2.1.1   Viskositätseinstellung
Sie ist wichtig bei Lösungsmittelklebstoffen und Dispersionen. Um – insbesondere bei Walzen- und Spritzauftrag – gleichmäßig dicke Klebschichten zu erzielen, muss der Klebstoff mit der vorgeschriebenen Viskosität verarbeitet werden. Bei Lagerung von lösungsmittelhaltigen Klebstoffen kann es bei nicht ganz dicht schließenden Behältern zu einer Lösungsmittelverdunstung und somit zu einer Viskositätserhöhung kommen. Zum Verdünnen dürfen nur vom Klebstoffhersteller vorgeschriebene Verdünnungsmittel eingesetzt werden (Vorsicht beim Verdünnen: Brand- bzw. Explosionsgefahr!). Definition und Dimensionierung der Viskosität siehe unter Fachbegriffe Kap. 15.

7.2.1.2   Homogenisierung
Kommen Klebstoffe zum Einsatz, denen *Füllstoffe* zur Erzielung besonderer Verarbeitungseigenschaften zugesetzt werden (z. B. um größere Klebschichtdicken herstellen zu können), können diese sich ggf. absetzen und müssen durch Rühren wieder gleichmäßig verteilt werden. Dabei ist darauf zu achten, dass keine Luft in den Klebstoff eingerührt wird, da diese beim nachfolgenden Klebstoffauftrag und der Aushärtung zu Poren in der Klebschicht führen kann (ggf. Rühren im Vakuum).

7.2.1.3   Klimatisierung
Das *Klimatisieren* des Klebstoffs auf die Verarbeitungstemperatur ist wichtig in kalten oder auch sehr warmen Jahreszeiten bei Lagerung in nichtklimatisierten Räumen, um

gleichmäßige Verarbeitungsviskositäten sicherzustellen. Bei wässrigen Klebstoffdispersionen ist in diesem Zusammenhang auf die Gefahr des Einfrierens hinzuweisen, durch die – auch nach dem Auftauen – eine Zerstörung der Dispersion und somit Unbrauchbarkeit resultiert.

Unabhängig von der Art der Klebstoffverarbeitung ist es zweckmäßig, die in Abschn. 7.5 beschriebenen Sicherheitsmaßnahmen zu beachten.

7.2.2 Mischen der Klebstoffe

Das Mischen der Klebstoffe dient dazu, die Komponenten eines Reaktionsklebstoffs im vorgeschriebenen Verhältnis zu vereinigen, damit die chemische Reaktion der Aushärtung eingeleitet werden kann.

7.2.2.1 Industrielle Verarbeitung

In der industriellen Klebstoffverarbeitung erfolgt das Mischen der jeweils vorgeschriebenen Mengenanteile direkt vor dem Klebstoffauftrag in kombinierten Misch-, Dosier- und Auftragsgeräten. Dieses Vorgehen hat gegenüber dem Mischen von Hand die folgenden Vorteile:

- halb- oder vollautomatische Verarbeitung,
- keine Überschreitung der Topfzeit,
- Mischungsverhältnis stufenlos einstellbar,
- keine Klebstoffverluste, da nur die jeweilige Verbrauchsmenge gemischt wird,
- keine Gefahr von Hautkontakt mit dem Klebstoff,
- keine Mischungsfehler im Mengenverhältnis,
- homogene, blasenfreie Klebstoffmischung,
- genaue Dosierung,
- sehr hohe Wiederholgenauigkeit,
- automatische Reinigungsmöglichkeit der Anlage.

7.2.2.2 Handwerkliche Verarbeitung

Für die Verarbeitung im Handwerk, Labor oder auch im privaten Bereich sind automatisierte Anlagen im Allgemeinen zu aufwändig. Hier ist eine manuelle Mischung der Klebstoffe durchzuführen. Um die damit möglicherweise verbundenen Fehler zu vermeiden, empfiehlt sich die Beachtung der folgenden Hinweise:

- Klebstoff erst mischen, wenn die Fügeteile und ihre Oberflächen entsprechend vorbereitet sind und auch die Vorrichtungen für die anschließende Fixierung der Fügeteile nach dem Klebstoffauftrag bereitstehen.
- Klebstoffansätze nicht zu groß wählen, um Topfzeitüberschreitungen zu vermeiden.

- Bei Klebstoffen mit Farbstoffzusatz zu einer Komponente den Mischvorgang solange durchführen, bis eine gleichmäßige Farbtönung des Ansatzes erreicht ist.
- Das Mischen kann zweckmäßigerweise mit einem Edelstahl-, Glas- oder Holzspatel auf einer sauberen Unterlage (Glas, Aluminiumfolie) oder in einem Einweg-Kunststoffbecher erfolgen (vorzugsweise Polyethylen oder Polypropylen, da Kunststoffe wie Polystyrol, Polycarbonat oder Polyvinylchlorid ggf. durch Klebstoffbestandteile angequollen werden können).
  Tipp: Für häufige Klebevorgänge bei geringem Klebstoffverbrauch bieten sich sog. „Pillenbecher" (Inhalt ca. 20 ml) aus Polyethylen oder Polypropylen an, in Apotheken erhältlich.
- Nicht zu schnell mischen, um Luftblaseneinschlüsse zu vermeiden.
- Wenn die Komponenten abgewogen werden müssen, empfiehlt es sich, sie zunächst nebeneinander auf die Unterlage oder bei Behältern auf die gegenüberliegenden Seiten zu dosieren, damit ggf. vorhandene Überschussmengen wieder entfernt werden können.
- Während des Abwiegens niemals mit dem durch eine Komponente verunreinigten Spatel in den Behälter der anderen Komponente eintauchen.
- Nicht ausgehärtete Klebstoffrückstände in verschließbaren Behältern sammeln und als Sondermüll entsorgen.
- Ausgehärtete Klebstoffreste sind nicht mehr verwendbar. Auch der Versuch, sie durch Zugabe von Lösungsmitteln wieder gebrauchsfähig zu machen, ist zwecklos.
- Den Klebeplatz mit Papier oder Aluminiumfolie abdecken.
- Zum Reinigen der Edelstahl- und Glasspatel haben sich mit Aceton getränkte Papiertücher bewährt.

7.2.2.3 Dynamische Mischer

Für das Mischen der Klebstoffe können unterschiedliche Voraussetzungen vorliegen:

- Sehr verschiedene Anteile der Komponenten, z. B. nur wenige Prozent an Härter in der Harzkomponente bei Methacrylatklebstoffen,
- große Viskositätsunterschiede der beiden Komponenten.

In diesen Fällen erfolgt das Mischen vorzugsweise mit einem *Rührer*. Da hierbei die Rotation des Rührers für den Mischvorgang verantwortlich ist, nennt man diese Art Mischgeräte auch *dynamische Mischer* (aus dem Griechischen *dynamicos* = wirksam, bewegend, Abb. 7.9).

7.2.2.4 Statische Mischer

Liegen Klebstoffe vor, bei denen keine extremen Mischungsverhältnisse und/oder Viskositätsunterschiede vorhanden sind, erfolgt der Mischvorgang in *statischen Mischern* (aus dem Griechischen *statos* = (still)stehend). Bei diesen Vorrichtungen befinden sich in einem (Misch-)Rohr feststehende jeweils um einen Winkel von 90° versetzte Mischwendel (Abb. 7.10).

Abb. 7.9 Dynamischer Mischer

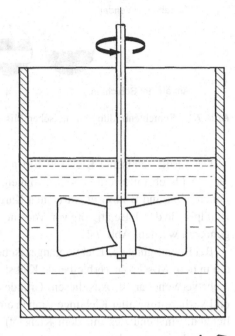

Abb. 7.10 Statischer Mischer

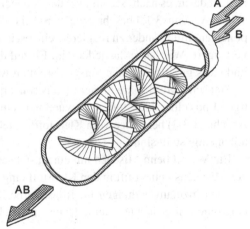

Die zu mischenden Komponenten teilen sich an der Eintrittskante des ersten Mischwendels in jeweils zwei Teilströme. An jeder nachfolgenden Mischwendelkante werden die
beiden Teilströme dann erneut geteilt. Je nach Anzahl der in dem Mischrohr vorhandenen
Mischwendel erfolgt auf diese Weise durch immer neue Teilungen der Schichten eine sehr
intensive Mischung. Deren gewünschte Gleichmäßigkeit lässt sich durch die Anzahl der
Mischwendel in dem Mischrohr im Voraus berechnen. Mit 10 Wendeln werden bereits
1024 Schichten erreicht (Abb. 7.11).

Anzahl der Wendel: 1   2   3   4   5

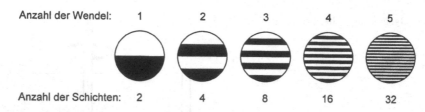

Anzahl der Schichten: 2   4   8   16   32

Abb. 7.11 Schichtenbildung im statischen Mischrohr

Der fertig gemischte Klebstoff tritt am vorderen Ende des Mischrohrs aus. Um auf diese Art Klebstoffe verarbeiten zu können, werden von den Klebstoffherstellern die Komponenten A und B in zwei getrennten Kartuschen angeboten, aus denen sie mittels einer Handpistole durch Betätigung von Vorschubstempeln in das Mischrohr hineingepresst und gemischt werden (Abb. 7.12).

Bei Beendigung des Klebvorganges ist bei dieser Verarbeitung zu berücksichtigen, dass die in dem Mischrohr verbleibende Klebstoffmenge aushärtet, das Mischrohr daher nicht mehr verwendbar ist. Aus diesem Grunde empfiehlt sich eine vorausschauende Planung und Vorbereitung aller Klebungen, um in einem Arbeitsgang kleben zu können. Eine Möglichkeit, ein benutztes mit dem Klebstoff gefülltes Mischrohr verwendbar zu erhalten, besteht darin, es nach Beendigung der Arbeiten in einem Tiefkühlschrank aufzubewahren. Wie in Abschn. 3.1.4 beschrieben, wird bei tiefen Temperaturen die Bereitschaft der Komponenten, miteinander zu reagieren, eingeschränkt, sodass sich die Topfzeit im Mischrohr verlängert. Wie lange das jedoch im Einzelfall möglich ist, hängt von dem Klebstoff ab und muss ggf. durch einen Versuch ermittelt werden.

Statische Mischrohre eignen sich besonders für die Verarbeitung von zweikomponentigen Epoxidharzklebstoffen, Polyurethanen und Methacrylatklebstoffen (A-B Verfahren, Abschn. 4.3.3) bei denen vom Klebstoffhersteller Mischungsverhältnisse in gleichen Anteilen eingestellt sind.

Ein Vorteil beim Mischen mit einem statischen Mischrohr besteht darin, dass während des Mischens keine Luft in den Klebstoff eingebracht wird.

Für Einzelanwendungen im Reparaturbereich werden Reaktionsklebstoffe in Tuben oder durch Siegelnähte geteilte Heftchen angeboten, aus denen die Komponenten in glei-

Abb. 7.12 Handpistole für die Verarbeitung von 2-Komponenten-Klebstoffen

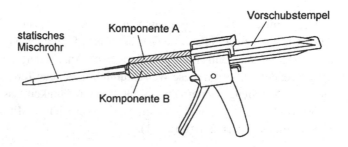

cher Stranglänge herausgepresst und mit einem Spatel gemischt werden. Wichtig ist in jedem Fall, die auf den Packungen angegebenen Topfzeiten nicht zu überschreiten. Als allgemeiner Hinweis kann grundsätzlich gelten:

- Kalt-(bei Raumtemperatur) härtende Klebstoffsysteme besitzen kurze Topfzeiten (Sekunden-, Minuten-, ggf. Stundenbereich).
- Warm-(bei Temperaturen ab ca. 60 bis über 100 °C) härtende Klebstoffsysteme besitzen längere Topfzeiten (Stunden, Tage, bei Kühllagerung ggf. Wochen).
- Durch Kühlung eines Klebstoffansatzes kann die Topfzeit verlängert werden.
- Die Topfzeit ist von der Menge des zu mischenden Ansatzes abhängig (Abschn. 3.1.1).

7.2.3 Auftragen der Klebstoffe

Zwischen dem Auftragen und Mischen der Klebstoffe lassen sich bei vielen Anwendungen keine klaren Abgrenzungen ziehen. Insbesondere bei Klebstoffsystemen mit sehr geringen Topfzeiten bilden Misch-, Dosier- und Auftragsvorrichtungen häufig eine Einheit. Die Investition in derartige Anlagen ist nicht nur aus Automatisierungsgründen sinnvoll, sondern sie führt auch zu einer Ersparnis an Klebstoff, da falsche Ansätze oder überschrittene Topfzeiten vermieden werden.

Darüber hinaus stellen sie einen nicht zu unterschätzenden Beitrag für die Qualität der hergestellten Klebungen dar.

7.2.3.1 Auftragsverfahren

Die folgenden Auftragsverfahren (Abb. 7.13) stehen in der genannten Reihenfolge bei zunehmender Klebstoffviskosität zur Verfügung (bei Anwendung eines entsprechend hohen Druckes sind ebenfalls Klebstoffe mit sehr hohen Viskositäten durch Spritzen verarbeitbar).

Das Auftragen des Klebstoffs erfolgt je nach Anwendung in Form von Punkten, Linien, Raupen oder als Fläche. Für die Wahl des Auftragsverfahrens sind u. a. die folgenden Kriterien zu beachten:

- Art des Klebstoffs (ein- oder zweikomponentig, Topfzeit, Mischungsverhältnis der Komponenten, Viskosität, Empfindlichkeit gegenüber Feuchtigkeit (Cyanacrylate, Polyurethane), ggf. vorhandene Füllstoffe, erforderliche Wärmezufuhr),
- aufzutragende Klebstoffmenge,
- gewünschter Automatisierungsgrad, Auftragsgeschwindigkeit,
- Punkt-, Linien-, Flächenauftrag,
- Form der Fügefläche,
- Genauigkeit der zu dosierenden Menge.

Abb. 7.13 Auftragsverfahren
für Klebstoffe

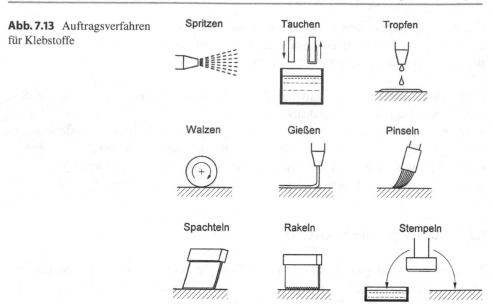

7.2.3.2 Kaschieren – Laminieren

Diese beiden Auftragsverfahren lassen sich wie folgt gegeneinander abgrenzen: Unter dem *Kaschieren* wird das großflächige kontinuierliche Verbinden von in der Regel flexiblen Folien durch Kleben verstanden. Es ermöglicht in optimaler Weise die Herstellung von Verbundwerkstoffen durch Kombination verschiedener funktioneller Eigenschaften der Basiswerkstoffe. Am häufigsten werden Verbunde aus Papier, Aluminium, Polyethylen, Polypropylen, Zellglas und Polyester hergestellt.

Das *Laminieren* beschreibt ebenfalls das großflächige Verkleben, allerdings mit dem Schwerpunkt dickerer Fügeteile wie Platten aus Holz oder Kunststoff, Pappen, Furniere, Gewebe u. ä. Eine weitere Bedeutung besitzt das Laminieren als Verfahren zur Herstellung von Verbundwerkstoffen mittels sog. Laminierharze (ungesättigte Polyester, Epoxide mit Trägermaterialien wie Glas-, Kohlefasern) z. B. im Flugzeug-, Fahrzeug- und Bootsbau. Bei diesen Anwendungen finden allerdings keine Klebungen im eigentlichen Sinn statt.

Unabhängig von dem zu wählenden Auftragsverfahren sollten ergänzend die folgenden Punkte berücksichtigt werden:

- Klebstoffauftrag nach Möglichkeit direkt im Anschluss an die Oberflächenvorbehandlung durchführen.
- Auf gleichmäßige Benetzung der Oberflächen durch den Klebstoff achten.
- Das Auftragen des Klebstoffs auf beide Fügeteile hat den Vorteil gleicher Benetzungsverhältnisse. Schnell antrocknende Lösungsmittelklebstoffe sollten grundsätzlich auf beide Fügeteile aufgetragen werden.
- Je nach der Wärmeleitfähigkeit der Fügeteile ist bei dem Auftrag von Schmelzklebstoffen eine Vorwärmung (auf die Temperatur der Schmelze) der Fügeteile vorzunehmen.

- Enthalten die Klebstoffe Lösungsmittel, so muss eine Mindesttrockenzeit vorgesehen werden. Dieses gilt insbesondere in den Fällen, in denen beide Fügeteile für Lösungsmittel undurchlässig sind.

- Es ist sinnvoll, überschüssigen und an den Klebfugenkanten austretenden Klebstoff noch vor der Aushärtung zu entfernen, da hierfür in ausgehärtetem Zustand Kräfte erforderlich sind, die zu einer mechanischen Schädigung der Klebung führen können. Ein weiterer Grund ist bei vergleichenden Prüfungen die Beeinflussung von Prüfergebnissen auf Grund von anhaftendem ausgehärteten Klebstoff an den Klebfugenkanten.

- Um benachbarte Flächen der Klebfläche vor einer Benetzung durch den Klebstoff zu schützen, können diese mittels Klebebändern abgedeckt werden. Bei Warmhärtung bis ca. 110 °C sind allerdings temperaturbeständige Klebebänder erforderlich.

7.2.3.3   Auftragsmenge

Die Frage nach der aufzutragenden *Klebstoffmenge* beantwortet sich im Wesentlichen aus der Rauheit der Fügeteile. Abb. 7.14a zeigt zwei Fügeteile mit einer angenommenen Rauheit von 50 µm (0,05 mm). Eine diese Fügeteile in der dargestellten Weise verbindende Klebschicht kann lediglich die „Täler" ausfüllen, während die Oberflächen sich an ihren Spitzen berühren und die Klebschicht an diesen Stellen „durchbohren". Eine gleichmäßig ausgebildete Klebschicht ist daher nicht vorhanden. Erst eine Erhöhung des Klebstoffauftrags, wie aus Abb. 7.14b ersichtlich, führt zu einer Klebschicht, die nicht mehr durch die Rauheitsspitzen beeinträchtigt wird und in der Lage ist, entsprechende Kräfte zu übertragen.

Als Faustregel kann gelten, dass die zwischen den Rauheitsspitzen vorhandene Klebschicht mindestens dem Wert der maximalen Rauheit entsprechen soll, im Fall der Abb. 7.14b demnach 50 µm. Da die normalerweise vorhandenen Rauheiten, je nach Bearbeitung der Werkstoffe, Werte zwischen 50 und 200 µm aufweisen, sind Klebschichtdicken in diesem Bereich üblich.

Abb. 7.14 Zusammenhang von Klebschichtdicke und Oberflächenrauheit

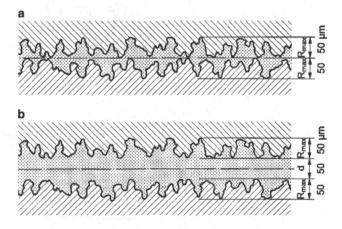

Ergänzend ist darauf hinzuweisen, dass die vorstehend genannten Klebschichtdicken für die meisten Klebungen ausreichende Klebfestigkeiten ermöglichen. In Sonderfällen, z. B. im Fahrzeugbau, sind zum Einkleben der Glasscheiben oder für Dachklebungen Klebschichtdicken im Millimeterbereich üblich.

Ergänzender Hinweis:
Verschiedentlich wird in den Verarbeitungshinweisen die Menge des aufzutragenden Klebstoffs in der Schreibweise „Gramm Klebstoff pro m^2 Klebfläche" angegeben. Bei einem durchschnittlichen spezifischen Gewicht der Klebstoffe von $1\,g/cm^3$ entspricht einer Angabe von $100\,g/m^2$ eine Klebschichtdicke von $0,1$ mm bzw. $100\,\mu m$. Diese Beziehung gilt nur für lösungsmittelfreie Klebstoffe, bei lösungsmittelhaltigen Klebstoffen ist der jeweilige Anteil des Festkörper- bzw. Polymergehaltes zu berücksichtigen.

7.2.4 Fixieren der Fügeteile

Nach dem Klebstoffauftrag müssen die Fügteile fixiert werden, damit sie sich während des Aushärtens nicht gegeneinander verschieben können. Ein Verschieben während des Aushärtens hat zur Folge, dass der Aufbau der Klebschicht gestört und dadurch deren

Abb. 7.15 Druckaufbringung bei der Härtung von Klebstoffen

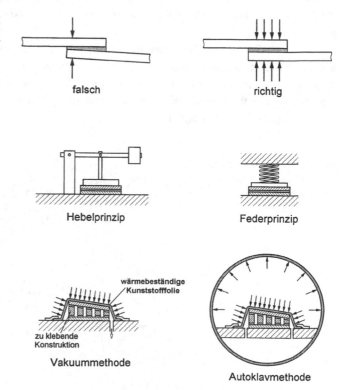

Kohäsionsfestigkeit (Abschn. 6.5) vermindert wird. Das Fixieren erfolgt üblicherweise durch Aufbringen von Druck auf die Fügeteile. Da für das Verhalten von Klebungen gleichmäßige Klebschichtdicken eine wichtige Voraussetzung sind, muss dieser Tatsache bei der Druckaufbringung durch eine gleichmäßige Flächenbelastung der Fügeteile Rechnung getragen werden (Abb. 7.15).

Für die Druckaufbringung eignen sich für Einzelklebungen Schraubzwingen und Gewichte, allerdings sind diese Hilfsmittel nur bei sehr geringen Stückzahlen sinnvoll. Für Serienklebungen besteht die Notwendigkeit, je nach Geometrie der Fügeteile spezielle Fixiervorrichtungen anzufertigen.

Auf einfache Weise ist die Fixierung der Fügeteile ebenfalls mit Selbstklebebändern möglich, bei Warmhärtung müssen diese allerdings entsprechend temperaturbeständig sein.

Um in Vorversuchen den für eine vorgesehene Klebschichtdicke erforderlichen Anpressdruck ermitteln zu können, hat sich das Einlegen von Drähten mit den der Klebschichtdicke entsprechenden Durchmessern im Bereich der Überlappungsenden bewährt.

7.2.5 Aushärten der Klebstoffe

Bei der Behandlung dieses Themas ist es zweckmäßig, zwischen zwei Begriffen zu unterscheiden: *Trocknen* und *Aushärten*.

7.2.5.1 Trocknen, Ablüften

Vom *Trocknen* oder *Ablüften* spricht man bei der Verarbeitung lösungsmittelhaltiger oder wässriger Klebstoffe/Dispersionen. Nach Verdunsten bzw. Eindringen der Lösungsmittel oder des Wassers in poröse Fügeteile, ggf. beschleunigt durch Wärmezufuhr, bleiben die Klebschichtpolymere in der Klebfuge zurück. Dabei handelt es sich, wie in Abschn. 2.2.2 beschrieben, um einen physikalischen Vorgang. Eine chemische Reaktion findet nicht statt.

7.2.5.2 Härtung, Aushärtung

Der Begriff Härtung oder Aushärtung bezeichnet den Übergang eines Reaktionsklebstoffs vom flüssigen oder auch pastösen Zustand in die feste Klebschicht über eine chemische Reaktion. Hierfür sind vorgeschriebene Temperaturen und Zeiten einzuhalten. Die Temperaturen werden durch entsprechende Messfühler an der zu härtenden Probe gemessen und ggf. automatisch registriert. Während des Aufheizens soll die Wärme stetig und gleichmäßig zugeführt werden, z. B. in einem Umluftofen. Eine zu schnelle Aufheizung kann zur Folge haben, dass der Klebstoff vor Beginn der Aushärtung infolge der sich verringernden Viskosität aus der Klebfuge herausläuft. Unter der Härtungszeit ist immer die Zeit zu verstehen, während der die vorgeschriebene Härtungstemperatur herrscht, ohne Aufheiz- und Abkühlzeit.

Abb. 7.16 Temperatur-Zeit-
Verlauf bei der Aushärtung
eines Reaktionsklebstoffs

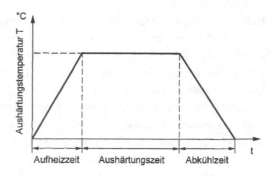

Die in Abb. 7.16 schematisch dargestellte Temperatur-Zeit-Kurve ist in der Praxis neben den durch den Klebstoff bedingten Vorgaben auch von den Fügeteileigenschaften,
insbesondere der Wärmeleitfähigkeit, abhängig. Bei einer hohen Wärmeleitfähigkeit (z. B.
Metalle) wird die Aufheizzeit geringer sein können als bei einer geringen, wie sie z. B. bei
Kunststoffen, Gläsern, Holz vorzufinden ist. Auch die Abmessungen der Fügeteile spielen
eine Rolle.

Zusammenfassend ist auf der Grundlage der Abschn. 7.1 und 7.2 festzustellen, dass
es sich beim Kleben, insbesondere im industriellen Maßstab, um ein Fertigungsverfahren
handelt, das hinsichtlich des Klebstoffs die folgenden Fertigungsschritte umfasst.

Jeder einzelne dieser Prozessschritte ist im Hinblick auf seine qualitative Durchführung für die Gesamtqualität des geklebten Erzeugnisses von entscheidender Bedeutung.
In diesem Zusammenhang mag es gestattet sein, einen Klebstoff auch als einen *Prozess-
werkstoff* zu bezeichnen. Diese Forderung ergibt sich maßgeblich auch aus der Tatsache,
dass zerstörungsfreie Prüfungen für Klebungen nur sehr begrenzt zur Verfügung stehen
und/oder in ihrer Durchführung mit einem großen messtechnischen Aufwand verbunden
sind.

Als Maxime gilt:

▶ Qualität kann nicht erprüft werden, sie muss integraler Bestandteil des Ferti-
   gungssystems sein!

7.2.5.3 Aushärtungs-/Härtungs-Mechanismen

Der Übergang vom Klebstoff zur Klebschicht, der bei normaler oder erhöhter Temperatur
stattfinden kann, ist klebstoffspezifisch sehr unterschiedlich. Die wesentlichen Vorgänge
bei Reaktionsklebstoffen sind:

- Reaktion unter Luftabschluss und Metallkontakt (z. B. anaerobe Klebstoffe),
- Reaktion durch Luftfeuchtigkeit (z. B. Cyanacrylate, Einkomponenten-Polyurethane),
- Reaktion durch Wärmezufuhr (z. B. Einkomponenten-Reaktionsklebstoffe),
- Reaktion durch Einfluss von Strahlen (z. B. UV-/LED- oder Elektronenstrahlhärtung),
- Reaktion nach Vermischen von zwei oder mehreren Komponenten (z. B. kalt- und
  warmhärtende Reaktionsklebstoffe),
- Erstarren einer Schmelze und anschließende Reaktion von zwei Komponenten (z. B.
  reaktive Polyurethan- und Epoxidharz-Schmelzklebstoffe).

Von diesen Reaktionen laufen, außer bei der Wärme- und Strahlungszufuhr, diese
„selbsttätig", also ohne äußere Energiequellen ab. Während die Strahlungshärtung auf das
System Klebstoff – Photoinitiator – Strahler beschränkt ist, existieren bei den Verfahren
der Wärmezufuhr mehrere Möglichkeiten:

- Heißluft: Geschlossene oder im Durchlauf betriebene Öfen (Konvektion).
- Kontaktwärme: Wärmeübergang von – meistens elektrisch beheizten – Platten oder
  Werkzeugen (Bügeleisenprinzip) auf die Klebfuge unter Druckanwendung (Wärmelei-
  tung).
- Widerstandserwärmung: Nach dem Joule'schen Gesetz $Q = I^2 \cdot R \cdot t$ (Q = in der Fügezone entstehende Wärme, I = Strom, R = elektrischer Widerstand in der Fügezone,
  t = Zeit). Voraussetzung ist eine elektrische Leitfähigkeit des Klebstoffs, die bei speziellen Anwendungen durch Pigmentierung mit leitenden Partikeln (z. B. Fe) zu erreichen
  ist.
- Induktionserwärmung: Einbringen der Wärmeenergie durch elektromagnetische Wech-
  selfelder im kHz-Bereich in die Fügeteile und dort über Wirbelstrom und Magnetver-
  luste Umwandlung in Wärme. Die Erwärmung erfolgt bei leitfähigen, metallischen
  Werkstücken sehr schnell und somit indirekt in der Klebung. Bei der Klebung nichtlei-
  tender Werkstücke (Kunststoffe, Composites) werden mittels magnetischer Füllstoffe
  die Klebstoffe einsatzfähig für das elektromagnetische Feld modifiziert. In diesen Fällen erfolgt eine direkte Erwärmung der Klebschicht, die zu einer schnellen Aushärtung
  führt.

7.3   Reparaturkleben

7.3.1   Metallische Bauteile

Das Kleben ermöglicht in vielen Fällen Reparaturen von beschädigten Werkstücken bzw. Bauteilen aus metallischen und nichtmetallischen Werkstoffen. Die wesentlichen Vorteile des Reparaturklebens liegen in dem günstigen Verhältnis von Reparaturaufwand zur Bauteilneubeschaffung, der Abkürzung von Stillstandzeiten, Anwendbarkeit auch in Umgebungsbereichen leicht entzündbarer Stoffe und somit Entfall des Ausbaus des zu reparierenden Teils.

Unabhängig von dem jeweils vorliegenden Reparaturfall hat sich die praktische Durchführung nach den bekannten Regeln bei der Herstellung von Klebungen zu richten:

- Zunächst ist sicherzustellen, dass die zu reparierende Stelle trocken und frei von Verunreinigungen aus dem zu reparierenden Bauteil ist (ggf. Wenden des Bauteils, Entfernen von Rückständen, Trocknen).
- Als Oberflächenvorbehandlung ist eine mechanische Entfernung anhaftender Schichten (Schleifen, rotierende Stahlbürsten etc.) mit einer nachfolgenden Entfettung durchzuführen.
- Über die eigentliche Schadstelle hinaus ist zweckmäßigerweise eine vergrößerte Fläche für die durchzuführende Reparaturklebung vorzusehen.
- Wenn die Möglichkeit besteht, sollte ein weiterer Rissfortschritt durch das Anbringen einer Bohrung begrenzt werden.

Abb. 7.17 zeigt schematisch die Durchführung einer Reparaturklebung bei einem Riss in einem dickwandigen metallischen Bauteil.

Als Klebstoffe werden vorteilhaft kalthärtende Zweikomponenten-Reaktionsklebstoffe, z. B. auf Epoxidharzbasis, verwendet. Da es sich bei den zu reparierenden Schäden vielfach um Risse oder Fehlstellen mit größeren Spaltbreiten handelt, sollte der Klebstoff über eine entsprechende Spaltüberbrückbarkeit verfügen. Das wird durch Zugabe von Füllstoffen erreicht, wobei es zur Vermeidung von inneren Spannungen vorteilhaft ist, als Füllstoffe fügeteilähnliche Materialien (z. B. Stahl-, Aluminium-, Bronzepulver) zu wählen. Auf diese Weise können die Wärmeausdehnungskoeffizienten der Fuge und des Bauteilwerkstoffes weitgehend einander angeglichen werden. Die reparierte Zone lässt sich abschließend durch mechanische Bearbeitungsverfahren (Feilen, Schleifen etc.) nach Form und Oberflächenbeschaffenheit weitgehend dem Originalbauteil anpassen. Die im Handel angebotenen Produkte berücksichtigen diese Forderungen.

In den Fällen, in denen eine Rissabdichtung vorgenommen werden soll, kann wie in Abb. 7.18 dargestellt, verfahren werden.

Nach einer entsprechenden Oberflächenbehandlung wird ein aus arteigenem Material bestehender Zuschnitt über die beschädigte Stelle geklebt. Zur Verstärkung der Klebschicht kann ein Glasfasergewebe einlaminiert werden. Bei runden Bauteilen ist es erfor-

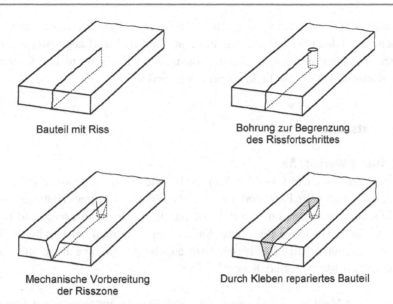

Bauteil mit Riss

Bohrung zur Begrenzung
des Rissfortschrittes

Mechanische Vorbereitung
der Risszone

Durch Kleben repariertes Bauteil

Abb. 7.17 Durchführung einer Reparaturklebung

derlich, das aufzuklebende Teil vorher zu runden und in einer möglichst großen Steifigkeit auszuwählen, um Schälbeanspruchungen an den Überlappungsbereichen zu eliminieren. In besonders kritischen Beanspruchungsfällen (z. B. Innendruck in einem zu reparierenden Behälter) empfiehlt sich eine weitere Verfestigungsauflage (Abb. 7.18, untere Darstellung).

Eine besondere Bedeutung hat das Reparaturkleben im *Fahrzeugbau* bei dem dort eingesetzten „elastischen Kleben" (Abschn. 10.3). Eingeklebte Scheiben bzw. aufgeklebte Seitenteile müssen bei Beschädigungen ersetzt werden. Da die Klebschichtdicken im Millimeterbereich liegen, erfolgt die Reparatur mit speziellen Demontagewerkzeugen, beispielsweise mittels Schneidedrähten oder pneumatisch bzw. elektrisch betriebenen Vi-

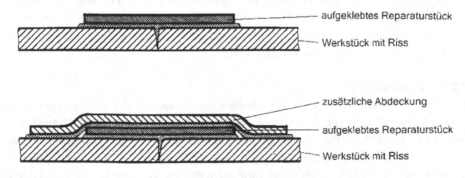

aufgeklebtes Reparaturstück

Werkstück mit Riss

zusätzliche Abdeckung

aufgeklebtes Reparaturstück

Werkstück mit Riss

Abb. 7.18 Reparatur eines Risses durch eine Oberflächenabdeckung

brationsmessern. Die nach dem Heraustrennen des beschädigten Teils zurückbleibenden Klebschichtreste bilden bei Verwendung eines auf den Klebstoff abgestimmten Primers einen ausreichenden Haftgrund, so dass ein vollständiges Entfernen nicht erforderlich ist. Der neue Klebstoff kann dann direkt aufgetragen werden.

7.3.2 Kunststoffe

7.3.2.1 Starre Werkstoffe

Hier kommen insbesondere verstärkte Kunststoffe wie GF-UP (Formstoff aus glasfaserverstärktem, ungesättigtem Polyesterharz) und SMC (flächenförmiges Halbzeug aus Glasfasern, Füllstoffen und ungesättigtem Polyesterharz), wie sie im Fahrzeug- und Bootsbau Verwendung finden, in Frage. Für diese Anwendungen werden entsprechende Reparatursets auf Basis ungesättigter Polyesterharze angeboten, die eine Reparatur nach der folgenden Vorgehensweise ermöglichen:

- Mechanisches Abschleifen im Bereich der Beschädigung. Entfernung ggf. überstehender Fasern, Entfernung des Schleifstaubes, Anmischen der Harz-Härter-Komponenten nach Herstellerangaben (Topfzeit ca. 15–20 min). Ein Glasfaserzuschnitt in der Größe der Schadstelle wird auf die vorbereitete Stelle aufgelegt und mit dem Harzansatz mittels eines Pinsels imprägniert. Das entstandene Laminat wird mit einer kleinen Riffelwalze von ggf. vorhandenen Luftblasen befreit, anschließend erfolgt dann die endgültige Aushärtung (ca. 4–6 h). Beim nachträglichen Überschleifen darauf achten, dass keine Beschädigung des Glasfasergewebes auftritt. Bei den Arbeiten sollten in jedem Fall Handschuhe und Schutzbrille getragen werden!
- Wesentlich schneller kann eine derartige Reparatur mit lichthärtenden glasfaserverstärkten Produkten ausgeführt werden. Zunächst wird aus einer Tube eine lichthärtende Faserpaste aufgetragen (zum Ausgleich ggf. vorhandener Unebenheiten), anschließend wird ein lichthärtendes Laminat (das in einem lichtundurchlässigen Aluminiumbeutel verpackt ist) in die mit Faserpaste vorbereitete Oberfläche eingedrückt. Die Aushärtung erfolgt dann mit einer UV(A)-Lampe innerhalb ca. 10–15 min. Die Vor- und Nachbehandlung geschieht in gleicher Weise wie vorstehend beschrieben. Der Vorteil dieses Systems besteht darin, dass keine Mischung der Komponenten erfolgt und somit keine Bindung an eine vorgegebene Topfzeit besteht.

7.3.2.2 Composites

Durch den verstärkten Einsatz von Composites bei Straßen- und Luftfahrzeugen steigt auch die Notwendigkeit von Reparaturen. Wenn ein Austausch integraler Bauteile nicht möglich ist, erfordert das eine Reparatur am Fahrzeug. Die wichtigste Voraussetzung dabei ist, die strukturelle Integrität dauerhaft wieder herzustellen. Für die Durchführung einer Reparatur an sicherheitsrelevanten Strukturen ist eine fachliche Qualifikation unumgänglich (siehe Abschn. 7.7) Durch Schleifen mit einem rotierenden Druckluftschleifer

wird um die beschädigte Stelle herum Werkstoff abgetragen und zwar in der Form, dass
ein möglichst kleiner Schäftungswinkel entsteht. Dadurch wird die Klebfläche um ein
Vielfaches vergrößert, sodass durch die Reparatur wieder eine werkstoffgerechte Krafteinleitung in das Bauteil erfolgen kann. Nach einer intensiven Druckluftreinigung ist die
vorbereitete Fläche klebbereit. Voraussetzung ist, dass der Klebstoffauftrag zeitnah erfolgt, da die Oberfläche sonst durch Schadstoffe aus der Umgebung für die Ausbildung
der Haftungskräfte wieder deaktiviert wird. Die Auswahl der Klebstoffe richtet sich nach
der zu reparierenden Polymerart, in den meisten Fällen kommen kalthärtende (bei Raumtemperatur härtende) Systeme zum Einsatz (Epoxide).

7.3.2.3 PVC-Folien
Folien aus weichgemachtem Polyvinylchlorid (PVC-weich) werden vielfältig zur Herstellung von Freizeitartikeln (Boote, Bälle, Regenbekleidung etc.) verwendet. Bei einer
Beschädigung ist eine Reparatur basierend auf dem Prinzip der Diffusionsklebung (Abschn. 9.2.5) möglich. Bei den im Handel erhältlichen Reparatursystemen handelt es sich
um einen aus dem Lösungsmittel Tetrahydrofuran (THF) mit Anteilen von PVC-Pulver
bestehenden Klebstoff sowie in der Regel PVC-Folienabschnitten in entsprechenden Farben. Die Reparatur erfolgt durch Aufrauen (Schmirgelpapier, feine Drahtbürste) der zu
reparierenden Fläche (etwas größer als der aufzuklebende Folienabschnitt), Entfernung
von Rückständen, Auftragen des Klebstoffs auf beide Flächen, Ablüften (ca. 2–3 min)
und starkes Zusammenpressen.

   Tipp: Um Spannungen in der Reparaturklebung zu vermeiden, wird empfohlen, die
Reparatur möglichst in aufgeblasenem Zustand durchzuführen.

7.3.2.4 Gummierte Fasergewebe
Diese besonders für stark beanspruchte luftgefüllte Boote verwendeten Werkstoffe können
nicht mit dem vorstehend bei PVC beschriebenen Klebstoff repariert werden, da die Gum-
mibeschichtung nicht ausreichend angequollen wird. Hinzu kommt, dass die Festigkeit der
Klebung geringer als die des beschichteten Fasergewebes ist und die Reparaturstelle somit eine dauernde „Schwachstelle" bleibt. Geeignete Reparaturklebstoffe sind für diese
Anwendungen

* Zweikomponentige Polyurethanklebstoffe (Topfzeit beachten) (Abschn. 4.2.1 und
  4.2.5).
* Kontaktklebstoffe (Abschn. 5.3).

   Die Durchführung der Reparatur erfolgt in gleicher Weise wie in Abschn. 7.3.2.3 beschrieben.

7.4   Fehlermöglichkeiten beim Kleben und Abhilfemaßnahmen

Die folgende Aufstellung hilft, Fehlerursachen beim Kleben zu erkennen und dadurch mögliche Wiederholungen dieser Fehler zu vermeiden.

▶   Die meisten Fehler beim Kleben entstehen nachweislich dadurch, dass die Bedingungen zur Herstellung beanspruchungsgerechter Klebungen nicht eingehalten werden, da die technischen, physikalischen und chemischen Zusammenhänge nicht bekannt sind und daher auch nicht befolgt werden können. Quali-
tätsmängel der verarbeiteten Klebstoffe lassen sich als Ursache für das Versagen
einer Klebung nur sehr selten nachweisen!

1. **Ungleichmäßige Benetzung der Oberfläche durch den Klebstoff**

Mögliche Ursachen	Abhilfemaßnahmen
1.1 Oberflächenverunreinigung durch Fette, Öle, feste Stoffe (Stäube)	– Oberflächenbehandlung durchführen oder wiederholen – Pressluft zum Strahlen auf Ölfreiheit prüfen – Oberfläche nach der Oberflächenbehandlung nicht mit Händen berühren (Baumwollhandschuhe) – Lösungsmittel zum Entfetten auf Fettfreiheit prüfen (ggf. Lösungsmittelaustausch, Dampfentfettung) – Prüfen, ob Fettrückstände sich durch das eingesetzte Lösungsmittel überhaupt entfernen lassen (manche Fette sind sehr schwer löslich)
1.2 Feuchtigkeitskondensation auf der Oberfläche durch Temperaturunterschiede	Klimatisieren der Fügeteile
1.3 Bei Kunststoffen ggf. an die Oberfläche diffundierte Weichmacher	Durch Oberflächenbehandlung (mechanisch) entfernen
1.4 Zu hohe Klebstoffviskosität bei Lösungsmittelklebstoffen	Klebstoffviskosität über geeignete Lösungs- oder Verdünnungsmittel neu einstellen
1.5 Zu hohe Klebstoffviskosität bei Reaktionsklebstoffen infolge überschrittener Topfzeit	Neuen Klebstoffansatz bereitstellen. Ein Verdünnen des nicht mehr verwendungsfähigen Klebstoffansatzes mit Lösungsmitteln bringt in keinem Fall Erfolg! Klebstoffansatz also vollständig aushärten lassen und entsorgen
1.6 Inhomogene Klebstoffmischung (bei füllstoffhaltigen Klebstoffen)	Klebstoff erneut mischen
1.7 Rückstände von Schutzpapieren bzw. -folie	Oberflächenbehandlung durchführen bzw. wiederholen
1.8 Bei Schmelzklebstoffen zu hohe Viskosität der Schmelze	Temperatur der Schmelze erhöhen Ggf. Fügeteile vorwärmen (bei Metallen)

2. **Unzureichende Haftungseigenschaften an den Fügeteiloberflächen und Auftreten von Adhäsionsbrüchen**

Mögliche Ursachen	Abhilfemaßnahmen
2.1 Siehe 1.1–1.3, 1.7	
2.2 Überschrittene Topfzeit bei Reaktionsklebstoffen	Neuen Klebstoffansatz verwenden
2.3 Ggf. nicht ausreichende Haftung bereits auf den Fügeteilen vorhandener Schichten (Lacke, Korrosionsschutzschichten, Metallschichten)	Schichten mechanisch entfernen, Oberflächen entfetten und ggf. primern
2.4 Zu geringe Klebschichtdicken durch Wegschlagen des flüssigen Klebstoffs bei porösen Fügeteilen	– Klebstoff ggf. ein zweites Mal auftragen – Klebstoff mit höherer Viskosität einsetzen

3. **Unzureichende Kohäsionsfestigkeiten der Klebschicht**

Mögliche Ursachen:	Abhilfemaßnahmen:
3.1 Siehe 1.6, 2.2, 2.4	
3.2 Unvollständige bzw. ungleichmäßige Härtung der Klebschicht	– Prüfung möglicher Abweichungen von dem vorgeschriebenen Mischungsverhältnis der Komponenten – Misch- und Dosieranlage überprüfen – Bei warmhärtenden Klebstoffen Zeit- und Temperaturführung prüfen – Bei Klebstoffen mit Füllstoffzusatz auf homogene Durchmischung achten – Ggf. Härtungszeit verlängern oder höhere Härtungstemperatur wählen
3.3 Bei schnellabbindenden Klebstoffen und großen Fügeflächen Möglichkeit beginnender Härtung vor dem Fixieren der Fügeteile	– Klebstoffe mit längeren offenen Zeiten wählen – Zeitzyklus verkürzen
3.4 Nicht ausreichende Feuchtigkeitsgehalte der Luft bei Verarbeitung von Cyanacrylaten und Einkomponenten-Polyurethanklebstoffen	– Klimatisierung der Klebstoffverarbeitungsräume – Bei Cyanacrylatklebstoffen ggf. geringere Klebschichtdicken (ca. 0,1 mm) vorsehen
3.5 Zu geringe bzw. ungleichmäßige Klebschichtdicken	– Auf Planheit der Fügeflächen achten, ggf. Grat an den Kanten der Fügeteile entfernen – Gleichmäßige Aufbringung des Anpressdruckes
3.6 Luft- bzw. Lösungsmitteleinschlüsse in der Klebschicht	Mischen unter Vakuum, ggf. Rühr-geschwindigkeit reduzieren

7.5 Sicherheitsmaßnahmen bei der Verarbeitung von Klebstoffen

Bei der Anwendung des Klebens sind in gleicher Weise wie bei anderen Fertigungsverfahren Maßnahmen zu beachten, die dem Schutz des Menschen, des Betriebes und der Umwelt gelten. Im Gegensatz zum Schweißen und Löten finden beim Kleben fast ausschließlich organische Produkte Verwendung, die in verschiedene Gefahrenklassen zur Sicherstellung des Gesundheits- und Brandschutzes einzuordnen sind. Wegen der Vielfalt vorhandener Rezepturbestandteile und Verarbeitungsverfahren besteht keine Möglichkeit, den einzelnen Klebstoffen jeweils produktbezogene Merkmale in Bezug auf einzuhaltende Verarbeitungsvorschriften zuzuordnen.

Hinzuweisen ist in diesem Zusammenhang auf das von der Europäischen Gemeinschaft herausgegebene *Sicherheitsdatenblatt für gefährliche Stoffe und Zubereitungen (TRGS 220 gemäß 91/155/EWG sowie dessen 2. Änderung 2001/58/EG)*. Dieses wurde zu dem Zweck erstellt, die beim Umgang mit chemischen Stoffen und Zubereitungen wesentlichen physikalischen, sicherheitstechnischen, toxikologischen und ökologischen Daten der einzelnen Produkte zu vermitteln sowie Empfehlungen für den sicheren Umgang bei Lagerung, Handhabung und Transport zu geben. Wenn es auch nicht für den privaten Endverbraucher gedacht ist, bietet es doch für die industrielle Klebstoffanwendung die Möglichkeit, ergänzende klebstoffspezifische Informationen vom Hersteller zu erhalten.

Weiterhin werden die für den Verarbeiter wichtigen Informationen seitens der Klebstoffhersteller in firmeneigenen technischen Merkblättern zur Verfügung gestellt.

Die Anzahl deutscher und europäischer Gesetze und Vorschriften hat sich in der Vergangenheit fast bis zur Unermesslichkeit gesteigert, die im Bedarfsfall über die relevanten Institute zu erhalten sind. Besonders hinzuweisen ist im Rahmen dieses Buches auf die Verordnung (EG) Nr. 1907/2006 des Europäischen Parlaments zur „Registrierung, Zulassung und Beschränkung chemischer Stoffe" (REACH) (**R**egistration, **E**valuation, **A**uthorisation und Beschränkung von **Ch**emikalien). Dieses Gesetzwerk ersetzt die bisher bestehenden unterschiedlichen Chemikaliengesetze. Gemäß REACH muss bei jeder Anwendung von Chemikalien nachgewiesen werden, dass von der Substanz oder Zubereitung keine Gefahren für Menschen und Umwelt ausgehen. Da Klebstoffe auch „Chemikalien" in weiterem Sinne sind, gelten viele Teile dieses Gesetzeswerkes auch für die Klebtechnik.

Die deutsche Klebstoffindustrie wird von dem Industrieverband Klebstoffe e. V. vertreten, dem mehr als 100 Klebstoff-, Klebeband- und Klebrohstoffhersteller angehören. Über diesen Verband sind insbesondere relevante Informationen über Marktdaten, Statistiken, Gesetze, Richtlinien, Umweltthemen und auch wissenschaftliche Einrichtungen erhältlich. Die Anschrift lautet:

Industrieverband Klebstoffe e. V.
Völklinger Str. 4
40219 Düsseldorf
Postfach 260125
40094 Düsseldorf

Tel. 0211-679 31-10
Fax 0211-679 31-33
http://www.klebstoffe.com
E-Mail: info@klebstoffe.com

Hinzuweisen ist ergänzend auf das im Literaturverzeichnis (Kap. 14) erwähnte „Handbuch Klebtechnik" (auch in englischer Ausgabe „Adhesives Technology Compendium").

7.5.1   Voraussetzungen bei der Klebstoffverarbeitung am Arbeitsplatz

1. Ausreichende Belüftung bzw. Absaugung. Bei Absauganlagen berücksichtigen, dass Lösungsmitteldämpfe schwerer als Luft sind, daher auch in Bodennähe absaugen.
2. Feuerlöscher bereitstellen (Pulverlöscher). Nicht versuchen, mit Wasser zu löschen, da Lösungsmittel auf Wasser „schwimmen" und der Brandherd somit noch weiter ausgedehnt wird.
3. Da das Ausmaß eines möglichen Brandes durch das Angebot an brennbarem Material bestimmt wird, Klebstoffe und Lösungsmittel nur in den wirklich erforderlichen Mengen am Arbeitsplatz aufbewahren.
4. Gut gekennzeichnete und verschließbare Abfallbehälter für Lösungsmittel, Klebstoffreste, Säuren, Laugen, Putztücher bereitstellen. Nicht ausgehärtete Klebstoffreste gelten als Sondermüll!
5. Die folgenden Gegenstände an jedem Arbeitsplatz bzw. an zentraler Stelle im Arbeitsraum bereitstellen:
   - Arbeitskittel (Baumwolle),
   - Schutzbrillen,
   - Einmalhandtücher,
   - Atemschutzmaske,
   - Hautcreme,
   - Augendusche,
   - Körperdusche,
   - saugfähiges Material (Kieselgur, Blähglimmer, ggf. Sand) zum Aufnehmen ausgelaufener oder verschütteter flüssiger Produkte.
6. Hinweis auf Telefonnummern von
   - Ärzten,
   - Feuerwehr.
7. Kennzeichnung gefährlicher Substanzen durch genormte Gefahrensymbole (wird in der Regel auf den Verpackungen vom jeweiligen Hersteller durchgeführt). Wichtige Symbole sind in Abb. 7.19 wiedergegeben.

Abb. 7.19 Gefahrensymbole
(Beispiele)

Leicht   Giftig   Gesundheits-   Ätzend
entzündlich   schädlich

7.5.2 Verhaltensregeln bei der Verarbeitung von Klebstoffen

Grundsätzliche Bemerkungen

Beim Umgang mit chemischen Stoffen kann nicht ausgeschlossen werden, dass die Beschäftigten mit ihnen in Berührung kommen. Das kann in Form von Verschlucken (oral), Hautkontakt (dermal) und Einatmen (inhalativ) erfolgen. Während bei bewusstem Arbeiten die beiden ersten Möglichkeiten vermieden werden können, ist dies beim Einatmen über einen längeren Zeitraum nicht immer gegeben. Bezüglich einer möglichen Gefährdung ergibt sich somit die folgende Rangfolge in der Bedeutung der jeweiligen Einwirkungen:

Einatmen größer als *Hautkontakt* größer als *Verschlucken*.

Als vorbeugende Maßnahme gegen Gesundheitsschädigungen durch Einatmen sind für die einzelnen chemischen Stoffe sog. **MAK**-Werte (**M**aximale **A**rbeitsplatz-**K**onzentration), inzwischen als **AGW**-Wert (**A**rbeits-**P**latz-**G**renz-**W**ert) festgelegt worden, die am Arbeitsplatz nicht überschritten werden dürfen. Aus diesen Vorbemerkungen leitet sich logischerweise das Verbot der Nahrungsaufnahme und des Rauchens am Arbeitsplatz ab. Ergänzend sind die folgenden Punkte zu beachten:

1. Arbeitsschutzkleidung tragen.
2. Keine Substanzen in unbeschriftete Behälter einfüllen, insbesondere nicht in Behälter für Lebensmittel (Bier-, Wasserflaschen).
3. Chemikalien und Lösungsmittel nicht in den Abfluss gießen.
4. Beim Verdünnen von Säuren und Laugen wegen starker Erhitzung keinesfalls Wasser in diese geben, sondern immer umgekehrt Säuren und Laugen unter Kühlung langsam in das Wasser unter Rühren einfließen lassen.
5. Nach dem Verspritzen von Chemikalien auf die Kleidung letztere sofort ausziehen, möglicherweise angegriffene Hautpartien sofort mit viel Wasser abspülen, Hautschutzsalbe auftragen.
6. Nach Verätzung des Auges dieses mit beiden Händen weit aufhalten und unter fließendem Wasser oder mit der Augenspülflasche spülen. Anschließend sofort Augenarzt aufsuchen.
7. Arbeitsplatz sauber halten.

8. Bei der Entsorgung von Klebstoffen ist zu unterscheiden:

- Flüssige oder pastöse Klebstoffreste, die nicht ausgehärtet sind oder die für eine einwandfreie Verarbeitung vorgeschriebene Lagerzeit überschritten haben, gelten grundsätzlich als Sondermüll. Gleiches gilt auch für die Verpackungen mit entsprechenden Klebstoffrückständen.
- Ausgehärtete Klebstoffe, z. B. nach Überschreitung der Topfzeit, können gemeinsam mit dem Hausmüll entsorgt werden.
- Reste von Lösungsmittelklebstoffen sind entsprechend gekennzeichnet in gut verschlossenen Behältern der Sondermüllentsorgung zuzuführen.

7.6 Qualitätssicherung – Qualitätsmanagement

Wie bereits in Abschn. 7.2 abschließend erwähnt, besteht bei Fertigungsprozessen allgemein und beim Kleben wegen der nur beschränkt zur Verfügung stehenden zerstörungsfreien Prüfverfahren in besonderer Weise die Forderung nach einer prozessbegleitenden Qualitätssicherung. Ein Vergleich zum Schweißen und Löten vermag diese Aussage ergänzend zu untermauern. In diesen beiden stoffschlüssigen Fügeverfahren werden die Qualitätseigenschaften des Zusatzwerkstoffes (Legierungszusammensetzung, metallurgischer Aufbau etc.) von Lieferanten vorgegeben und finden sich in der fertigen Verbindung weitgehend wieder. Beim Kleben bildet sich die Klebschicht erst bei der Herstellung der Klebung unter der Verantwortung des Anwenders und kann durch die gegebenen Fertigungsvoraussetzungen in mancherlei Weise beeinflusst werden.

Vor dem Hintergrund der bereits vielfältig erfolgten und weiterhin zunehmenden Einbindung klein- und mittelständischer Unternehmen in die Produktionsabläufe von Großkonzernen verdienen neben der Qualitätssicherung die folgenden Darstellungen über *Qualitätsmanagement* ihre Rechtfertigung. Bezogen auf das Fertigungs*system* Kleben, dem – wie der Name bereits sagt – der *Systemgedanke* ineinander greifender Prozesse zugrunde liegt, besitzt das Qualitätsmanagement insofern eine besondere Bedeutung, weil eine Nacharbeit einmal gefügter Teile nicht oder nur mit hohem Aufwand möglich ist. Der Wichtigkeit dieser Funktion entsprechend sollte das Qualitätsmanagement organisatorisch in einer Unternehmensstruktur verankert sein, da der Begriff *Qualität* zunehmend mit einer zertifizierten Umsetzung genormter *Qualitätssicherungs-Systeme* (QS) in Verbindung gebracht wird. Seit 1990 ist mit dem Produkthaftungsgesetz auch die juristische Bedeutung der Qualität und des Nachweises von Maßnahmen zur Entdeckung und Beseitigung von funktionsbeeinflussenden und/oder gefährdenden Fehlern gewachsen. Grundlage des heute national und international eingeführten Qualitätssicherungs-Systems ist die Norm **DIN EN ISO 9000 „Grundlagen der Qualitätsmanagementsysteme"**, weiterhin die Norm DIN EN ISO 9001 „Qualitätsmanagementsysteme – Anforderungen", ergänzt durch DIN EN ISO 9004 „Qualitätsmanagementsysteme – Leitfaden zur Leistungsverbesserung." Dabei handelt es sich um eine Norm, mit der erstmals ein weltweit anerkannter branchenneutraler Standard für ein zertifizierbares Qualitätsmanagement geschaffen wurde. Die Zertifizierung erfolgt durch unabhängige Gremien, kontrolliert werden diese Zertifizierungsgesellschaften in Europa durch ein EG-weit harmonisiertes Akkreditierungssystem mit jeweils nationalen Akkreditierungsräten an der Spitze. Im Sinne des sog. *Total Quality Managements* (TQM) haben sich sowohl Klebstoffhersteller als auch in den relevanten Bereichen Klebstoffverarbeiter diesen Zertifizierungen unterzogen (nähere Informationen: „Industrieverband Klebstoffe e. V.", Anschrift s. Abschn. 7.5).

In Weiterführung der 9000er Normen ist als die z. Zt. wichtigste nationale Norm für die Fertigungstechnologie Kleben **DIN 2304 „Klebtechnik – Qualitätsanforderungen an Klebprozesse"** verabschiedet worden. Diese Norm fordert in erster Linie klebtechnische Kenntnisse und Weiterbildung, somit wird die klebtechnische Personalqualifizierung zum verpflichtenden Bestandteil der Klebprozesse. Betriebe, die nach dieser Norm fertigen, dokumentieren, dass sie klebtechnisch nach dem aktuellen Stand der Technik arbeiten.

Diese neue Norm für alle Branchen in Industrie und Handwerk bezieht sich grundsätzlich auf alle Klebungen, deren Hauptfunktion darin besteht, mechanische Lasten zu übertragen. Sie schließt alle Klebstoffe unabhängig von deren Festigkeitsanforderungen sowie Verfestigungsmechanismen ein.

Der Vorteil für Kunden besteht darin, dass mit einem einzigen Verweis auf die Norm der Lieferant zu einem Qualitätsstandard und entsprechenden Maßnahmen bewegt werden kann. Das gilt insbesondere für sicherheitsrelevante Klebungen, bei denen die Fertigungskette auf Grund der Sorgfaltspflicht und entsprechender Haftungsmöglichkeiten stets dem Stand der Technik entsprechen muss. Der Inhalt der DIN 2304 beinhaltet:

1. Anwendungsbereich,
2. normative Verweisungen,
3. Begriffe,
4. Sicherheitsanforderungen,
5. Anforderungen an die Prozesskette Infrastruktur, Personal, Entwicklungsprozess und Konstruktion, Prozessplanung, Lagerung und Logistik,
6. Fertigung, Messung und Prüfung, Arbeitssicherheit, Qualitätsmanagement.

In den Bereichen, in denen die DIN EN ISO 9000-Normen für klebtechnische Anwendungen an ihre Grenzen stoßen, setzt die neue DIN 2304 inhaltlich an.

Zu ergänzen ist in diesem Zusammenhang die ebenfalls wichtige Norm **DIN 6701 „Kleben von Schienenfahrzeugen und -fahrzeugteilen"**. Sie gilt für Unternehmen, die im Schienenfahrzeugbau professionelle klebtechnische Aufgaben durchführen, beauftragen bzw. entsprechende Dienstleistungen anbieten. Diese müssen seit 2010 per Verordnung des Eisenbahnbundesamtes (EBA) über eine DIN-6701-Zulassung verfügen. Diese Zulassung erteilen akkreditierte Zertifizierungsstellen.

Die folgende Zusammenstellung wird zwar in erster Linie Industrieproduktionen betreffen, sie kann jedoch auch für den nicht-industriellen Anwender im Sinne des vorliegenden Buchtitels „erfolgreich und fehlerfrei kleben" eine nützliche Hilfestellung sein.

- **Planung**
  - Ausbildungsmaßnahmen für Mitarbeiter,
  - Integration der klebtechnischen Fertigung in die Konstruktionsphase,
  - Erstellung firmenspezifischer Vorschriften bzw. Werknormen,
  - Klebstoffauswahl (Kap. 8).
- **Klebstoffe**
  - Überprüfung der Lieferantenangaben auf dem Etikett zur Vermeidung von Verwechslungen,
  - Prüfung der Viskosität, Dichte, ggf. Festkörpergehalt und Farbe zur ergänzenden Klebstoffidentifikation. Die Viskositätsprüfung erlaubt bei Einkomponenten-Reaktionsklebstoffen eine Überprüfung ggf. überschrittener Topfzeit (Gelierung),
  - Überprüfung von Lagerzeit und -temperatur wegen möglicher Topfzeitüberschreitung,
  - ggf. Durchführung von Probeklebungen und deren Prüfung.
- **Fügeteilwerkstoffe**
  - Begutachtung des Oberflächenzustandes (Sauberkeit, Fettfreiheit), Prüfung des Benetzungsvermögens (Wassertropfentest, Abschn. 7.1.1.4),
  - Rauheitsprüfung,
  - Abmessungen, Toleranzen.

7.7 Klebtechnische Ausbildung

Der erfolgreiche Einsatz des Klebens als Fertigungsverfahren bedarf, wie bereits am Schluss des Abschn. 7.2.5.2 erwähnt, sorgfältiger Planungsarbeiten bezüglich personeller und technischer Voraussetzungen.

Aufbauend auf den langjährigen Erfahrungen im Rahmen der schweißtechnischen Ausbildung wurde ein vergleichbares System unter der Federführung des DVS® – Deutscher Verband für Schweißen und verwandte Verfahren e. V., Düsseldorf mit industrieller und wissenschaftlicher Unterstützung ebenfalls für das Fertigungssystem Kleben erarbeitet. Die jeweiligen Ausbildungsinhalte sind in Merkblättern und Richtlinien festgelegt. Dieses Ausbildungssystem ist europaweit eingeführt. Die Qualifizierungsmaßnahmen beinhalten die Ausbildungsstufen Klebfachkraft, Klebpraktiker und Klebfachingenieur.

Die wichtigsten DVS-Merkblätter und Richtlinien (EWF – European Federation for Welding, Joining and Cutting) sind nachfolgend zusammengestellt:

Richtlinie DVS®/EWF 3301:	Klebfachkraft
Richtlinie DVS®/EWF 3305:	Klebpraktiker/in
Richtlinie DVS® 3306:	Planung und Einrichtung von DVS®-Kursstätten für die Klebtechnik
Richtlinie DVS® 3308:	DVS® Bildungseinrichtungen auf dem Gebiet der Klebtechnik: Zulassung – Schulung – Überwachung

Richtlinie DVS®/EWF 3309:   European Adhesive Engineer-EAE (Klebfachinge-
                                                    nieur/in)
Richtlinie DVS® 3310:   Qualitätsanforderungen in der Klebtechnik
Richtlinie DVS® 3311:   Klebaufsicht
EWF Guideline EWF-515r1-10:   European Adhesive Bonder-EAB
EWF Guideline EWF-516r1-10:   European Adhesive Specialist-EAS
EWF Guideline EWF-517-01:   European Adhesive Engineer-EAE

Eine zertifizierte Ausbildung im Sinne dieser Personalqualifizierung wird von den folgenden Instituten angeboten:

Fraunhofer-Institut für Fertigungstechnik und Ange-wandte Materialforschung (IFAM), Klebtechnisches Zentrum	Technologie-Centrum Kleben Bildungsstätte des DVS TC-Kleben GmbH
Wiener Straße 12	Carl-Strasse 50
28359 Bremen	52531 Übach-Palenberg
Tel. 0421-22 46-0	Tel. 02451-971-200
Fax 0421-22 46-430	Fax 02451-971-210
E-mail: kleben-lernen@ifam.fraunhofer.de	E-mail: info@tc-kleben.de
www.kleben-in-bremen.de und www.bremen-bonding.com	
Ansprechpartner: Prof. Dr. Andreas Groß	Ansprechpartner: Dipl.-Ing. Julian Band

Für die Anwendung, Verarbeitung und Prüfung von Dichtstoffen werden IVD-
Merkblätter vom Industrie-Verband-Dichtstoffe (IVD) e. V. 40479 Düsseldorf heraus-
gegeben.

Klebstoffauswahl 8

8.1 Vorbemerkungen

Die im Bereich der Klebtechnik am häufigsten gestellte Frage ist die nach *dem* geeigneten Klebstoff für *das* zu lösende Klebproblem, und der Fragesteller ist häufig enttäuscht, weil eine eindeutige Antwort nicht gegeben werden kann. Die Verunsicherung wird gefördert durch das schier unendliche Angebot an Klebstoffen, aber auch durch die häufig auf den Verpackungen angegebenen „Versprechungen" über die unbegrenzten Möglichkeiten der Anwendung der einzelnen Produkte „zum Verkleben und Verbinden von Werkstoffen aller Art". Wenn dann noch unverständliche chemische Fachausdrücke hinzukommen, wundert es nicht, dass so mancher Anwender – vielleicht auch unterstützt durch eigene schlechte Erfahrungen – dem Kleben kein großes Zutrauen entgegenbringt.

Das Studium der bisherigen Kapitel vermag Kritiker hoffentlich davon zu überzeugen, dass dieses moderne Fügeverfahren auf soliden fertigungstechnischen, chemischen und physikalischen Grundlagen beruht, die bei entsprechender Beachtung ein hohes Qualitätsniveau gewährleisten. Anzumerken ist allerdings, dass die Voraussetzungen für die Anwendung des Klebens sehr unterschiedlich sind, zum einen ist es das

- „Fertigungssystem Kleben", eingesetzt im industriellen Maßstab und das
- „Kleben", durchgeführt in Handwerksbetrieben, im Heimwerker- und Haushalts-bereich.

Im Folgenden soll daher der Versuch unternommen werden, beiden Anwendungsbereichen geeignete Informationen zu bieten, da für jeden Anwender das Ziel „erfolgreich und fehlerfrei" zu kleben, im Vordergrund steht.

Ergänzend halten die Klebstoffhersteller ein umfangreiches Sortiment an Informationsschriften zur Klebstoffauswahl und Klebstoffverarbeitung über die von ihnen angebotenen Produkte bereit. Anschriften sowie die Produktprogramme führender Hersteller sind in dem im Literaturverzeichnis Kap. 14 erwähnten *Handbuch Klebtechnik* enthalten. Bei

© Springer Fachmedien Wiesbaden 2016
G. Habenicht, *Kleben - erfolgreich und fehlerfrei*, DOI 10.1007/978-3-658-14696-2_8

den industriellen Klebstoffverarbeitern sind die jeweils in Frage kommenden Lieferanten in der Regel bekannt.

Um die für die Klebstoffauswahl wichtigen Informationen überschaubar und allgemein verständlich zu gestalten, sind folgende Vorbemerkungen hilfreich:

1. Die Angaben beschränken sich auf die wichtigsten Werkstoffe, Metalle, Kunststoffe (Thermoplaste, Duromere, Schäume), Keramik, Glas und deren mögliche Kombinationen. Für Papiere, Pappen, Holz, Kautschukpolymere werden im Allgemeinen physikalisch abbindende Systeme (Lösungsmittel-, Dispersions-, Schmelzklebstoffe) eingesetzt. In diesen Fällen ist die Klebstoffauswahl hinsichtlich Fertigungsvoraussetzungen und Beanspruchungen weitgehend überschaubar.
2. Die verschiedenen Möglichkeiten der Oberflächenvorbehandlung sind in die Systematik der Klebstoffauswahl nicht miteinbezogen. Bis auf sehr spezielle Klima- und Feuchtigkeitsbeanspruchungen bei Langzeiteinwirkung, für die sehr aufwendige chemische und elektrochemische Behandlungsverfahren erforderlich sind, kann davon ausgegangen werden, dass eine Verfahrenskombination

Entfetten – mechanische Vorbehandlung – Entfetten

nach Abschn. 7.1.1 und 7.1.2 für die meisten Anwendungen ausreichend ist.

8.2 Einflussgrößen auf die Klebstoffauswahl

Abb. 8.1 zeigt, welche Einflussgrößen grundsätzlich bei der Klebstoffauswahl zu beachten sind.

Abb. 8.1 Einflussgrößen auf die Klebstoffauswahl

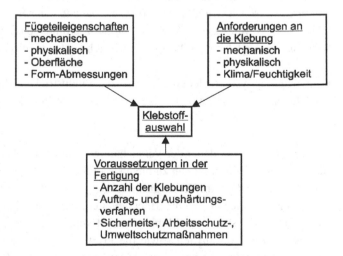

8.2.1 Fügeteileigenschaften

	Beispiele
Werkstoff (Art u. Zusammensetzung)	
Hart, spröde, nicht verformbar	Keramik, Glas
Elastisch, plastisch verformbar	Metalle, Duromere, Thermoplaste
Gummiartig dehnbar	Gummi, Kautschuke
Temperaturbeständigkeit	
Bis 100 °C	Metalle, Keramik, Glas, Duromere, Thermoplaste
100 bis 200 °C	Metalle, Keramik, Glas, Duromere
Über 200 °C	Metalle, Keramik, Glas
Unlöslichkeit in organischen Medien	
Nicht anquellbar	Metalle, Keramik, Duromere
Löslichkeit in organischen Medien	
Anquellbar	Thermoplaste, Gummi, Kautschuke
Wärmeleitfähigkeit	
Hoch	Metalle
Niedrig	Glas, Keramik, Duromere, Thermoplaste, Gummi, Kautschuke
Oberfläche	
Glatt	Metalle, Kunststoffe, Keramik, Glas je nach Herstellung und Oberflächenvorbehandlung
Porös	Kunststoffschäume, Cellulosewerkstoffe, Textilien
Oberflächenbeschichtung	s. Fußnote[a]
Klebflächen	
Im mm²-Bereich	
Im cm²-Bereich	
Im m²-Bereich	
Klebfugen	
Plan	Überlapp-, Stoßklebungen
Rund	Rohr-, Muffen-, Welle-Nabe- Klebungen
Fügeteilkombinationen	Metall/Glas, Metall/Kunststoff

[a]Da bei Oberflächenschichten (Metalle, Kunststoffe, Lacke, Farben) eine feste Verbindung mit dem Grundwerkstoff nicht in jedem Fall sichergestellt ist, empfiehlt es sich, diese mechanisch im Bereich der Klebfläche zu entfernen und dann ggf. mittels Anwendung eines Primers direkt auf den Grundwerkstoff zu kleben.

8.2.2 Anforderungen an die Klebung

- Nicht durch Kräfte belastet, Fixierklebungen.
- Mechanische Belastung durch Zug, Zugscherung, Druck, Torsion.
- Beanspruchung durch Feuchtigkeit, Klima.

Bemerkung:

Die Widerstandsfähigkeit gegenüber Feuchtigkeit und klimatischen Einflüssen ist bei Metallklebungen neben der Klebstoffauswahl in ganz entscheidendem Maße durch die Art der Oberflächenvorbehandlung, insbesondere auch in den der Klebfläche benachbarten Bereichen, zu beeinflussen (z. B. Primern, Versiegeln der Klebfugen).

- Beanspruchung
  durch tiefe Temperaturen: -30–$0\,°C$,
  durch normale Temperaturen: 0–$60\,°C$,
  durch erhöhte Temperaturen: 60–$120\,°C$,
  durch hohe Temperaturen: über $120\,°C$.

8.2.3   Voraussetzungen in der Fertigung

- Stückzahlen.
  Einzelklebungen,
  Geringe Stückzahlen (z. B. für Prüfzwecke),
  Serienfertigung,
  - Stückzahl pro Zeiteinheit,
  - mechanisiert,
  - automatisiert,
- Auftragsverfahren (Spritzen, Tauchen, Tropfen, Walzen, Gießen, Pinseln, Streichen, Spachteln, Rakeln, Stempeln),
- Auftragsform (Punkt-, Linien-, Flächenauftrag),
- Mischen,
- Mischen/Dosieren,
- Schmelzen,
- Fügeteilvorwärmung,
- Klebschichtdicke,
- Klebstoffaushärtung (Kalt-, Warmaushärtung, Strahlung),
- Fügeteilfixierung (kurz-, langzeitig),
- Nachfolgende Fertigungsschritte (Temperaturbeanspruchung durch Lacktrocknung, mechanische Erschütterungen),
- Lösungsmittelentsorgung,
- Absaugung,
- Erhöhter Brandschutz,
- Arbeitsschutz.

8.2.4 Verarbeitungstechnische Einflussgrößen der Klebstoffe

- Kalt-, warm-, heißhärtend,
- Einkomponentig, chemisch reagierend,
  Einkomponentig, physikalisch abbindend,
- Zweikomponentig, chemisch reagierend,
- Topfzeit
  - unter 5 min,
  - 5–60 min,
  - im Stundenbereich,
- Offene Zeit
  - kurz (Minutenbereich),
  - lang (bis zu 60 min),
- Lösungsmittelfrei,
- Lösungsmittelhaltig.
- Aushärtungszeit
  - unter 5 min,
  - 5–60 min,
  - im Stundenbereich,
- Viskosität
  - niedrig: 10–200 mPa s,
  - mittel: 200–2000 mPa s,
  - hoch: 2000–20.000 mPa s,
  - pastös: 20.000 bis über 100.000 mPa s,
  (m = milli = 10^{-3}),
- Spaltüberbrückbarkeit,
- Klebschichten
  - hart, spröde, wenig verformbar,
  - elastisch/plastisch verformbar,
  - dehnbar,
- Klebschichten temperaturbeständig
  - bis 100 °C,
  - über 100 °C,
- Klebschichten mit Füllstoffen für bestimmte Anforderungen (z. B. elektrisch-, wärme-leitend).

8.2.5 Eigenschaftsbezogene Einflussgrößen der Klebstoffe und Klebschichten

In diesem Abschnitt werden nochmals in systematischer Übersicht die wichtigsten Eigen-schaften der Klebstoffe und der daraus resultierenden Klebschichten zusammengefasst, die bei der Klebstoffauswahl zu berücksichtigen sind. Für ergänzende Informationen wird auf die entsprechenden Abschnitte verwiesen.

8.2.5.1   Einkomponentige Reaktionsklebstoffe

Epoxide:

- Warm-, Heißhärtung,
- für Dauerbeanspruchungen bei flexiblen Werkstoffen (biegen, rollen) nur eingeschränkt geeignet.

Polyurethane:

- Härtung durch Feuchtigkeit aus der Luft und/oder Fügeteil,
- für feuchtigkeitsundurchlässige Fügeteile nur dann geeignet, wenn Zugabe von Wasser (Sprühen, Booster) möglich bzw. der Klebstoffauftrag in Wellen- oder Raupenform erfolgt, um Luftzutritt zu ermöglichen,
- Härtungszeit abhängig von vorhandener Feuchtigkeit, keine „Schnellhärtung",
- Möglichkeit von CO_2-Bildung bei dickeren Klebstoffschichten und hohen Viskositäten beachten,
- Hautbildungszeit (Abschn. 4.2.3) beachten,
- Alternative: 2K-PUR-Klebstoffe.

Silicone RTV-1:

- Vorwiegend als Dichtstoff im Einsatz,
- Härtung durch Feuchtigkeit aus der Luft,
- Härtungszeit je nach Schichtdicke im Stunden- bzw. Tagesbereich,
- bei den handelsüblichen Formulierungen Abspaltung von Essigsäure durch Härtungsreaktion, typischer „Essig-Geruch".

Cyanacrylate:

- Härtung durch Feuchtigkeit auf den Fügeteiloberflächen,
- sehr kurze offene Zeit, Fügeteile nach Klebstoffauftrag sofort fixieren,
- Fügeteilverschiebung nach Fixieren nur noch eingeschränkt möglich,
- besonders geeignet für kleine (mm^2, cm^2) Klebflächen. Wegen der kurzen offenen Zeit für größere (> ca. DIN A6) Klebflächen weniger geeignet,
- für Klebungen poröser Fügeteile Klebstoffe mit „gelartiger" Konsistenz einsetzen, bei zu geringen Viskositäten besteht die Möglichkeit des „Wegschlagens" in den Bereich der Oberfläche,

- nur dünne Klebschichten auftragen, da die für die Härtung erforderliche Feuchtigkeit auf der Oberfläche (besonders bei niedriger Luftfeuchtigkeit) für eine Durchhärtung nicht ausreicht,
- die relative Luftfeuchtigkeit sollte im Bereich von 40 bis 70 % liegen,
- unbedingt Schutzbrille tragen und Hautkontakt vermeiden.

Anaerob härtende Klebstoffe:

- Härten durch Entzug des Luftsauerstoffs bei gleichzeitigem Metallkontakt, daher vorwiegend für Metallklebungen (Welle-Nabe, Schrauben, Bolzen etc.) geeignet,
- für Klebungen von Kunststoffen spezielle Primer erforderlich.

Strahlungshärtende Klebstoffe:

- Auf Abstimmung der Wellenlängen von Strahler (Emission) und Klebstoff (Adsorption) achten,
- klebgerechte Konstruktion (Abb. 9.4) vorsehen.

8.2.5.2   Zweikomponentige Reaktionsklebstoffe

Epoxide

Polyurethane

Silicon RTV-2

- Mischungsverhältnisse der Komponenten sowie ggf. Härtungstemperatur und -zeit nach Herstellerangaben beachten,
- je nach Fertigungsbedingungen Misch-, Dosiergeräte erforderlich, ggf. Kartuschenverarbeitung (Abb. 7.12),
- bei kalthärtenden (Raumtemperatur) Klebstoffen kann eine Wärmezufuhr die Härtungszeit verkürzen.

Methacrylate
Vier verschiedene Verarbeitungsmöglichkeiten:

- Härterzusatz (Pulver) zur Harzkomponente,
- Härter in Lösungsmittel gelöst auf ein Fügeteil, Harzkomponente auf das andere Fügeteil auftragen,
- Mischen der Harz- und Härterkomponente,
- getrenntes Auftragen der Komponenten auf jeweils ein Fügeteil.

Alle vier Systeme härten bei Raumtemperatur aus.

8.2.5.3   Physikalisch abbindende Klebstoffe

Lösungsmittelklebstoffe:

- Beachtung von offener Zeit, Mindesttrockenzeit, maximaler Trockenzeit (Abb. 5.2),
- Nicht für lösungsmittelundurchlässige Fügeteile zu empfehlen,
- Anpressdruck erforderlich,
- Brennbarkeit der Lösungsmittel beachten,
- Viskosität auf Oberflächenstruktur z. B. Poren abstimmen, sonst Gefahr des „Wegschlagens", ggf. zweimaliger Klebstoffauftrag,
- Beim Kleben von Kunststoffen deren Lösungsvermögen beachten.

Kontaktklebstoffe:

- Hoher Anpressdruck erforderlich, Druck wichtiger als Anpresszeit,
- Besonders geeignet für flexible Werkstoffe bei Biege-, Rollbeanspruchung,
- Lange offene Zeit, daher für großflächige Klebungen vorteilhaft,
- Nach dem Fixieren der Fügeteile keine Lageveränderung mehr möglich,
- Auch als 2K-Systeme erhältlich,
- Begrenzte Wärmebeständigkeit bis ca. 80 °C, da bei 1K-Systemen keine vernetzten Polymerstrukturen,
- Einsatzmöglichkeit für Fügeteile mit glatten und porösen Oberflächen.

Dispersionsklebstoffe:

- Vorwiegend für Holzwerkstoffe im Einsatz,
- Abbinden durch Verdunsten des Wassers bzw. Eindringen in die Fügeteile,
- nicht für Werkstoffe mit glatten und undurchlässigen Oberflächen geeignet,
- Frostempfindlichkeit beachten, keine Verwendung nach Auftauen mehr möglich,
- Abbindezeit steigt mit dem Feuchtigkeitsgehalt der Fügeteile, da mit steigender Fügeteilfeuchtigkeit (z. B. bei Holz) die Abgabe des Wassers aus der Dispersion verzögert wird.

Schmelzklebstoffe:

- Sehr kurze offene Zeit, Fügeteile sofort fixieren,
- Zur Verlängerung der offenen Zeit bei gut wärmeleitenden Fügeteilen (Metalle) Vorwärmung auf ca. Temperatur der Schmelze erforderlich,
- Vorsicht vor Verbrennungen, Schmelztemperaturen liegen über 120 °C.

Plastisole:

- Abbinden durch Sol-Gel-Umwandlung unter Wärme,
- Verformungsfähige Klebschichten.

Haftklebebänder:

- Einsatz als Alternative zu Flüssigklebstoffen in vielen Fällen möglich,
- Einsatzmöglichkeit für die Fügeteilfixierung bei Verarbeitung von Flüssigklebstoffen,
- Vorteile: saubere Verarbeitung, Systeme mit hohen Festigkeitseigenschaften im Handel verfügbar,
- Sofortige Handhabungsfestigkeit, keine Lageveränderung nach Fixieren der Fügeteile möglich.

8.3 Auswahlkriterien

Basierend auf den in den Abschn. 8.2.1 bis 8.2.5 dargestellten Einflussgrößen auf die Klebstoffauswahl erfolgt als letzter Schritt die Aufgabe, den „richtigen" Klebstoff zu finden. Hierbei wird bewusst auf die Wiedergabe der üblichen Klebstoffauswahltabellen über einzusetzende Klebstoffe in Abhängigkeit der zu klebenden Werkstoffe verzichtet, da eine derartige Darstellung keinen ausreichenden Raum für zusätzliche und erklärende Hinweise bietet. In Ergänzung mit den Informationen in Kap. 9 „Klebtechnische Eigenschaften wichtiger Werkstoffe" geht der Autor dennoch von einer praxisnahen Darstellungstiefe dieses wichtigen Themas aus. Die folgenden Kriterien berücksichtigen die wichtigsten klebtechnischen Parameter und sollen dem Anwender gezielte Orientierungshilfen für die praktische Umsetzung geben. Als Voraussetzung gilt dabei, dass

- die zu klebenden Fügeteile hinsichtlich Werkstoffart und geometrischer Form durch das herzustellende Bauteil vorgegeben und nach den Maßstäben einer klebgerechten Konstruktion (Kap. 12) vorbereitet sind und
- die Oberflächen infolge der durchgeführten Oberflächenbehandlung (Abschn. 7.1.2) einen „klebbereiten" Zustand aufweisen.

▶ Grundsätzlich gilt, dass jeder Klebstoff nur so gut ist, wie er und die zu klebenden Fügeteile verarbeitet werden. Misserfolge sind in den meisten Fällen nicht dem Klebstoff, sondern den nicht sachgemäßen Bedingungen seiner Verarbeitung anzulasten.

1. **Festigkeit der Klebung**
   Im eigentlichen Sinn das „Tragverhalten", d. h. die Eigenschaft, Kräfte zu übertragen. Beeinflusst durch
   - Vernetzungsgrad der Klebschicht (abhängig von der Härtungstemperatur) und darauf basierend ihrer Verformungsfähigkeit,
   - konstruktive Gestaltung (Kap. 12),
   - zur Definition Festigkeit siehe Abschn. 10.2.1.

2. **Verformungsfähigkeit der Klebschicht**

Abhängig vom Vernetzungsgrad, als Richtlinie kann gelten:

*   Hoher Vernetzungsgrad: Harte, z. T. spröde, wenig verformbare Klebschichten; Einsatz bei Klebfestigkeiten im Bereich ca. 20–30 MPa bzw. N/mm², Epoxid-, Phenolharze.
    Zur Erläuterung der Dimension MPa siehe Abschn. 10.1.
*   Mittlerer Vernetzungsgrad: Bei mechanischer Beanspruchung reversibel, z. T. auch irreversibel verformbar (Kriechen, Abschn. 3.3.5). Klebfestigkeitswerte im Bereich von ca. 10–20 MPa, Methacrylate, Polyurethane, Cyanacrylate, anaerobe Klebstoffe, Schmelzklebstoffe.
*   Niedrige, weitmaschige Vernetzung: Klebschichten mit einem großen reversiblen Dehnvermögen mit Klebfestigkeiten bis zu ca. 10 MPa, Polyurethane mit schwacher Vernetzung, Kautschuk- und Siliconpolymere, Acrylate (z. B. Kontaktklebstoffe, Haftklebstoffe).

Ergänzender Hinweis:

Die vorstehend aufgeführten Festigkeitswerte hängen neben den jeweiligen konstruktiven Gegebenheiten ebenfalls von der Beanspruchungsgeschwindigkeit ab. Dazu folgendes Beispiel: Ein an einer Fliese mittels Haftklebstoff geklebter Kunststoffhaken kann sich zeitabhängig bei entsprechender Belastung durch Versagen (Kriechen) der Klebschicht von der Wand lösen. Bei einer Schlagbeanspruchung kann der Haken in sich brechen, die Klebung bleibt erhalten. In diesem Fall ist das Fügeteil das „schwächere Glied in der Festigkeitskette".

3. **Feuchtigkeits- und Klimabeanspruchung**

Die Beständigkeit von Klebungen gegenüber *Feuchtigkeits- und Klimabeanspruchungen* spielt vor allem bei Metallklebungen wegen einer möglichen Unterwanderungskorrosion (Abb. 7.8) eine Rolle. Eine Oberflächenbehandlung auch außerhalb der Klebfuge bzw. – in Extremfällen – Versiegelung der Klebfugenkanten vermeidet diese Versagensart. Hochvernetzte Polyadditions- und Polykondensationsklebschichten weisen eine geringere Feuchtigkeitsaufnahme auf als thermoplastische Polymerisationsklebschichten.

4. **Wärmebeanspruchung**

Hinsichtlich *Temperaturbelastbarkeit* der Klebungen sind duromere Klebstoffe thermoplastisch aushärtenden gegenüber zu bevorzugen. Für die Festlegung der Temperaturbeanspruchung können folgende Angaben dienen:

Tiefe Temperaturen	Bis −30 °C	Polyurethan-, Siliconklebstoffe (bei Forderung elastischer Klebschichteigenschaften)
Normale Temperaturen	0 bis 60 °C	Praktisch alle Reaktions- und physikalisch abbindenden Klebstoffe
Erhöhte und hohe Temperaturen	60 bis über 120 °C	Warmhärtende Reaktionsklebstoffe (Epoxide, Phenolharze)

5. **Adhäsion**

Im Hinblick auf die Ausbildung von Adhäsionskräften weisen die beschriebenen Klebstoffe nur marginale Unterschiede auf. Die wichtigste Einflussgröße ist grundsätzlich der jeweilige Zustand der zu klebenden Fügeteiloberfläche.

6. **Kleben metallischer Werkstoffe**

Metallische Werkstoffe erfordern beim Kleben mit Schmelzklebstoffen wegen ihrer hohen Wärmeleitfähigkeit eine Vorwärmung auf die Temperatur der Schmelze, damit sich ausreichende adhäsive Bindungen ausbilden können.

7. **Kleben thermoplastischer Kunststoffe**

Für das Kleben von thermoplastischen Kunststoffen (ABS, PVC, PC, PS, PE, PP) gelten im Vergleich zu Metallen die folgenden Besonderheiten:

• Die geringere Wärmebelastbarkeit schränkt die Anwendung von warm- bzw. heißhärtenden Klebstoffen mit längeren (ca. 12–15 min) Aushärtungszeiten wegen möglicher Fügeteilverformungen ein.

• Aus gleichem Grunde wird beim Kleben mit Schmelzklebstoffen empfohlen, deren Schmelztemperatur bei der Verarbeitung auf das Wärmestandvermögen des jeweiligen Kunststoffs abzustimmen.

8. **Kleben duromerer Kunststoffe**

Auf Grund ihrer Unlöslichkeit sind duromere Kunststoffe (z. B. Gegenstände aus Bakelite, Epoxidharz, Platten mit Melamin-Harnstoffbeschichtungen) mit lösungsmittelhaltigen Klebstoffen durch Anlösen nicht klebbar.

9. **Kleben von Fügeteilkombinationen**

Für Fügeteilkombinationen sind die folgenden Regeln zu beachten:

• Klebungen von starren, wenig verformbaren mit plastisch, dehnbaren Werkstoffen, z. B. Metall-Gummi: In diesem Fall Klebstoffe wählen, die elastische, verformbare Klebschichten ausbilden, z. B. niedrig vernetzte Polyurethane, Kontaktklebstoffe.

• Werkstoffe mit unterschiedlicher Wärmebelastbarkeit, z. B. Metall-Kunststoff, Glas-Kunststoff. Einsatz von kalthärtenden Klebstoffen oder solchen, deren Härtungstemperatur der Wärmebelastbarkeit des temperaturempfindlicheren Fügeteils entspricht.

• Bei Werkstoffen mit unterschiedlichen Wärmeausdehnungskoeffizienten Klebstoffe mit elastischen Klebschichten einsetzen.

10. **Kleben von Werkstoffen mit lösungsmittelundurchlässigen Oberflächen**

Für Werkstoffe mit lösungsmittelundurchlässigen Oberflächen (Metalle, Gläser, Duromere) sind lösungsmittelhaltige Klebstoffe weniger geeignet, da die vor dem Fixieren der Fügeteile noch in der Klebschicht vorhandenen Lösungsmittel nicht mehr oder nur noch sehr langsam über die Klebfugenkanten entweichen können und somit keine feste Klebschicht resultiert.

11. **Kleben von porösen Werkstoffen**

Bei porösen Fügeteilen ist – je nach Durchmesser der Poren – eine höhere Klebstoffviskosität zu wählen, um ein „Wegschlagen" des Klebstoffs (Verschwinden in den Poren) zu vermeiden; ggf. nach kurzer Ablüftzeit nochmaliger Klebstoffauftrag.

12. **Klebstoffviskosität**

Die Viskosität eines Klebstoffes muss u. a. auch auf die Ausbildung der Oberfläche abgestimmt werden. Raue Oberflächen erfordern im Allgemeinen niedrigere Viskositäten als glatte Oberflächen, um eine gleichmäßige Benetzung sicherzustellen. Für die Herstellung „dicker" Klebschichten im Millimeterbereich eignen sich nur füllstoffhaltige Klebstoffe mit sehr hohen Viskositäten.

13. **Topfzeit von Klebstoffen**

- Klebstoffe mit geringen Topfzeiten lassen sich für Serienklebungen nur mittels automatischer Misch- und Dosiersysteme bei gleichzeitiger automatischer Fixierung der Fügeteile verarbeiten.
- Hohe Aufwendungen für Misch- und Dosiergeräte werden in den meisten Fällen durch geringere Klebstoffkosten (keine Verluste durch Topfzeitüberschreitung) und einem höheren Qualitätsstandard der Klebungen wieder kompensiert.

14. **Aushärtungs- bzw. Abbindezeit**

- Klebstoffe mit kurzen Aushärtungs- bzw. Abbindezeiten (Cyanacrylate, Reaktionsklebstoffe mit kurzen Topfzeiten, Schmelzklebstoffe) sind für größere Flächenklebungen (dm^2/m^2) nur sehr eingeschränkt geeignet, da dann die Auftragszeit länger als die Zeit zur Aushärtung sein kann. Die zu klebende Fläche ist von der „offenen" Zeit abhängig. Allgemein gilt: Kleine Klebflächen (mm^2–cm^2-Bereich) können mit schnell aushärtenden Klebstoffen geklebt werden. Große Klebflächen (m^2-Bereich) erfordern Klebstoffe mit langen offenen Zeiten bzw. Topfzeiten.
- Serienklebungen mit hohen Fertigungsgeschwindigkeiten sind wirtschaftlich nur mit schnell aushärtenden bzw. abbindenden Klebstoffen möglich. Langsam aushärtende Klebstoffe bedürfen in diesen Fällen aufwändiger Vorrichtungen für die Fügeteilfixierung.

15. **Luftfeuchtigkeit**

Bei Cyanacrylat- und Einkomponenten-Polyurethanklebstoffen ist für die Aushärtung eine ausreichende Feuchtigkeit in der Umgebungsluft (ca. 30–70 % relative Feuchtigkeit) erforderlich.

16. **Strahlungshärtung**

Für die Anwendung der Strahlungshärtung muss mindestens ein Fügeteil für UV-Strahlung durchlässig sein. Für die Strahlungshärtung gilt weiterhin, dass die Lichtdurchlässigkeit eines Werkstoffs nicht mit seiner Durchlässigkeit für UV-Strahlen gleichzusetzen ist. Die für eine Strahlungshärtung in der Klebfuge tatsächlich zur Verfügung stehende Strahlungsenergie kann mit einem UV-Messgerät ermittelt werden.

17. **Brandschutz**

Gegenüber lösungsmittelfreien Reaktions- bzw. Schmelzklebstoffen sind für die Verarbeitung lösungsmittelhaltiger Klebstoffe aufwendige Maßnahmen hinsichtlich Brand- und Explosionsschutz sowie Lösungsmittelentsorgung erforderlich.

18. **Klebebänder**

Neben der Anwendung der beschriebenen flüssigen Klebstoffsysteme sollte nicht vergessen werden, dass viele klebtechnische Problemstellungen erfolgreich auch mit doppelseitig klebenden Haftklebebändern gelöst werden können. Die Entwicklung dieser Systeme, insbesondere auf Basis von klebenden Schaumstrukturen oder thermischer Nachhärtung, hat in der Vergangenheit hinsichtlich Festigkeiten und möglicher Beanspruchungen sehr große Fortschritte gebracht.

Zusammenfassend ist in Bezug auf die *technologischen Eigenschaften* des auszuwählenden Klebstoffes zu unterscheiden:

- Nach den für den Einsatzzweck unverzichtbaren Klebschichteigenschaften. Diese sind abhängig von der jeweiligen Polymerstruktur und stellen das *Bindemittel- bzw. Grundstoffkriterium* dar.
- Nach den für die produktionstechnische Handhabung unverzichtbaren Klebstoffeigenschaften. Diese sind in der Regel mit dem Klebstoffhersteller abzustimmen und stellen das *Verarbeitungskriterium* dar.

Für die Auswahl des Klebstoffs in Bezug auf die *wirtschaftlichen Anforderungen* gilt der Grundsatz, **den** Klebstoff einzusetzen, der die vorliegende Klebeaufgabe bei Gewährleistung der qualitativen Anforderungen wirtschaftlich am optimalsten zu lösen gestattet.

Klebtechnische Eigenschaften wichtiger Werkstoffe

9

Die in Kap. 8 dargestellten Grundlagen und Kriterien zur Klebstoffauswahl beziehen sich in weiten Bereichen auf fertigungstechnische Anwendungen im industriellen Maßstab. Die Erfahrung zeigt, dass sich der Anwender im nichtindustriellen Bereich bei der Klebstoffauswahl mehr an den zu klebenden Werkstoffen und deren klebtechnischen Eigenschaften orientiert. Aus diesem Grund werden bei der Beschreibung der Werkstoffe im Folgenden ebenfalls Hinweise auf die jeweils empfohlenen oder auch nicht empfohlenen Klebstoffe mit den entsprechenden Begründungen gegeben. Zu erwähnen ist ergänzend, dass ein Großteil der Ausführungen in Abschn. 8.3 allgemein gültigen Charakter haben.

9.1 Metalle

9.1.1 Allgemeine Grundlagen

Ein wesentlicher Anteil aller durchzuführenden Klebungen wird – unabhängig vom Industriezweig – mit metallischen Werkstoffen hergestellt. Somit ergibt sich die Notwendigkeit, deren klebtechnisches Verhalten, auch in Abgrenzung zu nichtmetallischen Materialien, zu kennen. Allgemein kann die Feststellung gelten, dass die unter Beachtung der Ausführungen in den Kap. 3, 4, 8 und 12 vorhandenen Erfahrungen mit *einem* metallischen Werkstoff auch auf neue Aufgabenstellungen mit *anderen* Metallen übertragen werden können.

Das klebtechnische Verhalten metallischer Werkstoffe wird im Wesentlichen durch die folgenden Eigenschaften bestimmt:

9.1.1.1 Festigkeit
Die meisten Metalle zeichnen sich durch eine im Vergleich zu nichtmetallischen Werkstoffen geringe Verformungsfähigkeit aus. Für die Klebungen bedeutet diese Eigenschaft, dass

© Springer Fachmedien Wiesbaden 2016
G. Habenicht, *Kleben - erfolgreich und fehlerfrei*, DOI 10.1007/978-3-658-14696-2_9

bei mechanischer Beanspruchung (Zug, Scherung, Druck, Biegung, Torsion) die Klebschichten ebenfalls nur in gleichem Maße Verformungsbeanspruchungen unterliegen.

9.1.1.2 Undurchlässigkeit gegenüber Lösungsmitteln

Diese Eigenschaft, die die Metalle mit Werkstoffen wie Glas, speziellen Kunststoffen (vor
allem Duromeren) sowie z. T. auch Keramiken gemeinsam haben, führt zu einer Ein-
schränkung der einsetzbaren Klebstoffe. Nach den Ausführungen in Abschn. 5.2 ist die
nach dem Klebstoffauftrag und vor dem Fixieren der Fügeteile einzuhaltende maximale Trockenzeit ein entscheidender Parameter für die Herstellung fester, kraftübertragender
Klebschichten. Wird diese Zeit, die auch von der aufgetragenen Klebstoffmenge abhängig
ist, nicht genau eingehalten, können Lösungsmittelreste in der Klebschicht eingeschlossen
werden, sodass die Festigkeit der Klebung reduziert wird. Wegen der Undurchlässig-
keit der Fügeteile gegenüber Lösungsmitteln können diese Bestandteile auch nachträglich
nicht mehr entweichen, wie das bei porösen Werkstoffen der Fall ist. Die gleiche Ein-
schränkung gilt auch gegenüber Dispersionsklebstoffen.

9.1.1.3 Unlöslichkeit in Lösungsmitteln

Metalloberflächen weisen Klebstoffen und Lösungsmitteln gegenüber ein sogenanntes
„inertes" Verhalten auf, d. h. es finden weder Lösungs- noch Diffusionsvorgänge statt.
Diese Eigenschaft bedingt eine Abgrenzung zu Klebstoffen, die für das Kleben thermoplastischer Kunststoffe nach dem Prinzip der Diffusionsklebung (Abschn. 9.2.5) verwendet werden.

9.1.1.4 Wärmeleitfähigkeit

Die Wärmeleitfähigkeit der Fügeteile beeinflusst die Temperaturverhältnisse in der Klebfuge während der Aushärtung eines Klebstoffs. Eine besondere Rolle spielt sie bei
den Metallen beim Auftrag von Schmelzklebstoffen wegen der schnellen Erstarrung
der Schmelze im Grenzschichtbereich und möglicher Beeinträchtigung der Adhäsi-
onsausbildung. Die Wärmeleitfähigkeit λ wird in der Dimension W/cmK (Watt pro
Zentimeter × Kelvin) angegeben. Werte ausgewählter Werkstoffe:

Aluminium 2,3	Eisen 0,75	Kupfer 3,8
Messing 1,1	Silber 4,2	Edelstähle 0,2–0,5
Gläser 0,01	Kunststoffe 0,002–0,004	

Für weitere Werkstoffe sind Leitfähigkeitswerte in Abschn. 13.3 aufgeführt.

9.1.1.5 Temperaturbeständigkeit

Die hohe Beständigkeit metallischer Werkstoffe gegenüber Wärmebeanspruchung bietet
die Möglichkeit des Einsatzes von Reaktionsklebstoffen, die bei höheren Temperaturen
aushärten und besonders hohe Klebfestigkeiten (bis zu 40 MPa) aufweisen.

9.1.2 Oberflächenvorbehandlung

Von vorrangiger Bedeutung für die Herstellung von Klebungen metallischer Werkstoffe ist deren sachgerechte Oberflächenvorbehandlung. In der Fachliteratur finden sich vielfältige Rezepturen von Beizlösungen, deren Anwendung aus Gründen der Arbeitssicherheit und Entsorgungsproblematik allerdings auf Grenzen stößt und die aus diesem Grund nicht näher beschrieben werden sollen.

Universell einsetzbar sind dagegen die mechanischen Oberflächenvorbehandlungsverfahren, wie sie in Abschn. 7.1 dargestellt sind. Bei Berücksichtigung der Prozessfolge

Entfetten – Strahlen bzw. Schleifen bzw. Bürsten – Entfetten

ggf. unterstützt durch eine Versiegelung der Klebfugenkanten zur Vermeidung von Unterwanderungskorrosion, lassen sich für fast alle Anwendungen ausreichend beständige Klebungen herstellen.

9.1.3 Klebbarkeit wichtiger Metalle

Im Folgenden werden im Sinne einer praxisnahen Anwendung die wichtigsten klebtechnischen Eigenschaften ausgewählter metallischer Werkstoffe dargestellt.

9.1.3.1 Aluminium und Al-Legierungen

- Unedles Metall, d. h. bei Lagerung überziehen sich die Oberflächen mit Schichten unterschiedlicher chemischer Zusammensetzung (Oxide, Hydroxide, Oxidhydrate, Carbonate), deren Haftung auf dem Grundmetall in vielen Fällen keine ausreichende Festigkeit für eine Klebung garantiert. Mechanische Oberflächenvorbehandlung in jedem Fall erforderlich,
- festhaftende Haftgrundschichten nur über chemische oder elektrochemische Behandlungsverfahren erzielbar,
- hohe Wärmeleitfähigkeit,
- wichtigste Legierungen: Al Mg 3, Al Mg 5, Al Cu Mg 2 (Flugzeugbau).

9.1.3.2 Edelmetalle

- Die Edelmetalle Silber, Gold, Platin zeichnen sich durch ähnliche Verhaltensweisen beim Kleben aus. Der edle Charakter ermöglicht eine Verarbeitung ohne chemische Oberflächenvorbehandlungen,
- mechanische Oberflächenvorbehandlung, gefolgt von sehr sorgfältigem Entfetten. Klebung umgehend durchführen, da insbesondere Silberoberflächen sich durch Silbersulfidbildung (Dunkelfärbung) verändern können.

9.1.3.3   Edelstähle

- Das besondere Problem beim Kleben von Edel- bzw. rostfreien Stählen besteht in ihrer Passivität, d. h. ein stark verringertes Reaktionsvermögen gegenüber einwirkenden Medien. Diese Eigenschaft begründet ihre Verwendung bei korrosiven Beanspruchungen. Für das Kleben ist charakteristisch, dass die Ausbildung zwischenmolekularer Bindungen (Abschn. 6.1) eingeschränkt ist,
- mechanische Oberflächenvorbehandlung, vorteilhaft mittels des SACO-Verfahrens (Abschn. 7.1.2.1).

9.1.3.4   Kupfer

- Sehr hohe Wärmeleitfähigkeit,
- leicht verformbar, besonders Cu-Bleche, daher Verformungseigenschaften der Klebschichten bei Klebstoffauswahl wichtig,
- je nach dem metallurgischen Zustand des Kupfers hinsichtlich vorhandener Legierungselemente wie z. B. Zink (Messing), Zinn (Bronze), Nickel (Münzmetalle) kann die Anwendung warmhärtender Klebstoffe zu einer Rekristallisation und somit abnehmender Festigkeit führen,
- mechanische Oberflächenvorbehandlung.

9.1.3.5   Messing
Hier gelten im Wesentlichen die bereits beim Kupfer aufgeführten Merkmale.

9.1.3.6   Stähle, allgemeine Baustähle

- Unedle Metalle, deren Oberflächen in der Regel durch die Bestandteile der Luft chemisch verändert sind (Rostbildung) und die ohne Vorbehandlung nicht beanspruchungsgerecht geklebt werden können,
- mechanische Oberflächenvorbehandlung.

9.1.3.7   Verzinkte Stähle, Zink

- Durch Reaktionen mit Feuchtigkeit, Sauerstoff und Kohlendioxid bilden Zinkoberflächen beständige carbonat-basische und festhaftende Korrosionsschutzschichten, die auch bei Temperaturschwankungen nicht abblättern,
- beim Kleben von Reinzink ist dessen niedrige Rekristallisationstemperatur (je nach Gefügezustand 10–80 °C) zu berücksichtigen, was den Einsatz warmhärtender Klebstoffe einschränkt,
- bei verzinkten Stählen ist von den mechanischen Oberflächenvorbehandlungsverfahren wegen der möglichen Zinkschichtbeschädigungen nur ein vorsichtiges Schleifen (Schwamm mit Unterstützung eines Haushaltsreinigungspulvers) zu empfehlen. Bei

Beschädigung der Zinkschicht sollte der Bereich der Klebfuge durch entsprechende Primer oder durch Versiegeln der Klebfugenkanten vor Unterwanderungskorrosion geschützt werden.

9.1.4 Klebstoffe für Metallklebungen

Die von der Industrie angebotenen Klebstoffe zeichnen sich unabhängig vom chemischen Aufbau durch die Ausbildung fester adhäsiver Bindungen auf den entsprechend vorbehandelten Oberflächen der beschriebenen Werkstoffe aus. Somit ergeben sich für die Auswahl eines Klebstoffes die in Kap. 8 beschriebenen Kriterien.

Die folgende Zusammenfassung sollte bei der Auswahl des Klebstoffs beachtet werden.

Empfohlene Klebstoffarten:
Lösungsmittelfreie, bei Raumtemperatur oder erhöhten Temperaturen aushärtende Reaktionsklebstoffe auf Basis von

- Epoxiden,
- Polyurethanen,
- Methacrylaten,
- Cyanacrylaten bei kleinflächigen Anwendungen und eingeschränkten Beanspruchungen,
- anaerobe Klebstoffe für Flächendichtungen und Gewindesicherungen, weiterhin
- Schmelzklebstoffe bei gleichzeitiger Fügeteilvorwärmung,
- Kontaktklebstoffe,
- geschäumte Haftklebebänder.

Nicht empfohlene Klebstoffarten:

- Lösungsmittelklebstoffe,
- Dispersionsklebstoffe.

9.2 Kunststoffe

9.2.1 Allgemeine Grundlagen

Für das Kleben der Kunststoffe sind zunächst einige ergänzende Informationen über deren Verhalten im Vergleich zu Metallen erforderlich. Der wesentliche Unterschied besteht darin, dass Metalle in organischen Lösungsmitteln grundsätzlich unlöslich sind, verschiedene *Kunststoffe* jedoch, insbesondere Thermoplaste, in derartigen *Lösungsmitteln löslich* oder durch sie wenigstens im Oberflächenbereich anquellbar sind. Hieraus ergibt sich eine besondere Art des Klebens, die bei Metallen nicht möglich ist (Abschn. 9.2.5).

Ein weiterer Unterschied besteht darin, dass saubere Metalloberflächen auf Grund ihres chemischen Aufbaus fast ausnahmslos die Eigenschaft besitzen, die für Klebungen erforderlichen und ausreichenden Adhäsionskräfte zu ermöglichen. Voraussetzung hierfür ist die gute Benetzung ihrer Oberflächen durch Klebstoffe. Dieses *Benetzungsverhalten* ist bei Kunststoffen je nach ihrem chemischen Aufbau sehr unterschiedlich ausgeprägt und hängt stark von der jeweiligen Oberflächenspannung ab (Abschn. 6.3). Ein typisches Beispiel für das schlechte Benetzungsvermögen ist die nichthaftende Innenbeschichtung einer Pfanne mit dem Kunststoff *Teflon*. Gerade diese Eigenschaft hat zu der speziellen Anwendung beim Braten und Kochen geführt; diese Eigenschaft macht das Teflon aber auch zu dem am schwersten zu klebenden Werkstoff überhaupt (übrigens wird dieser Kunststoff nicht als Folie in die Pfannen eingeklebt, sondern als Pulver auf die gestrahlte Metalloberfläche aufgetragen und bei hoher Temperatur „aufgesintert"). *Polyethylen* und *Polypropylen* sind weitere Beispiele für Kunststoffe, die sich nur schwer benetzen lassen.

Von Einfluss ist ergänzend die *Fügeteilfestigkeit*, die bei vielen Kunststoffen nur ca. 10 % der Festigkeit metallischer Werkstoffe ausmacht. Da auf Grund ihrer chemischen Verwandtschaft bei Kunststoffen und Klebschichten von gleichen bzw. ähnlichen Festigkeitswerten ausgegangen werden kann, sind hinsichtlich einer klebgerechten Konstruktion im Gegensatz zu Metallen Stumpfstoßklebungen realisierbar (Kap. 12, 2. Regel).

9.2.2 Klassifizierung der Kunststoffe

Wie in Abschn. 2.1.1 beschrieben, sind Kunststoffe und Klebstoffe in ihrem chemischen Aufbau sehr ähnlich. Somit erfolgt auch eine gleiche Einteilung (Abb. 3.7) in die Gruppe der

- Thermoplaste,
- Duromere,
- Elastomere.

In der folgenden Tab. 9.1 sind die wichtigsten Kunststoffe zusammengestellt.

9.2.3 Identifizierung von Kunststoffen

Voraussetzung für das Kleben der Kunststoffe ist die Kenntnis, um welchen Kunststoff es sich handelt. Über Handelsnamen oder Produktkennzeichnungen nach Tab. 9.1 lässt sich die Identität leicht feststellen, schwierig oder unmöglich wird es für den Nichtfachmann bei Fehlen dieser Angaben. Zu einer für das Kleben sehr wichtigen Abgrenzung Thermoplast-Duromer können die beiden folgenden Kriterien dienen:

Tab. 9.1 Kurz- und Warenzeichen ausgewählter Kunststoffe

Thermoplaste	Kurzzeichen nach DIN 7728/ISO 1043	Ausgewählte Handelsnamen/ Warenzeichen
Polyethylen	PE	Hostalen, Lupolen
Polypropylen	PP	Novolen, Hostalen-PP
Polystyrol	PS	Styron, Vestyron
Polyvinylchlorid	PVC	Vestolit, Vinnolit
Polytetrafluorethylen	PTFE	Teflon, Hostaflon
Polymethylmethacrylat	PMMA	Plexiglas
Polycarbonat	PC	Makrolon, Merlon
Polyethylenterephthalat	PET	Vestodur, Ultradur
Polyamide	PA	Capron, Ultramid, Vestamid
Acrylnitril-Butadien-Styrol	ABS	Novodur, Terluran
Duromere	Kurzzeichen nach DIN 7728/ISO 1043	Auf Grund der überaus großen Typenvielfalt ist die Wiedergabe von Handelsnamen/Warenzeichen nicht möglich
Phenolharze	PF	
Harnstoff-Formaldehydharze	UF	
Melaminharze	MF	
Ungesättigte Polyesterharze	UP	
Epoxidharze	EP	
Polyurethane (je nach Vernetzungsgrad auch Thermoplaste und Elastomere)	PUR	
Kohlenstofffaserverstärkte Kunststoffe	CFK	
Glasfaserverstärkte Kunststoffe	GFK	
Elastomere/Kautschuke	Kurzzeichen nach DIN 7728/ISO 1043	Ausgewählte Handelsnamen/ Warenzeichen
Polybutadien	BR	Budene, Buna CB
Polychloropren	CR	Neopren
Polyisopren	NR	Guttapercha
Butylkautschuk	IIR	Hycar-Butyl, Bayer-Butyl
Ethylen-Propylen-Kautschuk	EPM/EPDM	Buna-AP, Vistalon
Silicone	SI	Silopren
Nitrilkautschuk	NBR	Perbunan-N

- Verhalten bei höheren Temperaturen: Diese Prüfung gelingt in einfacher Weise durch Berührung mit einem heißen Lötkolben. Bei Duromeren bleibt die Oberfläche praktisch unverändert, bei Thermoplasten ist eine Plastifizierung bzw. ein Schmelzen zu beobachten.

- Löslichkeit in organischen Lösungsmitteln: Als Lösungsmittel mit sehr universellen Lösungseigenschaften gilt Tetrahydrofuran (THF), das allerdings brennbar ist und dessen Dämpfe nicht eingeatmet werden dürfen (s. Abschn. 7.5.2). Geeignete Lösungsmittel sind ergänzend Aceton, Methyl-Ethylketon. Duromere sind grundsätzlich unlöslich, von den Thermoplasten lassen sich Polyvinylchlorid, Plexiglas, Polystyrol, Kautschuke, niedrig vernetzte Polyurethane anquellen.

Eine sehr ausführliche Beschreibung zur Identifizierung von Kunststoffen findet sich in dem Buch „Kunststofftechnik für Einsteiger" von D. Braun (s. Literaturverzeichnis Kap. 14).

9.2.4   Oberflächenvorbehandlung

Hinsichtlich ihrer Klebbarkeit erfolgt bei den Kunststoffen eine Einteilung gemäß Abb. 9.1.

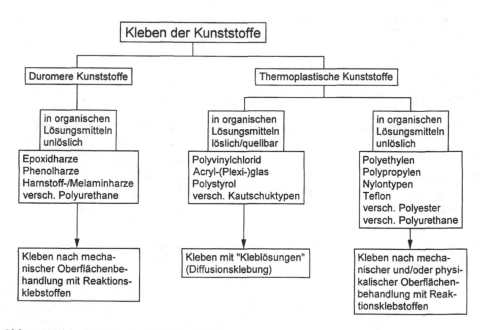

Abb. 9.1 Klebmöglichkeiten für Kunststoffe

Das wesentliche Kriterium ist demnach die jeweils gegebene Löslichkeit oder Unlöslichkeit in organischen Lösungsmitteln. Da bei Kunststoffen mit einem Lösungsvermögen deren Oberflächen nicht in ihrem ursprünglichen Zustand verbleiben, ist eine spezielle Vorbehandlung (außer ggf. Säubern und Entfetten) nicht erforderlich. Dieser Sachverhalt wird in Abschn. 9.2.5 beschrieben. Die in Lösungsmitteln unlöslichen Kunststoffe können nur geklebt werden, wenn die Voraussetzungen *Benetzbarkeit* und Ausbildung von *adhäsiven Bindungen* gewährleistet sind. Hierfür stehen Oberflächenvorbehandlungsverfahren zur Verfügung, die in Abb. 7.2 als „physikalische" Verfahren bezeichnet werden. Der Effekt dieser Verfahren besteht darin, die Oberfläche eines Kunststoffs chemisch zu verändern, insbesondere durch „Einbau" von Sauerstoffatomen in die an der Oberfläche vorhandenen Polymermoleküle. Diese chemische Veränderung führt zu einer besseren Benetzung und gleichzeitig auch zur Ausbildung von Haftungskräften. Die Bezeichnung „physikalische Verfahren" ist darauf zurückzuführen, dass sie physikalische Effekte in Form elektrischer oder thermischer Energie nutzen. Zu den in den Abschn. 9.2.4.2 und 9.2.4.3 beschriebenen „Plasma"-Verfahren dienen die folgenden Erläuterungen:

Als Plasma, auch der 4. Aggregatzustand der Materie genannt, wird ein ganz oder teilweise ionisiertes Gas bezeichnet, dessen Eigenschaften durch die Aufspaltung von Atomen und Molekülen bestimmt wird. Eine unter dem Einfluss elektrischer Felder eintretende Ionisation führt dazu, dass elektrisch neutrale Gasatome durch die Energieanregung in freie Elektronen und die verbleibenden „Rümpfe", d. h. positiv geladene Ionen, aufgespalten werden. Am Beispiel von Sauerstoff führt dieser Vorgang zu der Reaktion

$$O_2 \rightarrow 2\,O \rightarrow 2\,O^+ + 2\,e^-.$$

Beim Aufprall von Plasmateilchen auf oberflächennahe Atome oder Moleküle der vorzubehandelnden Fügeteile kommt es zu einer Aktivierung der Oberfläche durch Aufbrechen chemischer Bindungen im Polymer, an die sich Atome aus dem Prozessgas anlagern können und somit die Reaktivität der Oberfläche erhöhen. Je nach Zusammensetzung des Prozessgases kommt es zu chemischen Veränderungen der Oberfläche, bei Sauerstoffatmosphäre beispielsweise zu den für die Benetzungseigenschaften von Kunststoffen wichtigen sauerstoffhaltigen Molekülteilen mit unterschiedlichen elektrischen Ladungsverteilungen (Dipolen).

9.2.4.1 Corona-Verfahren

Durchführung unter Luftatmosphäre bei Normaldruck. Die Corona-Entladung erfolgt als charakteristisch leuchtende Hochspannungs-Entladung zwischen zwei Elektroden bei etwa 10–20 kV und Frequenzen im Bereich 10–30 kHz. Die hohe Energie führt zur Bildung von Sauerstoffatomen und Ozonmolekülen (O_3), die eine oxidative Wirkung auf die Polymeroberfläche ausüben und somit eine Erhöhung der Oberflächenspannung und des Benetzungsverhaltens zur Folge haben.

9.2.4.2 Niederdruckplasma

Arbeitsweise im (teilweisen) Vakuum. In die Plasmakammer mit den vorzubehandelnden Fügeteilen werden reaktive Gase (Sauerstoff, Wasserstoff, Fluor) eingeleitet, die infolge einer Mikrowellenanregung in einen energiereichen Zustand (Plasma) mit der Möglichkeit chemischer Oberflächenveränderungen überführt werden.

9.2.4.3 Atmosphärendruck-Plasma

Im Gegensatz zum Corona-Verfahren weist der in der Plasmaquelle erzeugte Strahl kein elektrisches Potential auf. Der fokussierte Plasmastrahl wird durch eine gezielte Luftströmung auf die Oberfläche des zu behandelnden Materials geleitet. Der Behandlungseffekt ist den beiden vorerwähnten Verfahren vergleichbar.

9.2.4.4 Beflammen (Kreidl-Verfahren)

Durch die Behandlung mit einer Brenngas-Sauerstoff-Flamme (Propan/Butan oder Acetylen mit Sauerstoffüberschuss, erkennbar an Blaufärbung der Flamme) erfolgt eine chemische und physikalische Modifizierung der Oberfläche mit ebenfalls oxidativen Auswirkungen. Dieses Verfahren ist wegen des geringen Aufwandes besonders für handwerkliche Anwendungen geeignet. Die Beflammungszeit liegt im Sekundenbereich, der Abstand Flamme-Oberfläche sollte ca. 5–10 cm betragen. Bei Thermoplasten wie Polyethylen und Polypropylen ist darauf zu achten, dass kein Aufschmelzen der Oberfläche erfolgt.

9.2.4.5 Mechanische Verfahren

Auf Grund der Verformungsfähigkeit der – insbesondere thermoplastischen – Kunststoffe sind die mechanischen Vorbehandlungsverfahren nur sehr kontrolliert einsetzbar. So kann z. B. ein zu hoher Strahldruck dazu führen, dass das Strahlmittel in die Oberfläche „eingeschossen" wird. Bewährt hat sich z. B. für Polyethylen und Polypropylen das in Abschn. 7.1.2.1 beschriebene SACO-Verfahren, bei dem mittels des chemisch modifizierten Strahlmittels eine für die Ausbildung von Adhäsionskräften geeignete Oberfläche erzeugt wird (Strahlsilikatisierung).

Zu den mechanischen Verfahren gehört ebenfalls das „Skelettieren" zum Aufrauen der Oberfläche. Bei diesem Verfahren werden z. B. bei Thermoplasten (PE, PP) während der Herstellung der Fügeteile/Bauteile gewebeartige Matrizen (Edelstahlgaze, Aramid- oder Baumwollgewebe) in die Oberfläche „mit hineingeschmolzen" und vor dem Klebstoffauftrag abgerissen. Neben adhäsiven Bindungen ist der zusätzliche Formschluss der Klebschicht in der Fügeteiloberfläche ein wesentliches Kriterium für die sich ausbildenden Klebfestigkeiten.

Ein verwandtes Verfahren für aushärtende Polymerbauteile (z. B. faserverstärkte Anwendungen auf EP-Basis) ist die Peel-Ply-Methode, bei der Nylongewebe bereits beim Laminieren des Verbundes bzw. bei Verwendung von Prepregs als letzte Lage auf die noch nicht vollständig ausgehärtete Oberfläche gelegt wird. Aufgrund des eingeschränkten Benetzungsvermögens der Nylonfaser durch die Harzmatrix kann das Gewebe nach der vollständigen Aushärtung wieder abgezogen werden und hinterlässt eine charakteristische Oberflächenstruktur, auf die direkt geklebt werden kann.

Zum Einsatz von Laserstrahlung für Oberflächenreinigung und Oberflächenvorbehandlung siehe Abschn. 7.1.2.2.

9.2.5 Kunststoffe, die in organischen Lösungsmitteln löslich oder quellbar sind

Dazu gehören:

- Polyvinylchlorid (hart und weich),
- Acryl-(Plexi-)Glas,
- ABS (Acrylnitril-Butadien-Styrol-Copolymere),
- Polystyrol,
- Polycarbonat und
- verschiedene Kautschuktypen.

Eine spezielle Oberflächenbehandlung (bis auf eine Reinigung) ist nicht erforderlich, da die Oberfläche durch die Lösungsmittel angelöst wird. Als „Klebstoff" dient ein geeignetes Lösungsmittel, in dem seitens des Herstellers bereits eine gewisse Menge des gleichen Kunststoffs gelöst ist, der geklebt werden soll. Das hat den Vorteil einer höheren Klebstoffviskosität und vermeidet das mögliche Ablaufen des reinen niedrigviskosen Lösungsmittels von den Fügeteiloberflächen. Die „Kleblösung" wird auf beide Fügeteiloberflächen aufgetragen. Nach kurzer Zeit ist die Oberfläche angequollen. Dadurch sind die Polymermoleküle „beweglicher" geworden, sodass sie sich bei Fixieren unter Druckanwendung mit denen der anderen Oberfläche durch Verhaken bzw. Verknäueln vereinigen können, d. h. sie „diffundieren" ineinander (aus dem Lateinischen *diffundere* = sich ausbreiten). Dieser Effekt hat zu dem Namen *Diffusionsklebung* für diese Art des Klebens geführt. Charakteristisch für sie ist, dass die Klebschicht die gleiche oder eine sehr ähnliche Zusammensetzung wie der zu klebende Kunststoff aufweist. Die in der Klebfuge noch verbleibenden Reste des Lösungsmittels verdunsten anschließend über die Klebfugenkanten oder durch den Kunststoff hindurch. Abb. 9.2 zeigt schematisch den Vorgang des Diffusionsklebens. Die auf diese Weise sich ausbildenden Adhäsionskräfte werden auch als *Autohäsion* bezeichnet.

Eine besondere Bedeutung besitzen Lösungsmittelklebstoffe für Polyvinylchlorid (PVC) und daraus hergestellte Artikel wie Rohre, Formteile, Dachrinnen, Planen, Schlauchboote, Wassersportartikel, Regenbekleidung u. ä.. Nach dem Auftragen des pastösen Klebstoffes werden beide Fügeteile unter leichtem Anpressdruck (nur bei planen Fügeteilen möglich, bei Rohrverbindungen Drehbewegungen anwenden) sofort miteinander vereinigt. Je nach vorliegender Temperatur sind Abbindezeiten von 5–20 min erforderlich. Es empfiehlt sich bei diesen Anwendungen, die Verarbeitungshinweise des

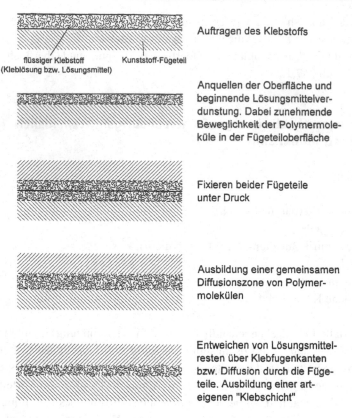

Auftragen des Klebstoffs

flüssiger Klebstoff   Kunststoff-Fügeteil
(Kleblösung bzw. Lösungsmittel)

Anquellen der Oberfläche und
beginnende Lösungsmittelverdunstung. Dabei zunehmende
Beweglichkeit der Polymermoleküle in der Fügeteiloberfläche

Fixieren beider Fügeteile
unter Druck

Ausbildung einer gemeinsamen
Diffusionszone von Polymermolekülen

Entweichen von Lösungsmittel-
resten über Klebfugenkanten
bzw. Diffusion durch die Fügeteile. Ausbildung einer art-
eigenen "Klebschicht"

Abb. 9.2 Prinzip der Diffusionsklebung bei Kunststoffen

Klebstoffherstellers besonders zu beachten. Auf gleicher Basis werden so genannte
„Kaltschweißpasten" für PVC (Bodenbeläge, Sockelleisten etc.) angeboten.

Empfohlene Klebstoffe:

- Für die vorstehend erwähnten Thermoplaste Lösungsmittelklebstoffe nach dem Prinzip
  der Diffusionsklebung (Packungshinweise beachten).
- Kalthärtende Reaktionsklebstoffe (werden selten eingesetzt, da die vorstehend beschriebenen Lösungsmittelklebstoffe den in der Praxis vorhandenen Anwendungen in
  jeder Weise gerecht werden).
- Cyanacrylate.
- Polyurethane vorzugsweise für flexible Kunststoffe bzw. Folien.
- Kontaktklebstoffe.
- strahlungshärtende Klebstoffe für „glasklare" Kunststoffe wie Acryl-(Plexi-)Glas, Polystyrol, Polycarbonat.

Nicht empfohlene Klebstoffe:

- Warm- bzw. heißhärtende Reaktionsklebstoffe wegen der begrenzten Wärmestandfestigkeit der Kunststoffe.
- Schmelzklebstoffe aus gleichem Grund.
- Dispersionsklebstoffe.

9.2.6 Kunststoffe, die in organischen Lösungsmitteln nicht löslich oder quellbar sind

Dazu gehören:

- Polyethylen,
- Epoxidharze,
- versch. Polyester- und Polyurethane,
- Polypropylen,
- Teflon,
- Phenol-, Harnstoff-, Melaminharze.

In diesen Fällen muss die Kunststoffoberfläche durch eine Oberflächenbehandlung klebbar gemacht werden, damit über die Ausbildung von Adhäsionskräften nach vorhergehender Benetzung eine Klebung möglich wird. Es hat sich eingebürgert, in diesem besonderen Fall als Gegensatz zu der in Abschn. 9.2.5 beschriebenen Diffusionsklebung von einer *Adhäsionsklebung* zu sprechen. Die Oberflächenbehandlung kann mechanisch durch Bürsten und Schmirgeln erfolgen (beim Strahlen nur geringen Druck anwenden, um ein „Einschießen" der Körner in die Oberfläche zu vermeiden), bei Polyethylen und Polypropylen sind in jedem Fall zusätzlich die erwähnten physikalischen Verfahren anzuwenden.

Empfohlene Klebstoffe:

- Kalthärtende Epoxide,
- Polyurethane,
- Methacrylatklebstoffe,
- Cyanacrylate, in Verbindung mit einem speziellen Primer auch für *Polyethylen* und *Polypropylen,*
- Kontaktklebstoffe.

Nicht empfohlene Klebstoffe:

- Lösungsmittelklebstoffe,
- Dispersionsklebstoffe.

9.2.7 Faserverbundwerkstoffe (Composites)

Eine besondere Bedeutung haben in der Vergangenheit Composites erlebt. Bei diesen
Werkstoffen handelt es sich um mit Kohlefasern (ggf. auch Glasfasern) verstärkte duromere Kunststoffe, vorwiegend Epoxidharze. Sie weisen bei einer geringen Dichte (ca. 2–
3 g/cm^3) außerordentlich hohe Festigkeiten auf, die denen metallischer Werkstoffe (Stahl,
Aluminium) z. T. überlegen sind. Hinzu kommen das bei dynamischer Beanspruchung hohe Ermüdungsverhalten sowie die Korrosionsbeständigkeit. Diese Vorteile begründen den
zunehmenden Einsatz im Leichtbau (Fahrzeuge, Luftfahrt). Die Herstellung der Kohlenstofffasern erfolgt durch Carbonisation von Kunststofffasern (z. B. Polyacrylnitril) unter
Abspaltung des im Molekül enthaltenen Wasserstoffs und Stickstoffs durch Pyrolyse bei
1200–1500 °C unter Schutzgasatmosphäre. Für das Fügen dieser Werkstoffe kommt fast
ausschließlich das Kleben infrage, vorzugsweise mit elastisch modifizierten Epoxidharz-
und Polyurethanklebstoffen. Zur Optimierung der Klebfestigkeit wird eine Oberflächenvorbehandlung mittels Skelettieren (Abschn. 9.2.4.5) vorgenommen. Diese Vorgehensweisen garantieren die Anforderungen an die Dauerbetriebsfestigkeit sowie die in Abschn. 11.2 zutreffenden Kriterien. Verschiedene im Markt befindliche Fahrzeugmodelle
und ebenfalls der Flugzeugbau (Boeing 787, Airbus 350) haben die Sicherheit der auf
diese Weise gefügten Strukturen unter Beweis gestellt.

9.2.8 Kunststoffschäume

Diese Werkstoffe zeichnen sich durch ihren porösen Charakter aus, wobei die Abmessungen der Poren sehr unterschiedlich sein können. Das wirkt sich sowohl auf den Klebstoffauftrag als auch auf die Viskosität der verwendeten Klebstoffe aus. Bei zu geringen
Viskositäten besteht die Möglichkeit des „Wegschlagens", d. h. des spontanen Eindringens des flüssigen Klebstoffs in die Poren, so dass keine ausreichend dicke Klebschicht
entsteht. In diesen Fällen muss entweder ein Klebstoff mit einer höheren Viskosität eingesetzt werden oder ein zweimaliger Klebstoffauftrag in kurzem zeitlichen Abstand auf
beide Fügeteile erfolgen.

Eines ergänzenden Hinweises bedarf das Kleben von *Polystyrolschaum* (Styropor). Da
fast alle Lösungsmittelklebstoffe Lösungsmittel enthalten, die Polystyrol zu lösen oder
anzuquellen vermögen und somit die Schaumstruktur zerstören, dürfen nur Klebstoffe verwendet werden, die diese Eigenschaft auf Grund ihrer Lösungsmittelzusammensetzung
nicht besitzen. Somit bietet der Handel spezielle „Styropor"-Klebstoffe an. Für diesen
Werkstoff eignen sich als Alternative ebenfalls die in Abschn. 5.4 beschriebenen Dispersionsklebstoffe.

Empfohlene Klebstoffe:

- Lösungsmittelklebstoffe,
- Dispersionsklebstoffe,
- 1K-Polyurethanklebstoffe,
- Kontaktklebstoffe,
- Cyanacrylate für kleinflächige Klebungen in gelartiger oder pastöser Einstellung (bei Styropor ggf. vorherige Eignungsprüfung wegen möglicher Schaumzerstörung),
- Haftklebebänder,
- Haftschmelzklebstoffe (Sprühauftrag).

Nicht empfohlene Klebstoffe:

- Epoxide wegen verformungsarmer Klebschichten,
- Schmelzklebstoffe.

9.2.9 Kleben von Kunststoffen mit Metallen

Das Kleben von Kunststoffen mit Metallen lässt sich durch das in Abschn. 9.2.5 beschriebene Verfahren der Diffusionsklebung nicht durchführen, da die Metalloberflächen durch die organischen Lösungsmittel nicht anquellbar sind. Klebungen können daher nur nach entsprechender Oberflächenbehandlung mit den bekannten Reaktionsklebstoffen hergestellt werden.

Zu beachten ist bei diesen Werkstoffkombinationen, dass sich unter Wärmebeanspruchung Metalle und Kunststoffe sehr unterschiedlich ausdehnen. Das Verhältnis der Ausdehnungskoeffizienten liegt im Bereich 1 : 5 (Metall:Kunststoff). Bei kleinflächigen Klebungen ist dieser Unterschied nicht sehr kritisch, bei großen Klebeflächen oder langen Klebenähten kann es bei hohen Beanspruchungstemperaturen (im Fahrzeugbau sind Temperaturen bis ca. 80 °C keine Seltenheit) zu Spannungen in der Klebschicht und zu einem Bruch in der Klebung kommen. Aus diesem Grunde werden in derartigen Fällen die in Abschn. 4.2.3 beschriebenen reaktiven Polyurethan-Schmelzklebstoffe in Klebschichtdicken von mehreren Millimetern eingesetzt. Wegen ihres elastischen Verhaltens vermögen diese die in der Klebung auftretenden Spannungen auszugleichen (s. Abschn. 10.3).

Empfohlene Klebstoffe:

- 2K-Epoxidharzklebstoffe bei kleinflächigen Klebungen und begrenzter Wärmebelastung,
- 2K-Polyurethanklebstoffe,
- Methacrylatklebstoffe,
- Kontaktklebstoffe,
- geschäumte Klebebänder.

Nicht empfohlene Klebstoffe:

- Warmhärtende Reaktionsklebstoffe,
- Dispersionsklebstoffe,
- Schmelzklebstoffe.

Für Klebungen von „glasklaren" Kunststoffen wie Polystyrol und Acrylglas mit Metallen besteht ergänzend die Möglichkeit, strahlungshärtende Klebstoffe einzusetzen (Abschn. 4.3.2 und 9.3.3).

9.2.10 Kleben weichmacherhaltiger Kunststoffe

Besonders hinzuweisen ist auf das Kleben von Kunststoffen, die *Weichmacher* enthalten. Weichmacher werden verschiedenen Kunststoffen zugesetzt, um sie „weicher", d. h. leichter verformbar bzw. flexibel zu machen. Beispielhaft kann hierfür das „Weich-PVC" erwähnt werden, das für Folien, Planen, Kabelummantelungen etc. im Einsatz ist. Unter Weichmachern versteht man organische Verbindungen mit relativ geringem Molekulargewicht, die in die Polymere (physikalisch) eingelagert werden, also nicht über chemische Bindungen mit den Makromolekülen verbunden sind. Sie wirken ähnlich wie „Scharniere" zwischen den Molekülketten und führen auf diese Weise zu einer leichteren Verformung bzw. Verschiebung bei mechanischer Beanspruchung. Die Tatsache, dass die Weichmachermoleküle nur physikalisch „eingebettet" sind, hat zur Folge, dass diese im Laufe der Zeit, insbesondere bei höheren Temperaturen, aus dem Kunststoff „auswandern" (*Weichmacherwanderung*) und in die Klebschicht gelangen können, was dann zu einem allmählichen Versagen der Klebschicht in Folge „Weichwerdens" führt. Für das Kleben weichmacherhaltiger Kunststoffe sind daher vorzugsweise bei Raumtemperatur aushärtende Reaktionsklebstoffe einzusetzen, da sie auf Grund der vernetzten Polymerschicht dem Eindringen der Weichmacher einen großen Widerstand entgegensetzen.

9.3 Glas

9.3.1 Oberflächenvorbehandlung

Für Gläser ist charakteristisch, dass sie auf Grund ihres chemischen Aufbaus sehr leicht Feuchtigkeit an der Oberfläche binden (adsorbieren), die die Ausbildung von Haftungskräften behindern kann. Da die üblichen mechanischen Oberflächenvorbehandlungen wegen möglicher Mikrorissbildung in der Oberfläche und chemische Vorbehandlungen durch Ätzen mit Flusssäure wegen des dafür erforderlichen Aufwands nur sehr eingeschränkt in Frage kommen, bietet sich als Alternative ein Reinigen der Oberfläche durch Entfetten mit organischen Lösungsmitteln (Ethyl-, Isopropylalkohol, Aceton) an. Bei diesem Vorgehen ist allerdings zu beachten, dass zwar eine Entfettung erfolgt, die Entfernung des an der Oberfläche adsorbierten Wassers aber nur kurzfristig möglich ist. Durch das Verdunsten der zum Reinigen verwendeten organischen Lösungsmittel kühlt sich die Glasoberfläche ab (Verdunstungskälte), was wiederum zu einer, z. T. verstärkten Feuchtigkeitsadsorption im Bereich der Klebstelle führt. Es empfiehlt sich demnach, nach dem Entfetten und vor dem Klebstoffauftrag die Klebfläche mit einem Föhn auf ca. 40–45 °C zu erwärmen, damit adsorbiertes Wasser verdunstet und anschließend sofort den Klebstoff aufzutragen. Durch das Auftragen des Klebstoffs auf die erwärmte Oberfläche verringert sich allerdings seine offene Zeit, die Fügeteile müssen dann also umgehend fixiert werden.

Ein moderates „Schleifen" mit einem Haushaltsreinigungspulver kann – mit nachträglichem Entfetten – ergänzend empfohlen werden.

9.3.2 Glas-Glas-Klebungen

Zur Vermeidung innerer Spannungen durch Wärmebelastung wird empfohlen, nur bei Raumtemperatur aushärtende Klebstoffe zu verwenden. Eingeschränkt wird die Klebstoffauswahl dadurch, dass bei vielen Anwendungen eine „unsichtbare" Klebfuge gefordert wird. In diesen Fällen scheiden Klebstoffe mit Füllstoffen aus, Cyanacrylate und insbesondere die strahlungshärtenden Produkte (Abschn. 9.3.3.) sind dann die Klebstoffe der Wahl. Ist das optische Erscheinungsbild der Klebung kein Kriterium, werden die zweikomponentigen Reaktionsklebstoffe auf Basis Epoxid, Polyurethan, Methacrylat, Kontaktklebstoffe und ggf. Haftklebebänder empfohlen.

Nicht empfohlene Klebstoffe:

- Schmelzklebstoffe wegen der hohen Temperatur der Schmelze und der sehr geringen Wärmeleitfähigkeit von Glas (Bruchgefahr),
- Lösungsmittelklebstoffe,
- Dispersionsklebstoffe.

In vielen Fällen werden Glas – und auch Porzellanklebungen – als Reparatur im Haushalt durchgeführt. In diesen Fällen ist darauf hinzuweisen, dass im Vergleich zu den 2K-Reaktionsklebstoffen, speziell den Epoxiden, die Cyanacrylate nur eine eingeschränkte Klebfestigkeit gegenüber den hohen Temperatur- und Feuchtigkeitsbeanspruchungen in Verbindung mit Spülmitteln in den Reinigungsgeräten aufweisen.

9.3.3 Glasklebungen mit strahlungshärtenden Klebstoffen

Die Klebeigenschaften der UV-härtenden Klebstoffe (Abschn. 4.3.2) sind abhängig von der Wellenlänge der Strahlung (nm = Nanometer), der Bestrahlungsstärke (W/cm^2) und

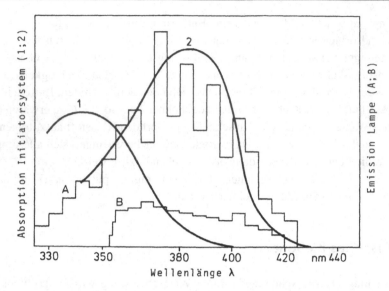

Abb. 9.3 Zusammenhang zwischen Strahler-Emissionsspektrum und Photoinitiator-Absorptionsspektrum

bei Bahnbeschichtungen von der Bestrahlungs-/Bahnbreite (cm), der Verweilzeit der zu härtenden Klebschicht (s). Diese ergibt sich aus der Bahngeschwindigkeit (m/s). Aus den vorstehenden Daten resultieren als Maß die UV-Dosis oder die UV-Energiedichte (J/cm^2). Hieraus ist bei der Anwendung strahlungshärtender Klebstoffe abzuleiten, dass der verwendete Klebstoff und die UV-Strahlungsquelle hinsichtlich des Strahlungsspektrums aufeinander abgestimmt sind. Die in dem UV-Klebstoff enthaltenen Photoinitiatoren erfordern jeweils spezifische Wellenlängen, damit der Klebstoff aushärten kann und so eine dauerhaft feste und beanspruchungsgerechte Klebschicht bildet.

Aus Abb. 9.3 geht schematisch der Zusammenhang zwischen dem Emissionsspektrum eines Strahlers und dem Absorptionsspektrum eines Photoinitiators hervor. Es zeigt sich, dass der Klebstoff 1 mit der Strahlungsquelle A nur schwer, mit B gar nicht zu härten ist, während der Klebstoff 2 mit beiden Strahlungsquellen (mit A allerdings schneller als mit B) vernetzbar ist.

Unter Berücksichtigung dieses Sachverhaltes empfiehlt es sich, Klebstoff und Strahlungsquelle als „System" für den jeweiligen Anwendungszweck von *einem* Lieferanten zu kaufen. Ergänzend gilt, dass eine „Glasdurchsichtigkeit" im sichtbaren Bereich nicht unbedingt auch eine ausreichende UV-Durchlässigkeit ergibt. Je nach Glaszusammensetzung und Werkstoffdicke kann die die Klebschicht erreichende Strahlungsenergie sehr unterschiedlich sein. In jedem Fall ist daher die UV-Durchlässigkeit des Glases mittels eines UV-Messgerätes zu überprüfen.

Da die aufgetragene Klebschicht die UV-Strahlung absorbiert, erhalten „dickere" Klebschichten eine zunehmend geringere Strahlungsenergie mit dem Ergebnis einer ungleich-

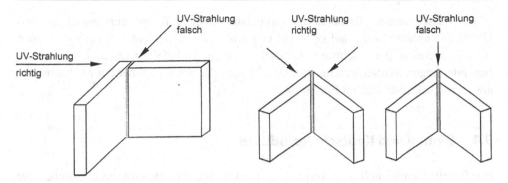

Abb. 9.4 Richtige und falsche UV-Strahlungshärtung

mäßigen Klebschichtaushärtung. Aus diesem Grund ist die in Abb. 9.4 dargestellte Anordnung von Strahler zu Klebfläche zu beachten.

Neben der UV-Technologie haben in der Vergangenheit UV-/LED-Aushärtungssysteme an Bedeutung gewonnen (**L**icht **E**mittierende **D**ioden – light emitting diodes). Gründe dafür sind u. a. geringere Betriebskosten, lange Nutzungsdauer und ein geringerer Wärmeeintrag in den Klebebereich. Bei den LEDs handelt es sich um Halbleiterdioden, die bei Anlegen einer Spannung Licht in einem definierten Wellenlängenbereich emittieren. Im Unterschied zu UV-Strahlern sind diese Bereiche schmaler, mit Peaks bei ca. 365 nm, 400 nm, 470 nm, jedoch mit deutlich höheren Intensitäten. Wie bei UV ist auch bei den LEDs darauf zu achten, dass die Absorptionsspektren der Photoinitiatoren mit den Emissionspeaks der Strahlungsquelle kompatibel sind. Diese Zusammenhänge sollten für den Anwender ebenfalls ein Grund sein, bei dieser Technologie eng mit einem Lieferanten zusammenzuarbeiten, der Klebstoff und Technologie „aus einer Hand" anbietet.

9.3.4 Glas-Metall-Klebungen

Die im Wesentlichen zu beachtenden Grundsätze bei derartigen Werkstoffkombinationen sind bereits in Abschn. 9.2.9 über Kunststoff-Metall-Klebungen erörtert worden. Auch bei der Fügeteilkombination Metall-Glas ist bei Wärmebeanspruchung der unterschiedliche Ausdehnungskoeffizient beider Werkstoffe zu beachten. Metalle wie Aluminium, Stähle, Kupfer, Messing dehnen sich ca. doppelt so stark aus wie normale Gläser. Klebschichten aus Epoxidharzen, Phenolharzen oder Acrylaten besitzen gegenüber Gläsern eine ca. zehnmal so große Wärmeausdehnung. Um Spannungen in der Klebung zu vermeiden, sollten die verbindenden Klebschichten daher über ein ausreichendes Verformungsvermögen verfügen (Polyurethane, spezielle flexibel eingestellte Epoxidharzklebstoffe, Kontaktklebstoffe), keinesfalls starr und spröde sein. Um unnötige Wärmebeanspruchungen bereits bei der Herstellung der Klebung zu vermeiden, empfiehlt es sich, auch in diesen Fällen nur kalthärtende Klebstoffsysteme einzusetzen.

Bei Glasklebungen, die hohen Beanspruchungen durch Temperaturunterschiede und UV-Strahlung ausgesetzt sind (z. B. bei in Karosserien eingeklebten Scheiben) werden die Klebebereiche durch schwarze Keramikschichten, die bei der Herstellung der Scheiben aufgetragen werden, geschützt. Ebenfalls vom Klebstoffhersteller auf die Klebstoffe abgestimmte Primer sind im Einsatz.

9.4   Gummi und Kautschukprodukte

Der Begriff Gummi stellt eine verbreitete Bezeichnung für vulkanisierte natürliche oder synthetische Kautschuke dar. Je nach Vernetzungsgrad unterscheidet man zwischen Weich- und Hartgummi. Unter Kautschuken versteht man unvernetzte, aber vernetzbare (vulkanisierbare) Polymere mit bei Raumtemperatur gummielastischen Eigenschaften. Der Begriff Kautschuk ist indianischen Ursprungs und leitet sich ab von *caa* = Tränen und *ochu* = Baum oder auch *cahuchu* = weinender Baum, basierend auf dem tropfenweisen Herausfließen von Latex nach Einschneiden der Rinde von Gummibäumen (hevea brasiliensis).

Die verschiedenen Gummisorten und Kautschukprodukte besitzen ein großes Dehnvermögen (Elastizität). Aus diesem Grunde müssen sich die verbindenden Klebschichten bei Beanspruchungen ebenfalls in gleicher Weise verformen können. Als Klebstoffe besonders geeignet sind Lösungsmittelklebstoffe mit Gummi- bzw. Kautschukanteilen („Gummilösungen") und Kontaktklebstoffe. Der Klebvorgang basiert im ersten Fall dann auf dem Prinzip der in Abschn. 9.2.5 beschriebenen Diffusionsklebung. Als Reaktionsklebstoffe besonders geeignet sind Polyurethane und Cyanacrylate. Letztere werden vorteilhaft für Stumpf- bzw. Stoßklebungen zur Herstellung von Gummiringen für Dichtungszwecke eingesetzt. Für diese Anwendungen sind Ausrüstungen mit Gummiprofilen verschiedener Querschnitte, Schneidvorrichtung, Klebstoff und Maßangaben im Handel. Das wegen seiner sehr guten Alterungsbeständigkeit im Fahrzeugbau umfangreich eingesetzte EPDM-„Gummi" (gehört in die Gruppe der thermoplastischen Elastomere) lässt sich auf Grund seiner chemischen Zusammensetzung und der vielfältigen Formulierungen nur sehr eingeschränkt kleben. Als Klebstoff können Cyanacrylate empfohlen werden, auf jeden Fall sind entsprechende Versuche erforderlich, da nicht alle EPDM-Typen eine gleiche Klebbarkeit besitzen.

Gummi-Metall-Klebungen lassen sich wegen der Unlöslichkeit von Metallen in Lösungsmitteln nur mit lösungsmittelfreien Reaktionsklebstoffen oder auch Kontaktklebstoffen nach entsprechender Vorbehandlung herstellen. Bei den Gummi-Metall Bindungen, die im Fahrzeugbau als Dämpfungs- bzw. Schwingelemente im Einsatz sind, erfolgt die Verbindungsbildung während der Vulkanisation. Der Begriff Vulkanisation geht zurück auf die von Goodyear um 1840 entwickelte Methode zur Vernetzung von Naturkautschuk unter gleichzeitiger Einwirkung von Schwefel und Hitze, die als Begleiterscheinungen des „Vulkanismus" bekannt waren.

Da die verschiedenen Gummiqualitäten häufig Bestandteile aufweisen, die an die Oberfläche diffundieren können oder die an der Oberfläche mit Verarbeitungshilfsmitteln beschichtet sind (z. B. Talkum), empfiehlt es sich, die Oberfläche mechanisch aufzurauen oder – wenn möglich – die äußere Schicht (ca. 0,1–0,2 mm) z. B. bei Gummiprofilen, geradflächig abzuschneiden (eine Rasierklinge bzw. ein scharfes Messer ergeben einen planeren Schnitt als eine Schere).

9.5   Holz und Holzprodukte

Als Naturprodukt zeichnet sich Holz durch eine mehr oder weniger stark ausgeprägte poröse Struktur aus. Weiterhin ist bei Holz der mögliche Feuchtigkeitsgehalt mit seinen Auswirkungen auf den aufgetragenen Klebstoff und sein Aushärtungsverhalten zu beachten:

- Bei Dispersionsklebstoffen kann eine zu hohe Holzfeuchte das Eindringen von Wasser aus der Dispersion in den Werkstoff verzögern und somit die Abbindezeit verlängern.
- Bei Kondensationsklebstoffen, deren Härtung unter Wasserabspaltung erfolgt, besteht die Möglichkeit des Wassereinschlusses in die Klebschicht mit nachfolgenden Schwindungserscheinungen.
- Bei Schmelzklebstoffen kann ein hoher Feuchtigkeitsgehalt wegen der hohen Temperatur der Schmelze zu einer Bildung von Wasserdampf zum Zeitpunkt des Benetzungsvorganges führen und somit die Bindungskräfte herabsetzen.

Praktische Erfahrungen belegen, dass die Holzfeuchtigkeit einen Wert von 8–10 % nicht übersteigen soll. Die Klebstoffauswahl erfolgt nach der Art der durchzuführenden Klebungen und den Beanspruchungsarten:

- Als *Klebungsarten* werden die Flächen-, Fugen- und Montageklebungen unterschieden. Charakteristisches Merkmal für den einzusetzenden Klebstoff ist dabei seine offene Zeit, die bei Flächenklebungen (Furniere, Schichtpressstoffplatten) wesentlich größer sein muss als beispielsweise bei der Befestigung von Dübeln oder der Montage von Eckverbindungen. Während im ersteren Fall die Verarbeitung warmhärtender Klebstoffe über beheizte Pressen erfolgt, ist die Herstellung von Montageklebungen mit Schmelzklebstoffen oder schnell abbindenden Dipersionen möglich.
- Die *Beanspruchungsarten* werden durch die Bedingungen der zu erwartenden klimatischen Einwirkungen, speziell der Feuchtigkeit, beschrieben.

Ein spezielles Einsatzgebiet in der Holz- und Möbelindustrie ist die Kantenklebung. Bei Spanplatten ergibt sich die Notwendigkeit, die Schnittkanten aus optischen und funktionalen Gründen zu beschichten. Mit „Kantenbändern", schmale Streifen aus Furnier, thermoplastischen Kunststoffen oder auch Aluminium, die mit Heißsiegelklebstoffen beschichtet sind, entsteht unter Wärmeeinwirkung (Bügeleisenprinzip, siehe auch Abschn. 5.1) die Klebung. Als Wärmequellen werden ebenfalls Wärmestrahler, Laser- und Plasmatechniken eingesetzt.

Beim Kleben von Holzerzeugnissen ist im Rahmen der Diskussionen über Umweltbelastungen das Formaldehyd einbezogen worden. Diese Verbindung ist eine wichtige „Komponente" bei der Herstellung von Holzklebstoffen wie Harnstoff-/Melamin-Formaldehydharz-Formulierungen, deren Einsatz als Bindemittel für beispielsweise Span- und Faserplatten, Küchenarbeitsplatten erfolgt. Alternative, formaldehydfreie Klebstoffentwicklungen basieren auf Polyurethanen, thermisch vernetzenden Acrylaten, Polyvinylacetat-Dispersionen.

Für den konstruktiven Holzbau sind als Verbindungselemente Holz-zu-Holz- oder Holz-zu-Stahl-Gewindestangen in Anwendung, die in die Holzprofile mit hochfesten und alterungsbeständigen Klebstoffen (EP, PU) geklebt werden. Die Aushärtung wird, da Holz kein Wärmeleiter ist, über die Gewindestangen induktiv durchgeführt.

Empfohlene Klebstoffe:

- Dispersionsklebstoffe für klein- und großflächige Verklebungen,
- Schmelzklebstoffe für kleinflächige Verklebungen (wegen der geringen offenen Zeit),
- Kontaktklebstoffe,
- Lösungsmittelklebstoffe,
- Polykondensationsklebstoffe (in der Regel für den industriellen Einsatz) auf Basis von Phenol-, Resorcin-, Harnstoff-, Melamin-Formaldehydharzen. Für die Verarbeitung dieser Klebstoffe, die insbesondere für Holzkonstruktionen in feuchtigkeitsbelasteten Gebäuden, z. B. Schwimmbädern, eingesetzt werden, sind beheizbare Pressen erforderlich,
- Polyurethanklebstoffe.

Von besonderer Bedeutung sind die sog. *Weißleime*. Die chemische Basis ist Polyvinylacetat (PVA), die Klebungen – oder traditionell Verleimungen – zeichnen sich durch sehr hohe Festigkeiten aus, die bei zerstörenden Prüfungen in der Regel zu Fügeteilbrüchen führen. Es ist empfehlenswert, die hergestellte Klebung zur Vermeidung möglicher Spannungen unter gleichmäßigem Druck (Zwinge) noch über die erforderliche Abbindezeit hinaus fixiert zu lassen.

Kontaktklebstoffe eignen sich besonders für das Aufkleben von Kunststoffbeschichtungen (Harnstoff-, Melaminharz) und auch für Kombinationen Holz-Leder, Textilien, Furniere.

9.6   Poröse Werkstoffe

Zu diesem Bereich gehören insbesondere die Werkstoffgruppen

a) Papier, Pappe, Karton, Fotos;
b) Holz, Sperrholz, Balsaholz, Spanplatten, Furniere, Kork;
c) Textilien, Filz, Leder (als typische Vertreter flexibler Werkstoffe);
d) Porzellan, Keramik, gebrannter Ton, Beton, Marmor, Kunststeine;
e) Kunststoffschäume (s. Abschn. 9.2.8).

Das besondere klebtechnische Verhalten dieser Werkstoffe ist in der jeweiligen Oberflächenstruktur zu sehen, durch die die in Abschn. 6.1 beschriebene formschlüssige Adhäsion eine besondere Bedeutung erlangt.

Bei der Klebstoffauswahl sind die folgenden Werkstoffeigenschaften besonders zu beachten:

- Oberflächenstruktur, d. h. Porengröße sowie die Rauheit der Oberfläche,
- Verformungsverhalten, Flexibilität.

Die Klebstoffe sind daher nach den Kriterien

- Viskosität,
- Verformungsfähigkeit der Klebschicht,

auszuwählen.

Empfohlene Klebstoffe:

Gruppe a: Lösungsmittelklebstoffe, Schmelzklebstoffe (Pappen, Kartonagen), Dispersionsklebstoffe (weitere Informationen siehe Abschn. 5.2).
Tipp: Für das Kleben von Papieren, Pappen, Fotos o. ä. bieten sich wegen der bequemen Anwendung auch Klebestifte (Abschn. 5.8) an, die sowohl für wiederablösbare als auch für nichtablösbare Klebungen erhältlich sind.
Gruppe b: Lösungsmittelklebstoffe, Dispersionen, Schmelzklebstoffe, Kontaktklebstoffe (Weitere Informationen siehe Abschn. 9.5).
Gruppe c: Schmelzklebstofffolien (Heißsiegeln), Kontaktklebstoffe, Lösungsmittelklebstoffe.
Gruppe d: Lösungsmittelklebstoffe, 2K-Epoxidharzklebstoffe, 2K-Methacrylate für Montagezwecke (Spachteln, Füllen, Glätten, Dichten etc.). Für diese Anwendungen bietet der Markt eine Vielzahl sog. *Bauklebstoffe* an.

Festigkeit, Berechnung und Prüfung von Klebungen

10

10.1 Begriff der Festigkeit

Was verstehen wir unter der *Festigkeit* eines Werkstoffs oder einer Klebung? Bewusst oder unbewusst unterscheiden wir Werkstoffe nach ihrem Festigkeitsverhalten. So wird z. B. ein Stahl als „fest" bezeichnet, weil man ihn durch Kräfte belasten kann, z. B. ein Stahlseil durch Zugbelastung. Als weniger fest sieht man demgegenüber Kunststoffe wie Polyethylen oder Plexiglas an, als „weich" bezeichnen wir z. B. Gummi. „Fest" ist demnach ein Werkstoff dann, wenn er sich unter Einwirkung äußerer Kräfte gar nicht oder nur wenig verformt. Weniger feste Werkstoffe zeigen eine sichtbare Verformung (z. B. ein Kunststoffseil) und „weiche" Werkstoffe wie Gummi lassen sich mit geringem Kraftaufwand über große Bereiche verformen (dehnen). Die wesentliche Ursache für diese verschiedenen Erscheinungsformen ist die in Abschn. 6.5 beschriebene „innere Festigkeit", die „Kohäsion" der Werkstoffe, die in ihrem unterschiedlichen Atom- bzw. Molekülaufbau begründet ist.

Für die Erklärung der Festigkeit soll das nachfolgende Beispiel dienen: Ein Draht mit einem Querschnitt von 1 Quadratmillimeter (mm²) wird in einer Zerreißmaschine nach Einspannen der beiden Drahtenden zerrissen (Abb. 10.1).

Hierfür benötigt man eine bestimmte Kraft F (abgeleitet aus dem Englischen *force* = Kraft). Im zweiten Versuch wird ein Draht mit dem Querschnitt von 2 mm² zerrissen, dafür ist die doppelte Kraft, also 2 F, erforderlich. Ist dieser Draht deshalb aber auch doppelt so „fest" wie der Draht mit 1 mm² Querschnitt? Das ist sicher nicht der Fall, denn die doppelte Kraft ist nur erforderlich, weil der Querschnitt doppelt so groß ist. Man erkennt

Abb. 10.1 Zerreißversuch

© Springer Fachmedien Wiesbaden 2016
G. Habenicht, *Kleben - erfolgreich und fehlerfrei*, DOI 10.1007/978-3-658-14696-2_10

also, dass aufzuwendende Kraft und Festigkeit nicht das Gleiche sind. Die Kraft, die zum Zerreißen aufgewendet werden muss, ist also vom Querschnitt der Probe abhängig.

Nach einer internationalen Vereinbarung wird die Kraft in einer festgelegten Einheit gemessen, die mit „Newton" bezeichnet wird, in Erinnerung an den englischen Physiker Isaac Newton (1643–1727). Die Abkürzung ist „N".

Im Fall des Zerreißens des 1 mm²-Drahtes soll beispielsweise an der Prüfmaschine eine Kraft von

$$240\,\mathrm{N}$$

bei dem doppelt so dicken Draht die Kraft von

$$480\,\mathrm{N}$$

gemessen worden sein. Um beide Werte miteinander vergleichen zu können, muss man sie auf den gleichen Querschnitt beziehen; das ist vereinbarungsgemäß der Wert von 1 mm². Somit ergibt sich, dass für den 2 mm² Draht die gemessene Kraft von 480 N durch die Zahl 2 zu dividieren ist:

$$\frac{480\,\mathrm{N}}{2} = 240\,\mathrm{N}$$

Bezogen auf den gleichen Querschnitt ist also für beide Drähte auch die gleiche Kraft zum Zerreißen erforderlich. Hieraus kann jetzt der Begriff der „Festigkeit" abgeleitet werden. Er stellt die für 1 mm² Querschnittsfläche eines Werkstoffs erforderliche Zerreißkraft dar:

$$\text{Festigkeit eines Werkstoffs} = \frac{\text{zum Zerreissen erforderliche Kraft}}{\text{Fläche in mm}^2}\left[\frac{\mathrm{N}}{\mathrm{mm}^2}\right].$$

Die geprüften Drähte haben demnach beide die gleiche Festigkeit von

$$\frac{240\,\mathrm{N}}{1\,\mathrm{mm}^2} = 240\,\frac{\mathrm{N}}{\mathrm{mm}^2}$$

bzw.

$$\frac{480\,\mathrm{N}}{2\,\mathrm{mm}^2} = 240\,\frac{\mathrm{N}}{\mathrm{mm}^2}.$$

Unabhängig von den Abmessungen eines Prüfkörpers erhält man auf diese Weise immer vergleichbare Festigkeitswerte. Diese Zusammenhänge beziehen sich auch auf Klebungen, bei denen sich für die zerstörende Prüfung von überlappten Prüfkörpern (Abb. 10.2) der Begriff *Klebfestigkeit* eingeführt hat. Abgekürzt wird er mit dem griechischen Buchstaben τ (gesprochen *tau*) versehen mit dem Index B:

$$\text{Klebfestigkeit } \tau_\mathrm{B} = \frac{\text{maximale Kraft F}_{max}\text{ beim Bruch der Klebung}}{\text{Klebfläche A}} = \frac{\mathrm{F}_{max}}{\mathrm{A}}\left[\frac{\mathrm{N}}{\mathrm{mm}^2}\right].$$

Bemerkung:

Die vorstehende Dimension für die Festigkeit bzw. Klebfestigkeit in N/mm^2, d. h. die erforderliche Kraft, um einen Werkstoff oder eine Klebung mit einer spezifischen Fläche bis zum Bruch belasten zu können, ist didaktisch betrachtet leicht verständlich. Im Zuge der Arbeiten zur Neugestaltung bzw. Ergänzung von Normen ist auch in der Klebtechnik die Dimension

$$\text{MPa (Megapascal)}$$

eingeführt worden. Sie leitet sich ursprünglich ab von der Einheit für den auf eine Fläche wirkenden Druck

$$1\,\text{Pa}\,(1\,\text{Pa}) = 1\,\text{N pro Quadratmeter} = 1\,\text{N/m}^2.$$

Benannt ist sie nach dem französischen Physiker Blaise Pascal (1623–1662). So wird u. a. der Luftdruck in Hektopascal (hPa = 10^2 Pa, früher 1 Atmosphäre atm = 1013,25 hPa) angegeben. Grundlage ist das Gesetz über Einheiten im Messwesen (SI-Einheiten) aus dem Jahre 1978.

Diese Einheit ist auf jede flächen- bzw. querschnittsbezogene Kraft anwendbar. Aus der Beziehung

$$1\,\text{Pa} = 1\,\text{N/m}^2 = 1\,\text{N}/1000 \times 1000\,\text{mm}^2$$

$$1.000.000\,\text{Pa} = 1\,\text{N/mm}^2$$

ergibt sich

$$1\,\text{MPa} = 1\,\text{N/mm}^2$$

$$\left(\text{M} = \text{Mega für das millionenfache} = 10^6\right).$$

Somit entsprechen die in der Literatur häufig zitierten Festigkeitswerte in N/mm^2 in gleicher Weise den Angaben in MPa.

10.2 Prüfverfahren und Normen

Die wichtigsten Prüfungen an Klebungen sind darauf ausgerichtet, deren Festigkeit unter genau definierten Bedingungen zu ermitteln. Damit derartige Prüfungen an verschiedenen Prüfstellen, z. B. beim Klebstoffhersteller und beim Klebstoffanwender, Ergebnisse liefern, die miteinander verglichen werden können, sind die Prüfbedingungen exakt festgelegt und verbindlich. Die Zusammenstellung in Abschn. 10.2.6 beinhaltet ausgewählte Normen, die für die Klebtechnik eine besondere Bedeutung besitzen. Sie sollen die Möglichkeiten der ergänzenden Informationsbeschaffung abrunden. An der Erstellung neuer bzw. Aktualisierung bereits vorhandener Normen sind in enger Zusammenarbeit beteiligt

DIN Deutsches Institut für Normung e. V.
CEN Comité Européenne Normalisation.
ISO International Standard Organisation.

Vom DIN als deutsche Mitgliedsorganisation des CEN in deutscher Sprache veröffentlichte Europäische Normen tragen die Bezeichnung DIN EN ..., bei Inhaltsgleichheit mit ISO-Normen lautet die Bezeichnung DIN EN ISO ...

Die kontinuierlich fortschreitende technische Entwicklung führt zwangsläufig zu Veränderungen in diesem Normenwerk. Die jeweils letzte Ausgabe einer Norm kann erfragt werden beim

Beuth-Verlag GmbH, Burggrafenstraße 6, 10787 Berlin (www.beuth.de).

Eine sehr ausführliche Aufstellung der Normen zur Klebtechnik und verwandten Gebieten befindet sich in der Literaturstelle Kap. 14 [10], S. 821–836 mit mehr als 200 Normen, ergänzt mit einer relevanten Auswahl an ASTM-Methoden (American Society for Testing Materials).

10.2.1 Prüfung der Klebfestigkeit

Diese Prüfung erfolgt nach der Norm DIN EN 1465 *Klebstoffe – Bestimmung der Zugscherfestigkeit hochfester Überlappungsklebungen*. Die Probe besitzt die folgenden Abmessungen.

Als Zugscherfestigkeit (Klebfestigkeit) im Sinne dieser Norm ist die maximale Kraft F_{max} beim Bruch der Klebung bezogen auf die Klebfläche A definiert. Die Klebfläche A ergibt sich aus der Probenbreite b (25 mm) und der Überlappungslänge $l_{ü}$ (12,5 mm):

$$A = b \cdot l_{ü} = 25 \cdot 12,5 = 312,5 \, \text{mm}^2.$$

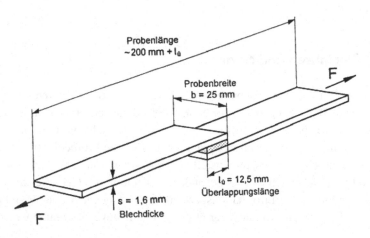

Abb. 10.2 Einschnittig überlappter Probenkörper nach DIN EN 1465

Berechnungsbeispiel:

Wie groß ist die Klebfestigkeit einer einschnittig überlappten Klebung mit den oben erwähnten Abmessungen, wenn an der Prüfmaschine eine maximale Kraft von 7500 N beim Bruch der Klebung gemessen wird?

Lösung:

$$\tau_B = \frac{F_{max}}{A} = \frac{F_{max}}{b \cdot l_{\ddot{u}}} = \frac{7500}{25 \cdot 12,5} = 24 \, \frac{N}{mm^2}.$$

Bei diesem Beispiel handelt es sich um eine sehr vereinfachte Darstellung des Sachverhaltes, dennoch lassen sich die folgenden Richtwerte der nach dieser Methode ermittelten Klebfestigkeiten den nachstehenden Klebstoffen zuordnen:

	Klebfestigkeit τ_B MPa (N/mm²)
Warm-/heißgehärtete, stark vernetzte Polyadditionsklebstoffe (Epoxid-, Phenolharze)	25–35
Bei Raumtemperatur ausgehärtete Epoxidharzklebstoffe	20–30
Bei Raumtemperatur ausgehärtete Polymerisationsklebstoffe (Methacrylate, Cyanacrylate)	10–20
Reaktive Polyurethan-Schmelzklebstoffe	5–10
Schmelzklebstoffe (Thermoplaste)	10–15

Für konstruktive Berechnungen sind diese Angaben aus Gründen, die im folgenden Abschnitt beschrieben werden, jedoch nur eingeschränkt geeignet.

10.2.2 Spannungen in einschnittig überlappten Klebungen

Die Bestimmung „reiner", nur für die Klebschicht charakteristischer Festigkeitswerte, ist mit der in Abb. 10.2 dargestellten Probengeometrie nach DIN EN 1465 aus den folgenden Gründen nicht möglich (Abb. 10.3).

- Die Kraft F greift exzentrisch an, dadurch kommt es zu einer Verformung (Biegung) der Fügeteile im Bereich der beiden Überlappungsenden.
- Hieraus resultiert in diesen Bereichen eine erhöhte Beanspruchung der Klebschicht durch Zugspannungen σ_z (Normalspannungen, Schälspannungen), verursacht durch das Biegemoment M_b.
- Die im Bereich der Überlappungsenden durch den Kraftangriff erfolgende Fügeteildehnung führt zu Zug- und Schubspannungen parallel zur Klebfläche (τ_ε).
- Die parallel zur Klebfläche auftretenden Fügeteilverschiebungen erzeugen Schubspannungen (τ_v).

Abb. 10.3 Zugscherbeanspruchung einer einschnittig überlappten Klebung

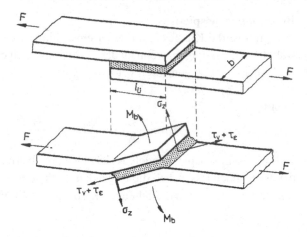

Die vorstehend beschriebenen sich überlagernden Spannungen sind die Ursache dafür, dass mit dieser Klebfugengeometrie keine reinen Schubspannungen als Basis für konstruktive Berechnungen ermittelt werden können. Der gemessene „Festigkeitswert" ist ein komplexer Wert, in den sowohl die Fügeteil- als auch die Klebschichteigenschaften eingehen. Der für die „Klebfestigkeit" normenmäßig festgelegte Begriff „Zugscherfestigkeit" basiert auf diesen bei dieser Prüfmethode gleichzeitig auftretenden Zug- und Scher-(Schub-)Beanspruchungen.

Je nach Festigkeit der Fügeteilwerkstoffe, ihrer Dicke und der Überlappungslänge führt die einwirkende Kraft zu hohen Spannungsspitzen an den Überlappungsenden, so dass die dort befindlichen Klebschichtbereiche entsprechend hohen Beanspruchungen ausgesetzt sind. Diese können zu einer Rissbildung führen, die sich dann – in Beanspruchungsrichtung gesehen – von beiden Seiten der Klebung zur Mitte der Klebfläche bis zu ihrem Bruch fortsetzen. Das „Tragverhalten" der Klebung ist, über die Überlappungslänge gesehen, somit nicht gleichmäßig, sondern „inhomogen". Dieser Sachverhalt führt zu der Aussage, dass sich durch Vergrößerung der Überlappungslänge bei konstanter Fügeteilbreite keine proportional größeren Kräfte übertragen lassen. In Kenntnis der Fügeteildicke s lässt sich bei metallischen oder auch hochfesten nichtmetallischen Werkstoffen in grober Annäherung die zu wählende Überlappungslänge $l_ü$ nach der Beziehung

$$l_ü \approx 10 \cdot s$$

dimensionieren.

Für ein Stahlblech der Dicke 0,8 mm ergäbe sich nach vorstehender Beziehung ein Wert für die Überlappungslänge von $l_ü \approx 8$ mm. Bei einer Fügeteilbreite von 25 mm und einer Klebfestigkeit des Klebstoffs von $\tau_B = 20$ N/mm^2 lässt sich dann eine Kraft von

$$F = \tau_B \cdot b \cdot l_ü = 20 \cdot 25 \cdot 8 = 4000\,\text{N}$$

übertragen.

Abb. 10.4 Schubbeanspruchung einer einschnittig überlappten Klebung

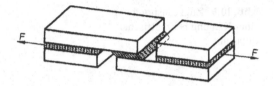

Es sei an dieser Stelle nochmals betont, dass auf diese Weise nur Größenordnungen bezüglich Fügeteilgeometrien und zu übertragender Kräfte berechnet werden können. Ein sehr genaues Berechnungsverfahren unter Berücksichtigung der komplexen Einflussgrößen Klebstoff, Fügeteilwerkstoff, Klebfugengeometrie sowie weiterer Parameter liegt mit der Methode der Finiten Elemente (FEM) vor, die allerdings einen hohen Aufwand hinsichtlich rechnergestützter Berechnungsansätze erfordert. Als weitere Einflussgrößen sind Abminderungsfaktoren für dynamische und Umweltbelastungen sowie für Langzeitbeständigkeiten zu berücksichtigen.

10.2.3   Prüfung der Schubfestigkeit

Um weitgehend „reine" Festigkeitskennwerte für die Klebschicht ermitteln zu können, müssen während der Prüfung die beiden Einflussgrößen „exzentrischer Kraftangriff" und „Fügeteildehnung/Verformung" eliminiert werden. Das geschieht durch die in Abb. 10.4 dargestellt Probengeometrie nach der Norm ISO 11003-2 „Scherprüfverfahren für dicke Fügeteile".

Die zentrische Krafteinleitung wird erreicht durch die in gleicher Fügeteildicke auf die Fügeteile im Bereich der Krafteinleitung aufgeklebten Abschnitte. Die Fügeteildehnung wird eliminiert durch eine größere Fügeteildicke (5 mm statt 1,6 mm) und eine reduzierte Überlappungslänge. Den jeweiligen Prüfergebnissen liegt wegen der homogenen Spannungsverteilung somit ein definierter Schubspannungszustand zu Grunde. Auf diese Weise sind weitgehend fügeteilunabhängige Klebschichtkennwerte wie Schubmodul, Schubfestigkeit und Verformungsverhalten als Grundlage für genaue Berechnungen verfügbar.

10.2.4   Prüfung der Zugfestigkeit

Wird eine Klebung zwischen zwei starren Fügeteilen entsprechend Abb. 10.5 senkrecht und momentenfrei durch eine zentrisch angreifende Kraft belastet, so entsteht in der Klebschicht eine reine Zugspannung. Die Höhe dieser Zugspannung ergibt sich als Quotient der einwirkenden Kraft F und der Klebfläche A zu $\sigma_z = F/A$. Bei zunehmender Belastung tritt der Bruch in der Klebschicht dann ein, wenn die sich aus der Höchstkraft F_{max} ergebende Bruchspannung der Klebschicht $\sigma_B = F_{max}/A$ erreicht ist. Als Bruchlast der auf Zug beanspruchten Klebung resultiert dann $F_B = \sigma_B \cdot A$.

Abb. 10.5 Zugbeanspruchung
einer Klebung bei zentrischer
Belastung

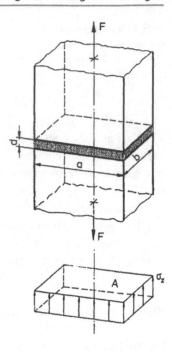

Praktisches Beispiel:

In der Fachzeitschrift Adhäsion – kleben & dichten Heft 7/8, 10, 2012 ist eine Veröffentlichung über den „Neuen Guinness-Weltrekord im Kleben" erschienen. Dieser Rekord
beruht auf folgenden Fakten:

Ein 10 Tonnen schwerer Lastkraftwagen wird über eine fachmännisch vorbereitete Klebung zwischen 2 Stahlbolzen mit einem Durchmesser von 7 cm mit einem Kran 1 Stunde
lang 1 Meter über dem Boden gehalten. Der Rekord wurde anerkannt. Wie war das möglich?

Dazu folgende Berechnung:

Die Klebfläche bei einem Bolzendurchmesser von 7 cm = 70 mm beträgt nach $A = \pi r^2$
$= 3,14 \times 35 \times 35$ mm $= 3846,5$ mm^2.

Die Beanspruchung der Klebung erfolgt über eine zentrische Zugbelastung von 10 Tonnen = 10.000 kg, das entspricht einer Last von ca. 100.000 N (genau 98.100 N).

Diese Last wirkt auf der Klebfläche von 3846,5 mm^2, somit erfolgt eine spezifische
Belastung von

$$100.000 : 3846,5 \, \text{N/mm}^2 = 26 \, \text{N/mm}^2.$$

Da die klebtechnische Erfahrung zeigt, dass hochfeste Epoxidharzklebstoffe Zugfes-
tigkeiten bis zu 30–40 N/mm^2 aufweisen können, entsprach dieser Versuch den voraus-
gegangenen Berechnungen. Eine faszinierende Demonstration für die Möglichkeiten der
Klebtechnik war dieser Versuch in jedem Fall.

10.2.5 Prüfung des Schälwiderstandes

Die Prüfung des Schälwiderstandes erfolgt nach der Norm DIN EN 1464 *Klebstoffe – Bestimmung des Schälwiderstandes von hochfesten Klebungen – Rollenschälversuch* (bzw. Winkelschälversuch) und dient der Ermittlung des Widerstandes von Metallklebungen gegen abschälende Kräfte.

Bei der Belastung dieser Probe durch die Kraft F fällt auf, dass die Kraft nicht wie bei dem Zugscherversuch auf eine Fläche A (= $b \times l_{ü}$) einwirkt, sondern auf die in Abb. 10.6 eingezeichnete Linie X ... X. Der übrige Bereich der Klebschicht bleibt unbelastet. Somit kann man in diesem Fall auch nicht von einer „Festigkeit" als „Kraft pro Fläche" sprechen, sondern nennt die auf eine Linie bezogene Kraft den *Schälwiderstand*. Zerreißt man die in Abb. 10.6 dargestellte Probe mittels der Kraft F und zeichnet die Kraft über der abgeschälten Strecke auf, ergibt sich das Schäldiagramm in Abb. 10.7.

Zur Auswertung wird wegen der auftretenden Schwankungen nur der Bereich von 30–90 % der abgeschälten Probenlänge zur Bestimmung der mittleren Trennkraft herangezogen. Der Schälwiderstand p_s ergibt sich dann unter Bezugnahme auf die Probenbreite b

$$p_s = \frac{\bar{F}}{b}.$$

Berechnungsbeispiel:
Wie groß ist der Schälwiderstand einer geklebten Probe mit der Probenbreite b = 30 mm bei einer gemessenen mittleren Trennkraft F von 22,5 N?

Lösung:
$$\text{Schälwiderstand } p_s = \frac{\text{mittlere Trennkraft}}{\text{Probenbreite}} = \frac{\bar{F}}{b} = \frac{22,5}{30} = 0,75 \, \frac{N}{mm} = 7,5 \, \frac{N}{cm}.$$

Diese Prüfmethode wird vorwiegend zur vergleichenden Beurteilung von Klebstoffen und Oberflächenvorbehandlungsverfahren genutzt, da sie Unterschiede im Adhäsions- und

Abb. 10.6 Probenkörper für den Schälversuch nach DIN EN 1464

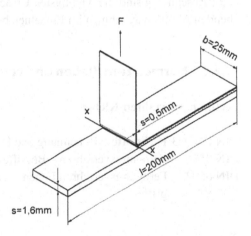

Abb. 10.7 Schäldiagramm

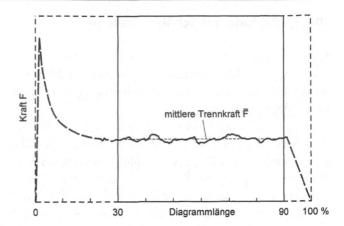

Kohäsionsverhalten der Klebschichten mit großer Empfindlichkeit anzuzeigen vermag. Auch Haftklebstoffe (Klebebänder, Klebeetiketten) werden nach diesem Prinzip geprüft.

Nach dem Zerreißen der Probe ist es nicht nur von Interesse, den Wert der mittleren Trennkraft für die Berechnung des Schälwiderstandes zu kennen; genauso wichtig ist es, die Bruchursachen in der Klebung zu ermitteln. Dazu wird, nach Möglichkeit mittels eines Mikroskopes oder Vergrößerungsglases, eine Bruchbeurteilung durchgeführt. Als Ergebnis können drei verschiedene Möglichkeiten für einen Bruch erkannt werden: Adhäsions-, Kohäsions- oder gemischter Bruch (Abschn. 10.2.7, Abb. 10.8, DIN ISO EN 10365).

Adhäsionsbrüche deuten in den meisten Fällen auf eine unzureichende Oberflächenvorbehandlung hin. Bei Mischbrüchen ist die Ursache mit hoher Wahrscheinlichkeit in einer nicht vollständigen oder ungleichmäßigen Entfettung zu sehen. Auch die nach einem Strahlen nicht durchgeführte Entfettung kann als Ursache angesehen werden für den Fall, dass die Druckluft nicht absolut fettfrei war. Zu einem Kohäsionsbruch kann es bei einer nicht vollständig ausgehärteten Klebschicht bzw. durch einen falschen Klebstoffansatz kommen.

In Abschn. 7.4 sind die wichtigsten Ursachen für aufgetretene Fehler und die entsprechenden Abhilfemaßnahmen im Einzelnen beschrieben.

10.2.6   Normen zum Kleben und verwandten Gebieten

Fertigungsverfahren Kleben

DIN EN 923 Klebstoffe – Benennung und Definitionen
DIN 8580   Fertigungsverfahren – Begriffe, Einteilung
DIN 8593   Fertigungsverfahren Fügen – Teil 8 Kleben, Einordnung, Unterteilung, Begriffe

Metallkleben

DIN EN 1464   Klebstoffe – Bestimmung des Schälwiderstandes von hochfesten
                   Klebungen – Rollenschälversuch.

DIN EN 1465   Klebstoffe – Bestimmung der Zugscherfestigkeit hochfester Überlap-
                   pungsklebungen.

DIN EN ISO 10365 Klebstoffe – Bezeichnung der wichtigsten Bruchbilder.

DIN EN 15336   Klebstoffe – Bestimmung der Zeit bis zum Bruch geklebter Fügever-
                   bindungen unter statischer Belastung.

DIN EN 15337   Klebstoffe – Bestimmung der Scherfestigkeit von anaeroben Kleb-
                   stoffen unter Verwendung von Bolzen-Hülse-Probekörpern.

DIN EN 15865   Klebstoffe – Bestimmung der Drehfestigkeit von anaeroben Kleb-
                   stoffen auf geklebten Gewinden.

DIN EN 15870   Klebstoffe – Bestimmung der Zugfestigkeit von Stumpfverbindun-
                   gen.

DIN EN 54452   Prüfung von Metallklebstoffen und Metallklebungen – Druckscher-
                   versuch.

DIN EN 54455   Prüfung von Metallklebstoffen und Metallklebungen – Torsions-
                   scherversuch.

DIN 54461   Klebstoffe – Prüfung von Kunststoff- Metall-Klebverbindungen –
                   Biegeschälversuch.

Kunststoffe

DIN EN ISO 1043   Kunststoffe – Kennbuchstaben und Kurzzeichen.

DIN EN 6060   Luft- und Raumfahrt – Faserverstärkte Kunststoffe – Prüfverfahren;
                   Bestimmung der Bindefestigkeit von einschnittig überlappten Kle-
                   bungen im Zugversuch.

DIN 7724   Polymere Werkstoffe – Gruppierung hochpolymerer Werkstoffe auf
                   Grund der Temperaturabhängigkeit ihres mechanischen Verhaltens;
                   Grundlagen, Gruppierung, Begriffe.

Dichtstoffe

DIN 18545   Abdichtungen von Verglasungen mit Dichtstoffen.

EN 26927   Dichtstoffe – Begriffe.

DIN EN 27390   Fugendichtstoffe – Bestimmung des Standvermögens.

DIN 52460   Fugen- und Glasabdichtungen – Begriffe.

Alterung/Klima

DIN EN ISO 9142   Klebstoffe – Auswahlrichtlinien für Labor-Alterungsbedingungen
                   zur Prüfung von Klebverbindungen.

DIN EN 14258	Strukturklebstoffe – Mechanisches Verhalten von Klebverbindungen bei kurzzeitiger oder langzeitiger Beanspruchung bei festgelegter Temperatur.
DIN 53286	Prüfung von Metallklebstoffen und Metallklebungen – Bedingungen für die Prüfung bei verschiedenen Temperaturen.
DIN 53287	Prüfung von Metallklebstoffen und Metallklebungen – Bestimmung der Beständigkeit gegenüber Flüssigkeiten.
DIN 54456	Prüfung von Konstruktionsklebstoffen und -klebungen – Klimabeständigkeitsversuch.

Oberflächenbehandlung

| DIN EN 13887 | Strukturklebstoffe – Leitlinien für die Oberflächenvorbehandlung von Metallen und Kunststoffen vor dem Kleben. |

Physikalische Maßeinheiten

| DIN 1342 | Viskosität – Rheologische Begriffe – Newtonsche Flüssigkeiten. |
| DIN 5031 | Strahlungsphysik im optischen und lichttechnischen Bereich. |

10.2.7 Prüfverfahren für Kurz- und Langzeitbeanspruchungen

Nur in den seltensten Fällen werden Klebungen ausschließlich bei Normalbedingungen beansprucht. Aus diesem Grunde sind Prüfungen unter den Umgebungseinflüssen Temperatur, natürlicher und ggf. künstlicher Klimate erforderlich. Die Alterungsuntersuchungen werden gewöhnlich an genormten Prüfkörpern durchgeführt, vorwiegend an einschnittig überlappten Klebungen, die den entsprechenden Umweltbedingungen ausgesetzt und anschließend nach den Festlegungen der entsprechenden Normen geprüft werden.

Die üblicherweise eingesetzten Kurzzeittests können Klebungen auf folgende Arten beanspruchen:

- Feucht-Wärme, mit jeweils definierter Feuchtigkeitskonzentration (Wasserlagerung bzw. relative Luftfeuchtigkeit) und definierter Temperatur. Als Ergebnis resultieren Quellvorgänge in der Klebschicht.
- Korrosive Medien, diese verursachen einen besonders starken Angriff und somit schon in relativ kurzer Zeit erkennbare Schädigungen in einer Klebung. Das bekannteste Prüfverfahren ist der Salzsprühtest.
- Temperaturwechsel werden unter gleichzeitigem Feuchtigkeitseinfluss in Bereichen von –40 bis 80 °C durchgeführt. Sie belasten die Klebung durch Ausdehnung und Kontraktion des in die Kleb- bzw. Grenzschicht eindiffundierten Wassers.

Die wichtigsten Normen sind:

DIN EN ISO 9142	Klebstoffe – Auswahlrichtlinien für Labor-Alterungsbedingungen zur Prüfung von Klebverbindungen.
DIN EN ISO 10365	Klebstoffe – Bezeichnung der wichtigsten Bruchbilder.
ISO 14615	Klebstoffe – Haltbarkeit von hochbelastbaren Klebstoffverbindungen – Lagerung in Feuchte und Temperatur unter Belastung.
DIN 50021	Sprühnebelprüfungen mit verschiedenen Natriumchloridlösungen.
DIN 53286	Prüfung von Metallklebstoffen und Metallklebungen – Bedingungen für die Prüfung bei verschiedenen Temperaturen.
DIN 54456	Prüfung von Konstruktionsklebstoffen und -klebungen – Klimabeständigkeitsversuch.

Neben den in Normen festgelegten Prüfungen existiert eine Vielzahl firmenspezifischer Testmethoden.

Unabhängig von den eingesetzten Prüfverfahren und den erhaltenen Ergebnissen ist es erforderlich, eine genaue Analyse der Versagensursache vorzunehmen. Hierfür dienen „Bruchart-Zeit-Schaubilder", bei denen eine Zuordnung der Versagensmechanismen über den Prüfzeitraum erfolgt (Adhäsionsbruch, Kohäsionsbruch, Fügeteilbruch, Korrosion, s. a. Abb. 7.8 und 10.8).

Als Maß für die an den Klebungen eingetretenen Schädigungen gilt der Festigkeitsabfall der gealterten gegenüber den nicht gealterten Prüfkörpern, der in Form von Abminderungsfaktoren angegeben werden kann (Abschn. 10.2.2). Erst die Eigenschaftsprüfungen der Klebungen unter diesen komplexen, aus mechanischen und Umgebungseinflüssen zusammengesetzten Beanspruchungen vermag eine weitgehende Aussage über das Verhalten im praktischen Einsatz zu geben.

Da auf Ergebnisse aus Langzeitversuchen unter Originalbedingungen wegen der in vielen Fällen kurzen Entwicklungs- und Produktionszyklen nicht zurückgegriffen werden kann, ist es erforderlich, durch Prüfungen in zeitlich geraffter Form entsprechende

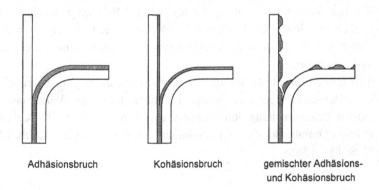

| Adhäsionsbruch | Kohäsionsbruch | gemischter Adhäsions- und Kohäsionsbruch |

Abb. 10.8 Brucharten von Klebungen

Aussagen über das Langzeitverhalten zu ermöglichen. Dies zwingt zu verschärften Prüfbedingungen, häufig mit der Folge, dass bei den daraus resultierenden Prüfergebnissen
Ursache und Wirkung nicht eindeutig definiert werden kann. Somit sind Kurzzeitprü-
fungen, mit denen das Langzeitverhalten abgeschätzt werden soll, stets ein Kompromiss
zwischen einem möglichst geringen zeitlichen Aufwand und einem dem Praxisverhalten
möglichst nahekommenden Prüfergebnis. Rückschlüsse aus verschärften Kurzzeitprüfun-
gen auf das Langzeitverhalten bedürfen bei Klebungen somit sehr kritischer Betrachtungen. Der folgende Vergleich vermag diese Problematik bildhaft zu unterstreichen: „Wird
ein Ei kurzzeitig (5 min) einer Temperatur von 100 °C unterworfen, wird daraus ein Früh-
stücksei. Wird ein Ei einer Langzeitbeanspruchung (28 Tage) bei nur 37 °C ausgesetzt,
entsteht daraus ein Küken." (Univ.-Prof. Dr. Ing. Klaus Dilger, Institut für Füge- und
Schweißtechnik, Technische Universität Braunschweig).

10.3 Elastisches Kleben

Die in Kap. 4 beschriebenen Reaktionsklebstoffe auf Basis von Epoxiden, Phenolharzen, Acrylaten werden in der Regel in Klebschichtdicken von 0,05–0,2 mm eingesetzt
(Abschn. 7.2.3.3). Auf Grund ihrer Vernetzungsdichte ergeben sich hohe Klebfestigkeitswerte bis zu 35 MPa, die jeweiligen Klebschichten verfügen aber nur über geringe Verformungseigenschaften. Bei hohen Beanspruchungen durch Schub- und Schälkräfte kann
es durch die auftretenden Spannungsspitzen bei Überlappungsklebungen zu einer Rissbildung an den Überlappungsenden und in Folge zu einem Versagen der Klebung kommen
(Abschn. 10.2.2). Die Erfahrung zeigt, dass bei Klebkonstruktionen aus gleichartigen
Werkstoffen und entsprechend dimensionierten Klebfugenabmessungen die Sicherheit der
Konstruktion dennoch gewährleistet ist. Besondere Verhältnisse liegen jedoch bei Fügeteilkombinationen mit Werkstoffen unterschiedlicher Wärmeausdehnungskoeffizienten in
wechselnden Temperaturbereichen vor.

In diesen Fällen müssen die Klebschichten über ein ausreichendes Verformungsvermögen verfügen, das insbesondere von Polyurethanklebstoffen gewährleistet wird. Diese
bilden die Voraussetzung für das „elastische Kleben" im Fahrzeugbau mit den vielfältigen Werkstoffkombinationen Stahl, Aluminium, Kunststoffe, Glas. Hinzu kommt, dass
die Klebschichtdicken im Millimeter-Bereich liegen und somit auftretende Spannungen
abgebaut werden können.

Als Beispiel für den Einsatz des elastischen Klebens soll die folgende vereinfachte Berechnung (ohne Berücksichtigung der Temperaturabhängigkeit der Wärmeausdehnungskoeffizienten) zur Beanspruchung durch Temperaturwechsel eines GFK-Daches auf die
Stahlstruktur eines Omnibusses dienen (entnommen aus dem Buch „Elastisches Kleben",
Kap. 14 [15], S. 137–138).

Länge der Klebnaht L_0 $= 8000\,\text{mm}$
Wärmeausdehnungskoeffizent Stahl α_{St} $= 12 \times 10^{-6}\,\text{K}^{-1}$
Wärmeausdehungskoeffizent GFK α_{GFK} $= 20 \times 10^{-6}\,\text{K}^{-1}$
Temperaturdifferenz (Sommerbetrieb $90\,°\text{C} - 20\,°\text{C}$) $\Delta T = 70\,\text{K}$

Für die Wärmeausdehnung gilt allgemein:

$$\Delta L = L_0 \alpha \Delta T$$

GFK-Dach $\Delta L = 8000 \times 20 \times 10^{-6} \times 70 = 11{,}2\,\text{mm}$
Stahlstruktur $\Delta L = 8000 \times 12 \times 10^{-6} \times 70 = 6{,}7\,\text{mm}$
Differenz der Längenänderungen 4,5 mm

Für das aufgeklebte Dach, das sich an beiden Enden verschieben kann, tritt somit an jedem Ende jeweils die halbe Längenänderung von 2,25 mm auf. In der Regel wird die Klebschichtdicke in gleicher Größe wie die gesamte Längenänderung dimensioniert, im vorliegenden Fall demnach mit mindestens 4,5 mm. Dadurch wird die Klebschicht an den Überlappungsenden auf eine maximale Scherung von 50 % beansprucht.

Im Gegensatz zu den in Abschn. 10.2 beschriebenen Zusammenhängen ist durch die Verformungsfähigkeit der Klebschicht und die damit verbundene homogene Spannungsverteilung eine vereinfachte Berechnung von geklebten Konstruktionen möglich. Durch den weitgehenden Entfall der Spannungsspitzen an den Überlappungsenden besteht eine annähernde Proportionalität zwischen Überlappungslänge und einwirkender Kraft.

Abb. 10.9 Geklebter Fahrerstand – Waggonaufbau eines S-Bahn-Triebwagens

Ein markantes Beispiel über die Möglichkeiten des elastischen Klebens bietet die in Abb. 10.9 dargestellte Klebung. Die modernen Fertigungsmethoden beinhalten zunehmend modulare Bauweisen von Systemkomponenten, die vorgefertigt in quasi betriebsbereitem Zustand bereitgestellt werden. Im Schienenfahrzeugbau erfolgt beispielsweise eine Verklebung kompletter Führerstände inklusive eingebautem Bedienpult, Seiten- und Frontscheiben mit der Rahmenkonstruktion. Die Klebfuge (schwarze Linie), über die der Fahrerstand des S-Bahn-Triebwagens mit dem Waggonaufbau verbunden ist, ist in Abb. 10.9 deutlich erkennbar.

10.4 Welle-Nabe-Verbindungen

Die folgende Darstellung soll die grundsätzlichen Zusammenhänge für die Dimensionierung einer geklebten Welle-Nabe-Verbindung erläutern. Dabei ist an dieser Stelle eine Beschränkung auf die wesentlichen geometrischen und mechanischen Parameter erforderlich, da die Einflussgrößen Abminderungsfaktoren, viskoelastisches Klebschichtverhalten, Spannungsausbildung, Oberflächengeometrie der Fügeteile u. a. an dieser Stelle keine ausführliche Betrachtung ermöglichen. Hierzu wird auf die Fachliteratur in Kap. 14 verwiesen.

Der Berechnung von Welle-Nabe-Klebungen liegen die folgenden Parameter zu Grunde (Abb. 10.10):

Für die Klebfestigkeit gilt allgemein

$$\tau_B = \frac{F}{A}$$

(F = einwirkende Kraft, A = Fläche)

$$A = 2\,\pi\,\frac{D}{2}\,B$$

(D = Durchmesser der Welle, B = Nabenbreite)

Abb. 10.10 Geklebte Welle-Nabe-Verbindung

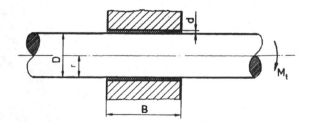

$$M_t = Fr = F\,\frac{D}{2}$$

(M_t = Torsionsmoment).

Bei Ersatz der Klebfestigkeit τ_B durch die Torsionsscherfestigkeit τ_T des Klebstoffs resultiert für das zu übertragende Torsionsmoment

$$M_t = \tau_T\,\frac{\pi D^2 B}{2}\,.$$

Berechnungsbeispiel:

Zu übertragendes Torsionsmoment M_t = 600 Nm
Wellendurchmesser D   = 30 mm
Torsionsscherfestigkeit Klebstoff τ_T = 20 MPa

Die zu wählende Nabenbreite B berechnet sich demnach zu

$$B = \frac{2 \cdot 600 \cdot 1000}{20 \cdot 30^2 \cdot \pi} = 21{,}2\,\text{mm}\,.$$

Industrielle Anwendungen des Klebens 11

Dieses Kapitel lückenlos zu beschreiben, hieße den Umfang des Buches auf ein Vielfaches auszuweiten. Ein Kompromiss kann nur darin liegen, anhand ausgewählter Anwendungsbereiche aufzuzeigen, worauf sich die heutige Bedeutung der Fertigungstechnologie Kleben als fortschrittliches Fügeverfahren begründet.

11.1 Kleben in der Luft- und Raumfahrt

Die wesentlichen Gründe, die seit ca. 60 Jahren zu einem erfolgreichen Einsatz des Klebens in der Luft- und Raumfahrt geführt haben, lassen sich wie folgt beschreiben:

- Möglichkeiten des Einsatzes eines wärmearmen Fügeverfahrens, das bei den speziell im Flugzeugbau eingesetzten ausgehärteten Aluminiumlegierungen (z. B. AlCuMg 2) nicht wie das Schweißen infolge hoher Wärmebelastungen zu Festigkeitsverlusten führt. Damit ist in der Einsatzmöglichkeit von hochfesten Leichtmetall-Legierungen die Voraussetzung zum Leichtbau mit den Vorteilen der Gewichtsreduzierung und somit Treibstoffersparnis gegeben. Ähnliches gilt aktuell für den zunehmenden Einsatz von Cartonwerkstoffen.
- Erhöhung der dynamischen Festigkeit durch Minimierung von Spannungskonzentrationen infolge großflächiger Verbindungen. Diese Vorteile sind insbesondere im Vergleich zu genieteten Strukturen, die den Nachteil der an den Nietlochrändern auftretenden Spannungsspitzen (Abschn. 1.2) aufweisen, zu sehen. Hier bieten auch kombinierte Niet-Klebverbindungen wesentliche Vorteile.

Auf Grund der nachgewiesenen Vorteile sowie der Entwicklung beanspruchungsgerechter Klebstoff-, Primer- und Vorbehandlungssysteme besitzt das Kleben im Flugzeugbau heute einen festen Platz bei der Herstellung hochbeanspruchter Fügeverbindungen, sog. „primary structures". Diese sind beispielsweise (Abb. 11.1a–e).

© Springer Fachmedien Wiesbaden 2016
G. Habenicht, *Kleben - erfolgreich und fehlerfrei*, DOI 10.1007/978-3-658-14696-2_11

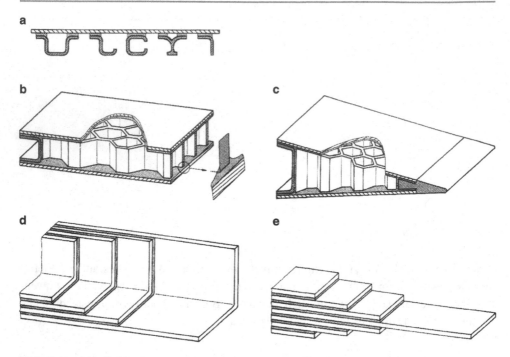

Abb. 11.1a–e Beispiele für Anwendungen des Klebens im Flugzeugbau

- Außenblechversteifungen durch Stringer verschiedener geometrischer Abmessungen (Abb. 11.1a).
- Primärstrukturen für Rumpf, Zelle, Flügel, Leitwerke, Rotoren als Sandwichkonstruktionen auf Basis von Honigwaben-Kernmaterialien aus Aluminium oder Nomex (Aramid aus Phenylendiamin und Isophthalsäure), weiterhin Schaumstoff-Kernmaterialien und faserverstärkte Decklagen (Abb. 11.1b, c).
- Außenblechversteifungen (Abb. 11.1d, e).

Die vorstehend beschriebenen Strukturen sind nur mit Reaktionsklebstoffen realisierbar. Phenol- und Epoxidharzsysteme bilden die wichtigsten Grundstoffe. Die Verklebung der Wabenstrukturen erfolgt mit intumeszierenden Klebstoffen, die während des Härtungsprozesses auf Grund eingebauter Treibmittel geschäumte und somit vergrößerte Klebschichten ausbilden (Intumeszenz, Ausschnitt Abb. 11.1b).

11.2   Kleben im Fahrzeugbau

Ein wesentlicher Grund für die Einführung klebtechnischer Fertigungsverfahren im straßen- und schienengebundenen Fahrzeugbau war der in der Vergangenheit zunehmende Zwang zum Leichtbau und den damit möglichen Gewichtsreduzierungen als Basis für

Energieeinsparungen. Somit nahm naturgemäß die Notwendigkeit nach Einsatz unterschiedlicher Werkstoffe als „Materialmix" mit den damit verbundenen fügetechnischen Aufgabenstellungen zu. Ein besonderer Schwerpunkt war in diesem Zusammenhang das „elastische Kleben" (Abschn. 10.3).

Die Vorteile, die das Fertigungssystem Kleben zu diesen Entwicklungen beitragen konnte, bezogen sich insbesondere auf die folgenden Merkmale:

- Erhöhung der statischen und dynamischen Festigkeit,
- Steigerung der Karosserie-/Torsionssteifigkeit,
- homogene Spannungsverteilung bei mechanischer Belastung,
- Dickenreduzierung bei Bauteilen als Grundlage für Gewichtseinsparungen,
- Verbinden unterschiedlicher Werkstoffe,
- Verbesserung der Dämpfungseigenschaften,
- Verminderung korrosiver Beanspruchungen,
- Einsatz bei crashrelevanten Strukturen durch hochdynamisches Verhalten,
- größerer Spielraum bei Fügeteiltoleranzen durch erhöhtes Spaltfüllungsvermögen,
- Kombination von Fügen und Dichten in einem Arbeitsgang,
- keine optische Beeinflussung durch Fügestellen,
- hoher Automatisierungsgrad, insbesondere durch den Einsatz von Robotern.

Die in Abschn. 1.3; (10) formulierte Definition über das „strukturelle Kleben" lässt sich somit im Hinblick auf den Fahrzeugbau noch wie folgt erweitern: „Dauerhaftes Verbinden steifer Werkstoffe mittels hochmoduliger und hochfester Klebstoffe unter Berücksichtigung eines größtmöglichen Crashverhaltens."

Die folgenden klebtechnischen Anwendungen wurden ausgewählt, um speziell die im konstruktiven Bereich realisierten Möglichkeiten des Klebens aufzuzeigen:

- **Direktverglasung (direct glazing):** Durch die Direktverglasung auf entsprechend gestaltete Flansche der (lackierten) Karosserie ist es möglich, die eingeklebten Scheiben in die tragende Fahrzeugkonstruktion miteinzubeziehen. Im Gegensatz zu Gummiprofilen sind die Klebschichten in der Lage, Kräfte aus der Karosserie in die als Konstruktionselement dienenden Scheiben zu übertragen; dadurch wird die Verwindungssteifigkeit der Karosserie und die Dachbelastbarkeit bis zu 30 % erhöht. Vorteilhaft wirkt sich weiterhin eine verbesserte Dichtigkeit gegenüber Feuchtigkeit und die Möglichkeit einer optimierten aerodynamischen Formgebung mit niedrigeren c_w-Werten aus. Ergänzend ist die Möglichkeit einer Automatisierung des Fertigungsprozesses zu erwähnen.

Der Klebstoff wird in Form einer Dreiecksraupe auf die vorbehandelte Scheibe, ggf. auch auf den Karosserieflansch, appliziert und ergibt unter dem Anpressdruck eine spaltfüllende, toleranzausgleichende, elastische und vibrationshemmende Klebschicht (Abb. 11.2).

Abb. 11.2 Direktverglasung

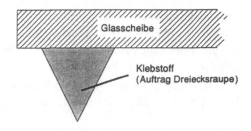

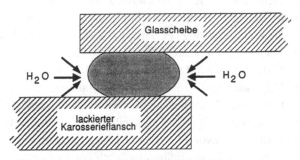

1. Schritt: Physikalisches Abbinden durch Abkühlung
2. Schritt: Chemisches Aushärten durch Reaktion der
   Isocyanat-Gruppen mit Feuchtigkeit der Luft

Zum Einsatz kommen die in Abschn. 4.2.2 beschriebenen feuchtigkeitshärtenden Ein-komponenten-Polyurethanklebstoffe, deren charakteristisches Merkmal die Ausbildung elastischer Klebschichten (Abschn. 10.3) ist, und die auch bei Temperaturen im Bereich bis zu −40 °C nicht verspröden.

Dass derartige Klebungen auf Berechnungsgrundlagen beruhen, vermag beispielhaft und in vereinfachter Form die Klebschichtdimensionierung einer Bus-Frontscheibe ver-anschaulichen (abgewandelt nach einer Veröffentlichung Burchardt, Wappemann in Ad-häsion – kleben & dichten 46 (2002) 7/8, 12–17), siehe auch Abschn. 10.3, Verklebung eines Bus-Daches.

Die in die Berechnung eingehenden Abminderungsfaktoren beruhen auf intensiven Un-tersuchungen und langjährigen Praxiserfahrungen.

In die Berechnung eingesetzte Werte:

Gesamte Kantenlänge der Scheibe	$l = 7600\,\text{mm}$
Zugscherfestigkeit des Klebstoffs	$\tau_B = 4\,\text{N/mm}^2$
Gewicht der Scheibe	$G = 120\,\text{kg}$
Sicherheitsfaktor	$s = 2$
Abminderungsfaktor für Beanspruchungstemperatur 55 °C	$f_T = 0,6$
Abminderungsfaktor für statische Langzeitbelastung	$f_{st} = 0,06$

Abminderungsfaktor für dynamische Belastung über die Betriebsdauer $f_{dyn} = 0,08$
Erdbeschleunigung $g = 9,81 \, ms^{-2}$
Klebschichtbreite b zu berechnen.

Nach Abschn. 10.2.1 gilt für die Klebfestigkeit

$$\tau_B = F/A$$

(F = einwirkende Kraft, A = Klebfläche)

Die Klebfläche ergibt sich zu

$$A = l \cdot b$$

(l = Kantenlänge, b = zu berechnende kantenseitige Klebschichtbreite)

und

$$b = A/l$$

somit folgt

$$\tau_B = F/lb \quad und \quad b = F/\tau_B l.$$

Für die statische Belastung F_{st} ergibt sich durch das Scheibengewicht von 120 kg eine Last von

$$F_{st} = 120 \cdot 9,81 = 1177 \, N$$

und für die statische Langzeitbelastung unter Berücksichtigung des Abminderungsfaktors

$$f_{st} \quad 0,06 = 19.617 \, N.$$

Für die dynamische Belastung F_{dyn} wird erfahrungsgemäß angenommen

$$2 \cdot F_{st} = 2354 \, N$$

und unter Berücksichtigung des Abminderungsfaktors für die dynamische Belastung über die Betriebsdauer

$$f_{dyn} \quad 0,08 = 29.425 \, N.$$

Unter Einbeziehung des Sicherheitsfaktors 2 und des Abminderungsfaktors für die Beanspruchungstemperatur 55 °C f_T 0,6 berechnet sich die Klebschichtbreite zu

$$b = \frac{s \cdot (F_{st} + F_{dyn})}{\tau_B \cdot 0,6 \cdot 1} = \frac{2 \cdot (19.617 + 29.245)}{4 \cdot 0,6 \cdot 7600} = 5,4 \, mm.$$

Dieser Wert mag überraschen, es ist ein berechneter Wert für die minimale Klebschichtbreite. Die Praxis weicht erfahrungsgemäß im Sinne höherer Werte ab. Berechnet man nach der Kantenlänge 7600 mm und der berechneten Klebschichtbreite 5,4 mm die gesamte Klebfläche, so resultiert immerhin eine Größe von 410 cm². ·

- **Bördelfalzklebungen**: Hierbei werden ein Innenblech und ein Außenblech durch Umbördeln oder Umfalzen des Außenblechs in einem Winkel von 180° um das Innenblech mittels eines Klebstoffs miteinander verbunden (Abb. 11.3). Als wesentlicher Vorteil ist aufgrund der flächigen Verbindung gegenüber einer punktförmigen Schweißung eine erhöhte Steifigkeit der Falzverbindung anzusehen; durch die zusätzliche dichtende Wirkung der Klebschicht, die für einen erweiterten Korrosionsschutz noch mit einer Versiegelungsschicht abgedeckt werden kann, erfolgt ergänzend eine Eliminierung der Spaltkorrosion.

- **Unterfütterungsklebungen**: Dargestellt ebenfalls in Abb. 11.3. Einkleben von Versteifungsprofilen bzw. -strukturen unter die Front- und Heckklappen sowie das Fahrzeugdach. Für diese Anwendung ist charakteristisch, dass die Klebstoffe über ein ausreichendes Spaltüberbrückungsvermögen bis zu 5 mm verfügen müssen. Vorteilhaft wirkt sich hier besonders die Vibrationsdämmung sowie ein beachtlicher Versteifungseffekt aus.

- **Crashstabile Klebungen**: Durch die Entwicklung crashtauglicher Klebstoffe und die damit einhergehende Übernahme von Festigkeitsfunktionen durch geklebte Strukturen bei einem Unfall, konnte dem Kleben im Fahrzeugbau eine neue Dimension beim Fügen sicherheitsrelevanter Bauteile zugeordnet werden. Die eingesetzten Klebstoffe zeichnen sich in erster Linie durch ein zähhartes Verhalten der Klebschicht aus, wie es durch eine Zähelastifizierung der Polymermatrix zu erreichen ist. Bei dieser Klebstoffmodifizierung wird eine reaktive schlagzähe Komponente, in der Regel spezielle Kautschukpartikel, inselartig in Durchmesserbereichen von ca. 100 Mikrometern in die Epoxidmatrix über chemische Bindungen eingebaut. Die Abb. 11.4a und b zeigen in anschaulicher Weise das unterschiedliche Verhalten von zwei Motorträgern, von denen der Träger (a) mit einem crashtauglichen, der Träger (b) mit einem nicht modifizierten Klebstoff geklebt wurde. Charakteristisch für den ersteren ist die durch die Energieaufnahme erfolgte Faltenbildung.

- **Leichtbau**: Der Leichtbau vereinigt einen Materialmix sehr unterschiedlicher Werkstoffe. Von diesen sind die kohlenstofffaser-verstärkten Polymere neben hochfesten Stählen, Aluminium und neuerdings auch Magnesium und weiteren Kunststoffen mit hoher Schlagzähigkeit und Wärmeformbeständigkeit von zentraler Bedeutung. Als Fügeverfahren kommt im Leichtbau für diese in ihren Eigenschaften sehr verschiedenartigen Materialien nur das Kleben und insbesondere das elastische Kleben (Abschn. 10.3)

Abb. 11.3 Blechklebungen im Fahrzeugbau

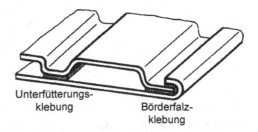

Unterfütterungs-
klebung

Börderfalz-
klebung

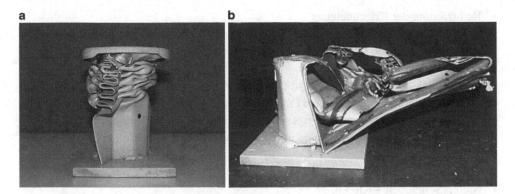

Abb. 11.4 Geklebte Motorträger nach Crashversuch bei Raumtemperatur **a** crash-modifizierter Epoxidharzklebstoff, **b** unmodifizierter Epoxidharzklebstoff. (BMW AG)

infrage. Ein wesentlicher Grund für diese Klebstoffe sind die im Materialmix vorhandenen unterschiedlichen Wärmeausdehnungskoeffizienten, deren Werte z. T. 3- bis 10-fache Unterschiede aufweisen können (Werte siehe Abschn. 13.3). Somit müssen Klebschichten thermomechanische Eigenschaften aufweisen, die diese Verformungen ausgleichen. Besonders eignen sich Polyurethane und modifizierte Epoxide. In Abschn. 10.3 sind diese Zusammenhänge beschrieben, die sich materialmäßig auf den gesamten Fahrzeugbau beziehen.

11.3 Kombinierte (Hybrid-)Fügeverfahren

Unabhängig von den vorstehend beschriebenen klebtechnischen Anwendungen ist ein Hinweis auf mögliche Kombinationen von Fügeverfahren hilfreich, die zu einer Erweiterung der jeweiligen Anwendungen führen können. Mit dem Einsatz kombinierter Fügeverfahren wird generell das Ziel verfolgt, Nachteile und Vorteile des jeweiligen Einzelverfahrens in sinnvoller Weise auszugleichen, um auf diese Weise optimierte Verbindungseigenschaften und Verfahrensdurchführungen zu erhalten. Die Vorteile dieser – auch als Hybridverbindungen bezeichneten – Kombinationen sind bei Betrachtung der Fügezone wie folgt zu definieren:

- Gleichmäßige Spannungsverteilung.
- Erhöhung der Festigkeit unter quasi-statischer und schwingender Belastung.
- Erhöhung der Verbindungs- und Verwindungssteifigkeit.
- Erhöhung des Arbeitsaufnahmevermögens.
- Verhinderung von Schälbeanspruchungen.
- Verbesserung der Korrosionsbeständigkeit durch Spaltfüllung (Spaltkorrosion).
- Gas- und Flüssigkeitsdichtigkeit.

- Reduzierung der Kriechneigung.
- Erhöhte Sicherheit der Klebung durch die in gewissem Ausmaß über die Verbindungselemente erfolgende Lastübertragung bei Überschreitung der Klebfestigkeit.

Im Hinblick auf die Fertigung ergibt sich der Vorteil reduzierter Fertigungszeiten, da durch die Verbindungselemente eine Fügeteilfixierung erfolgt, die ein von den sonst üblichen Fixiervorrichtungen unabhängiges Abbinden des Klebstoffs ermöglicht.

Die folgenden Verfahrenskombinationen befinden sich im industriellen Einsatz:

- Punktschweißen – Kleben.
- Nieten/Schrauben – Kleben.
- Stanznieten – Kleben.
- Durchsetzfügen – Kleben.
- Falzen – Kleben.
- Clinchen – Kleben.
- Schrumpfen – Kleben.
- Bolzen-(Schweißen) – Kleben.

Eine Beschreibung der einzelnen Verfahren findet sich in Kap. 14 [10], S. 606–617. Das letztere Verfahren hat sich erst seit kurzer Zeit etabliert. Es beruht auf dem seit langem bewährten Bolzenschweißen, bei dem Befestigungselemente, z. B. Gewindebolzen, unlösbar mit einem metallischen Träger verbunden werden. Diese vielfältig angewandte Methode stößt an ihre Grenzen dann, wenn keine metallischen Fügeflächen vorhanden sind, zum Beispiel bei dem zunehmenden Einsatz von Composites im Automobilbau. Beim Bolzen-Kleben werden blockierte Reaktionsklebstoffe (siehe Abschn. 3.2.2) oder auch Schmelzklebstoffe auf die Fügeflächen der Bolzen aufgetragen, diese können zunächst „trocken" dem Fertigungsprozess zugeführt werden. Über eine induktive Erwärmung nach dem Aufsetzen des Bolzens beginnt dann entweder die Reaktivität oder das Schmelzen der Klebstoffe und somit die Ausbildung der Klebschicht. Der Vorteil für den Anwender besteht in der Trennung der Prozessschritte „Klebstoffauftrag auf die Fügeteile (erfolgt beim Bolzenhersteller)" und „fügetechnische Verarbeitung in der eigenen Fertigung", die über Roboter leicht automatisierbar ist. Auch für lackierte Karosserieblech-Oberflächen ist dieses Verfahren geeignet. Neben den vorstehend erwähnten wärmeaktivierbaren Klebstoffen lässt sich die Aushärtung ebenfalls mit lichtaktivierbaren Klebstoffen durchführen.

11.4 Kleben im Maschinen- und Anlagenbau

Die Einsatzmöglichkeiten des Klebens im Maschinenbau – und auch Anlagenbau – sind gegenüber denen des Schweißens sehr viel geringer. Die Gründe liegen nicht darin, dass das Kleben „ja doch nicht richtig hält" (siehe Abschn. 7.6, 8.1, 10.2.4), sondern in den meistens erforderlichen „sauberen Randbedingungen", wie Oberflächenvorbehandlung.

Der „Einbau" einer klebgerechten Fügeteilgestaltung in die Konstruktion und die fehlenden Kenntnisse über das Langzeitverhalten unter den zu fordernden Beanspruchungen mögen weitere Hindernisse sein.

Geeignete Anwendungsmöglichkeiten finden sich bei den in Abschn. 11.3 (Leichtbau) beschriebenen Werkstoffkombinationen. Als Klebstoffe werden hauptsächlich kalt aushärtende Systeme mit hoher Reaktivität angewendet, da aufwendige Anlagen für die Wärmeeinbringung zum Aushärten aus vielerlei Gründen nicht verfügbar sind. Methacrylatklebstoffe (siehe Abschn. 4.3.3), Zweikomponenten-Epoxide und anaerobe Klebstoffe verfügen über ein großes Einsatzpotential, besonders letztere sind Standardprodukte im Motoren- und Getriebebau, für Gewindesicherungen und Flächendichtungen (Abschn. 4.3.4) sowie für die in Abschn. 10.4 beschriebenen Welle-Nabe-Klebungen.

Zu den neueren und zugleich auch spektakulären Klebstoffanwendungen zählen zweifellos *Windkraftanlagen* für die Energiegewinnung (Off-Shore-Technologie). Neben den Klebungen in den Generatoren sind es vor allem die Rotorblätter, die ohne den Einsatz der Klebtechnik nicht darstellbar wären. Rotorendurchmesser von mehr als 125 m bei Rotorblattlängen im Bereich von 60 Metern folgen dem Grundsatz, dass der Energiegewinn einer Anlage sich proportional zum Rotorradius im Quadrat verhält. Heutige Anlagen erbringen Leistungen von mehreren Megawatt.

Das Konstruktionsprinzip der Rotorblätter beruht auf zwei Halbschalen einer Sandwichbauweise aus faserverstärkten Polymerverbundschichten, beispielsweise Glasfasergelege mit Polyurethanharzen. Diese werden über Kastenprofile oder Stege, ebenfalls aus Faserverbundwerkstoffen, zum fertigen Rotorblatt verklebt. Zum Einsatz kommen Klebstoffe auf Basis zähelastifizierter Epoxidharze (siehe crashstabile Klebungen in Abschn. 11.2) oder entsprechend modifizierte Polyurethane. Auch bei diesen Anwendungen spielt das in Abschn. 10.3 beschriebene Elastische Kleben eine große Rolle. Die Klebungen übertragen dabei die Schubkräfte zwischen der Druck- und Saugseite des auf Biegung belasteten Rotorblattes.

Als weitere klebtechnische Anwendung bedeutsam gilt die Photovoltaik für die solare Energiegewinnung. Die dafür eingesetzten Klebstoffe haben je nach Konstruktionsprinzip folgende Anforderungen zu erfüllen:

Verklebung von Kollektoren mit einem Trägerprofil (*backrail bonding*) und das Einkleben kristalliner Photovoltaikelemente in Rahmen (*module mounting*). Besondere Beanspruchungen der Klebung bestehen beim backrail bonding wegen möglicher durch Schwerkrafteinfluss bedingter Kriechvorgänge infolge der winkelförmigen Aufstellung. Dazu kommen die Alterungsbeanspruchungen durch Temperatur und atmosphärische Medien. Beim module mounting sind es die elastischen Klebschichteigenschaften als bewegungsausgleichende Parameter in der Rahmenverklebung.

Für beide Anwendungen haben Silicone, Silan-Hybridklebstoffe (Abschn. 4.9) und Polyurethane ihre uneingeschränkte Eignung bewiesen. Diese Klebstoffe werden ebenfalls für die Herstellung von Solarmodulen mit kristallinen Siliziumzellen eingesetzt. Diese Solarmodule bestehen aus zwei Glasscheiben, zwischen denen die photoaktive Siliziumschicht einlaminiert ist, einer Rückseitenfolie, einem Rahmen mit den elektrischen

Anschlüssen. Als Einheiten werden sie in entsprechend geformte Profile geklebt und abgedichtet.

11.5 Kleben in der Elektronik

In der Elektronik nimmt das Kleben hinsichtlich Klebstoffeinsatz und -applikation eine Sonderstellung ein. Hier kann grundsätzlich unterschieden werden zwischen dem „Fixierkleben" und dem „Leit- bzw. Kontaktkleben".

- **Fixierkleben:** Stellt die Voraussetzung für den Einsatz unbedrahteter Bauelemente dar, die den bedrahteten Bauelementen gegenüber den Vorteil wesentlicher Platzersparnis haben und daher höhere Packungsdichten ermöglichen. Während Letztere über die Durchkontaktierungen in der Leiterplatte für den nachfolgenden Lötprozess fixiert werden, ist das bei den unbedrahteten Bauelementen nicht möglich. Sie müssen vor dem Löten mit einem Klebstoff auf der Leiterplattenoberfläche fixiert werden (sogenannte oberflächenmontierbare Bauelemente, SMD = Surface Mounted Devices, SMT = Surface Mounting Technology). In Abb. 11.5 ist die Verfahrensdurchführung einer gemischten Leiterplattenbestückung von unbedrahteten und bedrahteten Bauelementen schematisch dargestellt.

Abb. 11.5 Bestückung von Leiterplatten mit bedrahteten und unbedrahteten Bauelementen

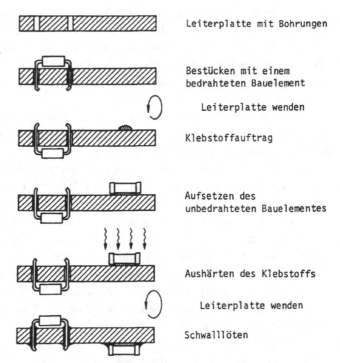

Leiterplatte mit Bohrungen

Bestücken mit einem bedrahteten Bauelement

Leiterplatte wenden

Klebstoffauftrag

Aufsetzen des unbedrahteten Bauelementes

Aushärten des Klebstoffs

Leiterplatte wenden

Schwalllöten

Zum Einsatz gelangen vorwiegend Klebstoffe auf Epoxidharzbasis, die als reaktive Einkomponentensysteme bereits in entsprechende Kartuschen (Kühllagerung) für die Verarbeitung abgefüllt sind.

- **Leitkleben:** Das Leitkleben hat sich in der Elektronik als eine direkte Alternative zum Löten eingeführt. Es ermöglicht die leitende Verbindung unterschiedlicher, aber nicht lötbarer Oberflächen und führt zu vergleichsweise geringen Temperaturbelastungen der Bauelemente bei der Leiterplattenmontage. Ein besonderer Vorteil liegt in der Ausbildung verformungsfähiger Fügeschichten, die – im Gegensatz zu den starren Lötverbindungen – einen Ausgleich der aufgrund der unterschiedlichen Wärmeausdehnungskoeffizienten zwischen Leiterplatte und Bauelement bei Wärmebelastung auftretenden Spannungen ermöglichen und somit eine höhere Temperaturwechselbeständigkeit besitzen.

  Die Leitfähigkeit der Klebstoffe wird erreicht durch Zusatz von Silberpartikeln in einer durchschnittlichen Größe 10–50 µm bei einem Füllstoffanteil von 60–80 Gew.% zu dem – in der Regel auf Epoxidharzen aufgebauten – Klebstoffgrundstoff.

  Unterschieden werden bei den elektrisch leitfähigen Klebstoffen zwei Arten der Leitfähigkeit:

  Isotrop leitende Klebstoffe, in x-, y- und z-Achse innerhalb der Klebschicht gleichermaßen leitfähige Klebstoffe und

  Anisotrop leitende Klebstoffe, nur in einer Richtung (z-Achse) leitfähig. Deren Entwicklung ist vor allem durch die zunehmende Miniaturisierung bei den elektronischen Schaltungen ausgelöst worden, deren Abstände z. T. unterhalb von 150 Mikrometer liegen. Im Unterschied zu dem hohen Füllstoffgehalt der isotropen Klebstoffe weisen die anisotropen Klebstoffe einen nur weit geringeren Anteil leitfähiger Bestandteile auf. Die einzelnen Partikel sind so weit voneinander entfernt, dass sie sich nicht berühren können und die zwischen ihnen befindliche Polymermatrix als Isolator wirkt. Ein derartig aufgebauter Klebstoff besitzt im unverarbeiteten Zustand daher keine elektrische Leitfähigkeit, da eine ununterbrochene Kette von leitfähigen Teilchen nicht vorhanden ist. Erfolgt dann unter dem Einfluss von Druck und Wärme auf beide Fügeteile, unterstützt ebenfalls durch eine Viskositätserniedrigung der Matrixkomponente, ein Zusammenpressen der Klebschicht bis in den Bereich der Partikeldurchmesser, verbleiben einzelne leitfähige Partikel zwischen den zu kontaktierenden Oberflächen und stellen auf diese Weise – und nur in der z-Achse (Druckrichtung) – eine leitende Verbindung her.

- **Thermisches (Wärme-)Leitkleben:** Die bei hohen Leistungen in den integrierten Schaltkreisen auftretende Verlustwärme wird, wenn eine freie oder erzwungene Luftströmung nicht mehr ausreicht, über die sowohl zur Fixierung dienende als auch wärmeleitende Klebschicht an das Gehäuse oder in das entsprechende Substrat abgeführt. Als wärmeleitende Füllstoffe dienen Aluminiumoxid, Aluminiumnitrid und Bornitrid, weiterhin weisen natürlich auch die metallgefüllten Klebstoffe höhere Wärmeleitfähigkeiten auf (allerdings bei gleichzeitiger hoher elektrischer Leitfähigkeit).

Der Füllstoffanteil liegt in der Regel bei 60–70 Gew. %, bezogen auf die ausgehärtete Polymersubstanz.

Typische Werte der Wärmeleitfähigkeit liegen für wärmeleitfähige Klebschichten mit Aluminiumoxid bzw. Bornitrid in der Größenordnung 0,7–1,5 W/mK (m = Meter), mit metallischen Füllstoffen bei 1,5–3,5 W/mK. Zum Vergleich: ungefüllte Epoxidharze ca. 0,3 W/mK, Lot LSn60Pb 51 W/mK.

11.6   Kleben von optischen Bauteilen

Eine große Bedeutung besitzen Glasklebungen im optischen Bereich. Wie in der holzverarbeitenden Industrie das „Leimen", so hat sich in der optischen Industrie das „Kitten" als Begriff für klebtechnische Fertigungsprozesse gehalten.

Unterschieden werden drei Arten der Verklebungen optischer Bauteile:

- **Rohklebkitten:** Hierunter wird die Befestigung optischer Bauteile auf Unterlagen oder in Vorrichtungen aus Metall, Glas oder Keramik mittels eines *Rohklebkittes* (in der Regel ein Schmelzklebstoff) verstanden. Aufgrund seiner Funktion sowohl zum Fixieren als auch zum Druck- und Wärmeausgleich während der Bearbeitung spielen die thermomechanischen Eigenschaften der Schmelzklebstoffe eine besondere Rolle. Weiterhin müssen sich diese Klebstoffe für die folgenden Bearbeitungsschritte wie Beschichtung, Baugruppenverklebung, ohne verbleibende Rückstände von den Bauteilen und den Tragkörpern wieder entfernen lassen.
- **Feinkitten (Glas-Glas-Klebung):** Als optische Feinkitte werden Klebstoffe definiert, die bei der Fertigung von optischen Teilen mit abbildender oder lichtleitender Funktion, die in einem Strahlengang liegen, verwendet werden. Deren Klebschichten dürfen keine Eigenschaften aufweisen, welche die optische Funktion beeinflussen. Dieses bedeutet im Wesentlichen angepasste Brechungsindizes (üblicherweise im Bereich n = 1,4–1,5) und eine sehr geringe Schwindung (< 1 %) bei der Härtung, um keine durch Schwindungsspannungen bedingten geometrischen Abweichungen der Fügeteile zu verursachen.
- **Kleben von optischen Systemen in Fassungen (Glas-Metall/Kunststoff- und Glas-Glas-Klebungen):** Fassungsklebstoffe sind Klebstoffe zum Befestigen optischer Baugruppen in Fassungen (Metalle, Kunststoffe, Gläser) oder Geräten. Im Gegensatz zu den Feinkitten müssen diese Klebstoffe nicht optisch durchsichtig sein, da die Dispersion (unterschiedlich starkes Brechen von Lichtwellen verschiedener Frequenz beim Durchgang durch ein Medium) hierbei nur eine untergeordnete Rolle spielt. Einer der wichtigsten Parameter ist der thermische Ausdehnungskoeffizient der Klebschicht, der zwischen dem des zu klebenden Glaskörpers und dem Material der Fassung liegen sollte. Dabei ist eine Differenz dieser beiden Koeffizienten von maximal $0,7 \times 10^{-6}\,\text{K}^{-1}$ anzustreben.

11.7   Kleben und Dichten in der Bauindustrie

Die Möglichkeiten, die sich der Bauindustrie durch das strukturelle Kleben öffnen, sind unzählbar, die Möglichkeiten, die genutzt werden, beschränken sich demgegenüber auf relativ wenige Anwendungsbereiche. Die Gründe hierfür lassen sich wie folgt zusammenfassen:

- restriktive Bauvorschriften,
- fest verwurzelte handwerkliche Traditionen,
- fehlende Informationen über das Langzeitverhalten,
- ungenügende Personalqualifikation,
- unzureichende Berechnungs-, Konstruktions- und Qualitätssicherungssysteme,
- weitgehend unkontrollierbare Verarbeitungsbedingungen.

Im Gegensatz zu diesen Anmerkungen bietet die Kleb- und Dichtstoffindustrie (Bauchemie) für handwerkliche Arbeiten bis zur Vorfabrikation von Massenprodukten „rund um den Bau" ein vielseitiges Anwenderspektrum, wie aus den folgenden Beispielen hervorgeht:

- Tragwerksverstärkungen, geklebte Bewehrung,
- Befestigungssysteme (Klebpatronen und Anker),
- Bauklebstoffe,
- Dichtungssysteme (Abschn. 4.9),
- Mörtelmassen (Abschn. 4.10),
- Bodenbelagklebstoffe,
- Fliesenklebstoffe.

Im konstruktiven Bereich sind vor allem die Möglichkeiten, mittels des Klebens strukturelle Fassadenelemente aus Glas am Bau einsetzen zu können, für architektonische Gestaltungen von Interesse. Voraussetzung hierfür sind bauaufsichtliche Genehmigungs- und Zulassungsverfahren, denen sehr strenge Kriterien hinsichtlich festgelegter Prüfmethoden für Klebstoffe und konstruktiver Berechnungen zugrunde liegen, da Fassadenklebungen mannigfachen Beanspruchungen ausgesetzt sind:

- statische Belastung durch Eigengewicht,
- Sonneneinstrahlung,
- Temperaturwechselbeanspruchung, auch innerhalb eines Elementes durch Abschattung,
- Feuchtigkeit,
- Aggressivität der Luftbestandteile,
- Wind (Druck, Sog, Turbulenzen),

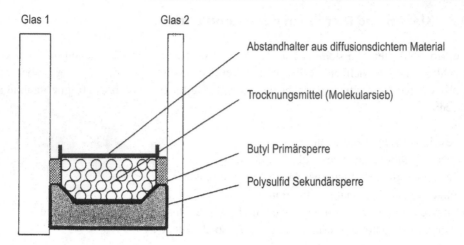

Glas 1   Glas 2

Abstandhalter aus diffusionsdichtem Material

Trocknungsmittel (Molekularsieb)

Butyl Primärsperre

Polysulfid Sekundärsperre

Abb. 11.6 Aufbau eines zweistufigen Dichtsystems eines Isolierglas-Randverbundes. (Nach Mäder, S. 27–29)

● Druckunterschiede im Innenvolumen eines Elementes durch Temperaturdifferenzen des eingeschlossenen Gases (Möglichkeit der Scheibendeformation).

Unter dem Structural Glazing (auch als SSG Structural Sealing Glazing bezeichnet) versteht man allgemein das statische Verkleben von Glasverbundelementen aus zwei oder mehreren Glasscheiben mit einer Metallkonstruktion. Über eine Gasfüllung (in der Regel Edelgase bzw. deren Gemische, aber auch Luft) erfolgt durch eine thermische und akustische Entkopplung der Glasscheiben ein wärme- und schalldämpfendes Bauelement. Diese Eigenschaften können durch Aufbringen von Beschichtungen weiter optimiert werden. Wegen der ausgezeichneten Witterungsbeständigkeiten sind für diese Anwendungen Siliconkleb- und Dichtstoffe die erste Wahl.

Der Aufbau einer Isolierverglasung geht aus Abb. 11.6 hervor.

11.8 Kleben in der Papierverarbeitung

Papiere und Pappen zeichnen sich durch gute klebtechnische Eigenschaften aus, die Klebbarkeit ist allerdings davon abhängig, ob es sich um unveredelte, gestrichene, lackierte oder beschichtete Sorten handelt. Da in den meisten Fällen die Festigkeit der Klebschichten jene der zu klebenden Materialien übersteigt, liegen die Anforderungen an die Klebstoffe schwerpunktmäßig oft mehr im Bereich einer wirtschaftlichen Verarbeitung.

In einem beträchtlichen Ausmaß dient als Rohstoff für die Papierherstellung Altpapier. Die in diesem befindlichen Rückstände ausgehärteter oder abgebundener Klebschichten gelten bei der Aufbereitung des Altpapiers als unlösliche Fremdkörper, sog. *Stickies*. Da diese zu Produktionsstörungen, z. B. Papierbahnabriss, führen können, gilt für die

Klebstoffauswahl, deren Eigenschaften in ihrem Einfluss auf einen technologisch zu beherrschenden Recyclingprozess zu beachten.

Die wichtigsten Klebstoffarten basieren auf den Grundstoffen:

- Glutin,
- chemisch modifizierte Stärke, Dextrin, Casein,
- Latexpolymere,
- Polyurethan-Dispersionen,
- Polyvinylacetat-Dispersionen, ggf. als Copolymerisate mit Poyvinylalkohol,
- Schmelzklebstoffe auf Basis von Polyamid, Ethylenvinylacetat und Polyurethan.

Die Verarbeitung der Klebstoffe geschieht mittels Ein- oder Zweiwalzenauftrag, Düsenauftrag oder durch Sprühen. Die Trocknung erfolgt durch Abkühlung oder Wärmezufuhr in Form von Infrarot-, Hochfrequenz- und bei photoreaktiven Systemen auch durch UV-Strahlung.

11.9   Kleben in der Verpackungsindustrie

Die in der Vergangenheit stark gestiegene Menge an Verpackungen bildet eines der größten Einsatzgebiete für Klebstoffe. Bei der Entwicklung und Verarbeitung stehen – neben wirtschaftlichen Aspekten – die ökologischen und die verarbeitungstechnischen Eigenschaften (hohe Produktionsgeschwindigkeiten) im Vordergrund. Somit besitzen wasserbasierende Systeme (Dispersionen) und Schmelzklebstoffe die größte Einsatzbreite, während lösungsmittelhaltige Formulierungen und Reaktionsklebstoffe nur in speziellen Bereichen, z. B. für Kaschierungen und Folienlaminate Verwendung finden. Neben diesen Kriterien orientiert sich die Klebstoffauswahl naturgemäß an den zu verarbeitenden einheitlichen oder im Verbund vorliegenden Werkstoffen und deren Oberflächeneigenschaften.

Besonders bedeutsam für den zunehmenden Klebstoffverbrauch ist ergänzend die Substitution der traditionellen Verpackungen aus Glas oder Metall durch flexible Folienverbunde mit ihrem Bedarf an außerordentlich großen Flächenklebungen. Die Anwendungen werden somit bestimmt durch die Entwicklungen auf dem Gebiet der

- Verpackungsgestaltung,
- Verpackungsmaterialien,
- Verpackungsmaschinen,
- Auftrags- und Dosiereinrichtungen,
- Umweltanforderungen.

Informationen über relevante Klebstoffe und deren Anwendungen auch im Verpackungsbereich sind in folgenden Abschnitten zu finden:

- Schmelzklebstoffe (Abschn. 5.1).
- Heißsiegelklebstoffe (Abschn. 5.1).
- Dispersionen (Abschn. 5.4).
- Haftklebstoffe/Klebebänder (Abschn. 5.6).
- Kaschieren, Laminieren (Abschn. 7.2.3.2).

Ein seltenes Beispiel für sich widersprechende Anforderungen an Klebstoffe bieten Etikettierklebstoffe für Mehrweg-Glasflaschen in der Getränkeindustrie. Einerseits soll auf ihnen das Etikett auch in feuchter Atmosphäre, z. B. in Brauereien, bis zum Verzehr halten, andererseits vor der Wiederbefüllung mit nur geringem Säuberungsaufwand sich wieder entfernen lassen. Modifizierte Dispersionen sind dafür die richtige Wahl.

Konstruktive Gestaltung von Klebungen

12

Wenn Klebungen bei einer Beanspruchung durch Kräfte „halten" sollen, ist nicht nur der richtige Klebstoff auszuwählen, sondern es muss auch die Anordnung der Fügeteile in der Klebfuge „klebgerecht" gestaltet sein. Hierfür gibt es einige Grundregeln, die zu beachten sind:

1. Regel
Klebungen müssen so gestaltet sein, dass die angreifenden Kräfte nicht zu einem Schälen oder Spalten in der Klebschicht führen können.

Der Grund liegt, wie bereits bei der Bestimmung des Schälwiderstandes in Abschn. 10.2.5 beschrieben, darin, dass in diesem Fall statt einer Flächen- nur eine Linienbelastung der Klebschicht erfolgt, gegen die diese sehr empfindlich ist. Kräfte lassen sich dann nicht übertragen. Eine bekannte Anwendung für diesen Effekt besteht in dem Abziehen eines Heftpflasters von der Haut. Dadurch, dass das Pflaster langsam in einem möglichst kleinen Winkel von der Haut „abgeschält" wird, erfolgt nur eine minimale Kraftübertragung auf die Haut und das Schmerzempfinden ist gering. In gleicher Weise geht man auch bei dem Abziehen eines Klebeetikettes von einer Unterlage vor, wobei je nach Art des Haftklebstoffs eine zerstörungsfreie Ablösung des Papieretikettes erfolgen kann, obwohl seine Eigenfestigkeit sehr gering ist. Durch einen einfachen Versuch lässt

Abb. 12.1 Schäl- und Spaltbeanspruchung in einer Klebung

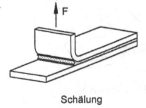
Schälung

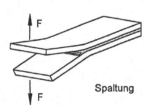
Spaltung

© Springer Fachmedien Wiesbaden 2016
G. Habenicht, *Kleben - erfolgreich und fehlerfrei*, DOI 10.1007/978-3-658-14696-2_12

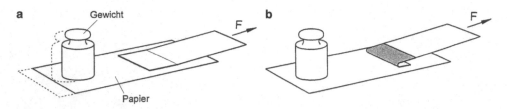

Abb. 12.2 Kraftübertragung bei einer Scher-(Schub-) (**a**) sowie Schälbeanspruchung (**b**)

sich die bei einer Schälbeanspruchung gegenüber einer Scher- bzw. Schubbeanspruchung nur sehr viel geringere Übertragung einer Kraft darstellen:

Auf einem Blatt Papier (auf einer glatten Unterlage liegend) befindet sich ein Gewicht G (ca. 250 g). Ein mit einem Haftklebstoff beschichtetes Papier (am besten eignen sich die im Bürofachhandel erhältlichen Haftklebezettel für Notizen) wird entsprechend Abb. 12.2a (Scher-, Schubbeanspruchung) durch die Kraft F belastet. Das Papierblatt lässt sich mit dem Gewicht über die Unterlage ziehen.

Im Fall der Abb. 12.2b, also Schälbeanspruchung, (der Haftklebezettel wird um 180° verdreht aufgeklebt) verbleibt das Papier mit dem Gewicht in seiner Lage, eine Kraftübertragung ist nicht möglich.

Konstruktiv lässt sich eine Schälbeanspruchung durch die in Abb. 12.3 aufgezeigten Möglichkeiten vermeiden.

Abb. 12.3 Konstruktive Möglichkeiten zur Vermeidung der Schälbeanspruchung

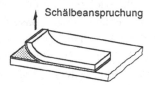

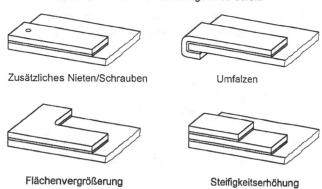

2. Regel

Um durch eine Klebung Kräfte übertragen zu können, muss eine ausreichende Klebfläche zwischen den Fügeteilen vorhanden sein. Diese Forderung lässt sich durch Abb. 12.4 verdeutlichen.

Legt man metallische Fügeteile mit ihrer großen Festigkeit zugrunde, ist im Fall a einer Zugbeanspruchung die Klebschicht das „schwächste Glied" in der „Festigkeits-Kette". Bei Beanspruchung durch die Kraft F wird eine derartige Klebung in der Klebschicht brechen. Im Fall b einer Zugscherbeanspruchung lässt sich durch die Wahl einer größeren Überlappungslänge $l_{ü}$ die Klebfläche in gewissem Rahmen (s. Abschn. 10.2.2) vergrößern und somit auch eine größere Kraft F übertragen. Bei Klebungen ist daher ganz allgemein dafür zu sorgen, dass ausreichende Klebflächen vorhanden sind.

3. Regel

Für das Kleben von Kunststoffen ist die Regel 2 nicht in jedem Fall gültig. Wie in Abschn. 2.1.1 erwähnt, kann man ausgehärtete Klebschichten in ihrer Festigkeit mit den Kunststoffen vergleichen. Im Fall a der Abb. 12.4 wäre dann bei einer Zugbeanspruchung die Klebschicht nicht das schwächste Glied in der Kette, da Fügeteile und Klebschicht vergleichbare Festigkeiten aufweisen. Somit sind derartige Stumpf- oder Stoßklebungen bei Kunststoffklebungen möglich und auch üblich.

4. Regel

Diese Regel bezieht sich auf Rundklebungen, z. B. Rohr- oder Welle-Nabe-Klebungen, mit warm- oder heißhärtenden Reaktionsklebstoffen, wenn verschiedene metallische Werkstoffe miteinander verklebt werden sollen, Abb. 12.5.

Bekanntlich dehnen sich die Werkstoffe mit zunehmender Temperatur mehr oder weniger aus. Wenn z. B. bei der in Abb. 12.5 dargestellten Rohrklebung das (innere) Rohr 1 sich gegenüber dem (äußeren) Rohr 2 bei der Warm- oder Heißaushärtung des Klebstoffs stärker ausdehnt, wird das zu einer Verringerung des Klebfugenspalts führen und der anfangs noch flüssige Klebstoff wird aus der Fuge herausgepresst. Nach dem Abkühlen entstehen dann Fehlstellen in der Klebschicht. Bei Welle-Nabe-Klebungen tritt dieser Fall in ähnlicher Weise auf. Hieraus ergibt sich, dass nach Möglichkeit der Werkstoff mit der größeren Ausdehnung immer das *äußere* Fügeteil sein sollte (Rohr 2 bzw. die Nabe). Bei kaltaushär-

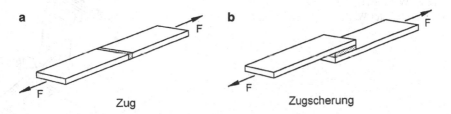

Abb. 12.4 **a** Zug- und **b** Zugscherbeanspruchung

Abb. 12.5 Gestaltung von
Rundklebungen

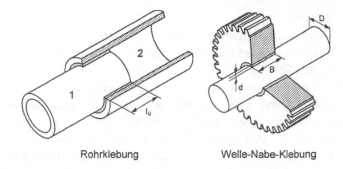

Rohrklebung   Welle-Nabe-Klebung

tenden Klebstoffen ist diese Problematik nicht gegeben, hierin liegt auch ein wesentlicher
Grund für die Verwendung der in Abschn. 4.3.4 beschriebenen anaeroben Klebstoffe für
derartige Anwendungen. Um zu vermeiden, dass der Klebstoff während des Zusammen-
bringens der Fügeteile „abgeschoben" wird, sollte mindestens eines der beiden in einem
Winkel von 15–30° angefast und die Fügeteile unter langsamer Drehbewegung miteinander vereinigt werden, Abb. 12.6.

Zusammenfassend gelten für die konstruktive Gestaltung von Klebungen die folgenden
Grundsätze:

- Bei metallischen Werkstoffen sind Stumpf- bzw. Stoßklebungen für Kraftübertragun-
  gen ungünstig, zu bevorzugen sind klebtechnische Gestaltungen, bei denen die Klebschicht auf Scherung oder Schub belastet wird (Überlappklebungen)
- Schäl- oder Spaltbeanspruchungen von Klebungen sind wegen der linienförmigen Belastung auf jeden Fall zu vermeiden
- Bei Klebungen sind bei der klebtechnischen Gestaltung grundsätzlich ausreichende
  Klebflächen vorzusehen.

Die Abb. 12.7a–d zeigen ergänzend einige Beispiele in günstigen und ungünstigen
klebtechnischen Gestaltungen. Anschließend hierzu sollen die in Abb. 12.8a–c beschriebenen konstruktiven Lösungen vor allem einer einheitlichen Terminologie dienen. Ihre
Anwendung ist jeweils abhängig von den zu klebenden Werkstoffen, deren Abmessungen

Abb. 12.6 Welle-Nabe-Klebung mit angefaster Welle

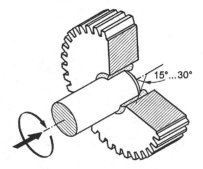

Klebfugengestaltung

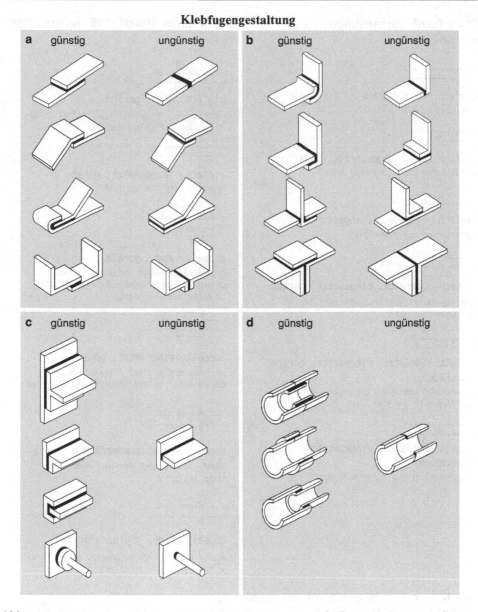

Abb. 12.7 Klebfugengestaltung. **a** Flächige Klebverbindungen, **b** Eckverbindungen, **c** Steganschlüsse, **d** Rohrverbindungen

sowie dem wirtschaftlich zu vertretenden Aufwand der Klebfugenvorbereitung. Neben den im deutschen Sprachgebrauch üblichen Bezeichnungen sind ebenfalls die entsprechenden englischen Übersetzungen hinzugefügt, da diese sich nur in Kombination mit Zeichnungen eindeutig wiedergeben lassen.

Stumpfstoß-Verbindungen

butt joints

einfach, eben, gerade
pure, plain, butt joint

einfach, eben, abgeschrägt (Schäftung)
single taper scarf (scarfed) joint

einfach, eingesetzt, abgeschrägt
scarf tongue and groove joint

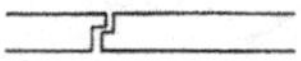

einfach abgesetzt, eingesetzt, gerade
step lap (half lap), or double butt lap, or double step joint

doppelt abgesetzt, eingesetzt, gerade (Nut-Feder)
conventional tongue and groove, or single interlock with one step joint

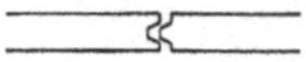

doppelt abgesetzt, eingesetzt, abgeschrägt
landed scarf tongue and groove joint

Überlappte Stumpfstoß-Verbindungen

butt lap joints

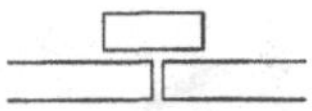

einfach, eben, gerade
strapped lap, or single lap, or butt strap joint, or butt/single-doubler

einfach, eingesetzt, gerade
recessed single strap joint

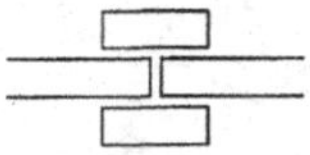

doppelt, eben, gerade
double strapped lap, or double strap, or double lap, or double butt-strap joint, or butt/double-doubler

doppelt, eingesetzt, gerade
recessed double strap (lap) or stepped double strap, or stepped strapped lap joint

doppelt, eben, trapezförmig
chamfered (tapered, beveled) double strap lap joint

doppelt, eben, dreiecksförmig
double tapered lap, or beveled double strap, or tapered double strap joint

Abb. 12.8a–c   Gestaltungsmöglichkeiten von Klebungen

Überlappte Verbindungen
lap joints

einfach, eben, gerade
single (plain, straight, simple) lap joint

einfach, eben, abgeschrägt
beveled, tapered lap, or beveled overlap,
or tapered single lap joint

einfach, eben, versetzt
rebated or joggle lap joint

einfach, abgesetzt, gerade
stepped single lap joint

einfach, doppelt abgesetzt, gerade
step lap (half lap), or double butt lap,
or double step joint

einfach, doppelt abgesetzt, abgeschrägt
double scarf lap joint

doppelt, eben, gerade
double lap joint

doppelt, eben, abgeschrägt
beveled double lap joint

Abb. 12.8 (Fortsetzung)

Rohrverbindungen
tubular joints

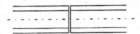

einfach, stumpf, gerade
butt tubular joint

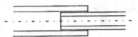

einfach, überlappend, gerade
tubular lap joint

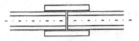

einfach, mit Muffe, gerade
sleeved tubular joint

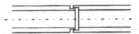

einfach, halb überlappend, gerade
half lap, butt lap tubular joint

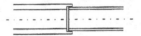

einfach, eingesetzt, gerade
landed lap tubular joint

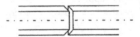

einfach, stumpf, abgeschrägt
tapered, beveled, scarfed tubular joint

Eckverbindungen
corner joints

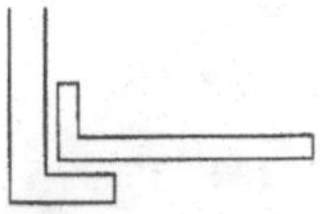

überlappend, rechtwinklig

*corner lap joint with
double corner support*

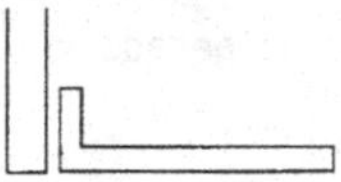

stumpf, rechtwinklig

right-angle butt joint

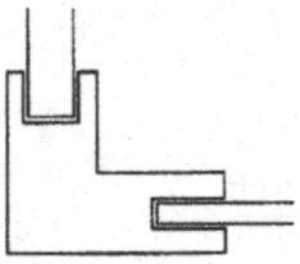

rechtwinklige Nut-Feder-Verbindung

*slip recessed joint, or double
containment corner joint*

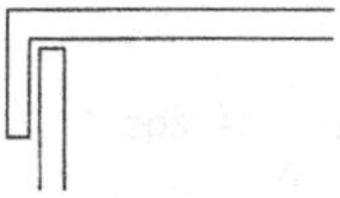

einseitig überlappend

corner joint with single corner support

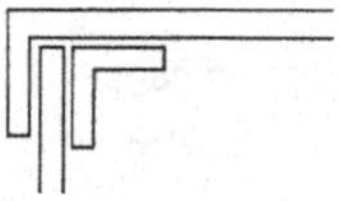

einseitig überlappend mit
Winkelverstärkung

*corner joint with single corner support
plus angled reinforcement*

Sonstige Verbindungen

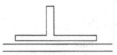

T-Verbindung

T-joint

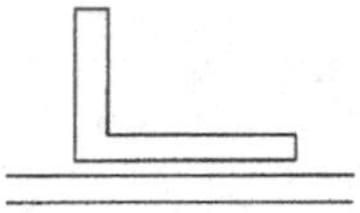

L-Verbindung

L-joint

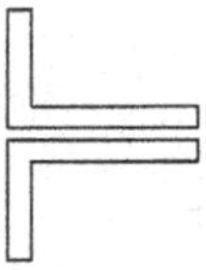

Schälverbindung

T-peel joint

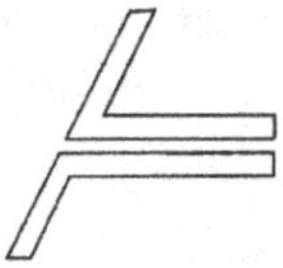

geneigte Schälverbindung

inclined T-peel joint

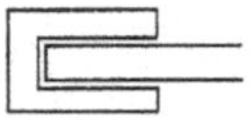

Endverstärkung

double containment bonded joint

einseitige Verstärkungsklebung

single sided bonded doubler

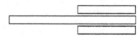

beidseitige Verstärkungsklebung

double sided bonded doubler

Abb. 12.8 (Fortsetzung)

Anhang

13

13.1 Ausgewählte Umrechnungsfaktoren angelsächsischer Einheiten und SI-Einheiten für klebtechnische Berechnungen

Umrechnung von	In	Multiplizieren mit
Millimeter (mm)	inch (in.)	0,039370
Zentimeter (cm)	inch (in.)	0,3937
Zentimeter (cm)	foot (ft.)	0,03281
inch (in.)	Millimeter (mm)	25,4001
inch (in.)	Zentimeter (cm)	2,54001
foot (ft.)	Meter (m)	0,304801
Quadratmillimeter (mm^2)	square inch (sq.in.)	0,00155
Quadratzentimeter (cm^2)	square inch (sq.in.)	0,155
square inch (sq.in.)	Quadratmillimeter (mm^2)	645,163
square inch (sq.in.)	Quadratzentimeter (cm^2)	6,45163
Kubikzentimeter (cm^3)	cubic inch (cu.in.)	0,061025
cubic inch (cu.in.)	Kubikzentimeter (cm^3)	16,38716
gallon (USA)	Liter (1) (dm^3)	3,785
gallon (GB) (Imp. gallon = 8 pints = 4 quarts)	Liter (1) (dm^3)	4,546
Liter (1) (dm^3)	gallon (USA)	0,26417
Liter (1) (dm^3)	gallon (GB)	0,220097
Liter (1) (dm^3)	cubic inch (cu.in.)	61,022
Gramm (g)	ounce (oz.)	0,035274
Gramm (g)	pound (lb.)	0,002205
ounce (oz.)	Gramm (g)	28,3495
Kilogramm (kg)	pounds (lbs.)	2,20462

© Springer Fachmedien Wiesbaden 2016
G. Habenicht, *Kleben - erfolgreich und fehlerfrei*, DOI 10.1007/978-3-658-14696-2_13

Umrechnung von	In	Multiplizieren mit
pounds (lbs.)	Kilogramm (kg)	0,45359
Kilojoule (kj) = 0,23885 kcal 1 kcal = 4,1868 kJ	Btu (1 Btu ~ 1,055 kJ)	3,9683
g/m^2	oz./sq.ft.	0,003277
oz./sq.ft.	g/m^2	305,15
g/cm^3	lb./cu.in.	0,0361
lb./cu.in.	g/cm^3	27,6799
kg/mm^2	lb./sq.in.	1422,34
kg/cm^2	lb./sq.in.	14,2234
lb./sq.in.	kg/mm^2	0,000703
lb./sq.in.	kg/cm^2	0,07031
N/mm^2	lbf/(poundforce)/sq.in. (p.s.i.)	145,03
N/cm^2	lbf/sq.in. (p.s.i.)	1,4503
N/m^2 = Pa (Pascal)	$lbf/ft.^2$	0,021
lbf/sq.in.	N/mm^2	0,006895
lbf/sq.in.	N/cm^2	0,6895
Nm	ft × lbf	0,7376

13.2 Mechanische und physikalische Größen und Einheiten

Einheitenvorsätze

Vorsatz	Zeichen	Bedeutung	Vorsatz	Zeichen	Bedeutung
Deka	da	10^1	Dezi	d	10^{-1}
Hekto	h	10^2	Zenti	c	10^{-2}
Kilo	k	10^3	Milli	m	10^{-3}
Mega	M	10^6	Mikro	µ	10^{-6}
Giga	G	10^9	Nano	n	10^{-9}
Tera	T	10^{12}	Pico	p	10^{-12}

Größe	Formelzeichen	Einheit
Arbeit/Energie	W/E J (J = Joule, W = Watt)	$1\,J = 1\,N \times m = 1\,W \times s$
Ausdehnungskoeffizient (thermischer)	α	$10^{-6} \times K^{-1}$
Dichte (spezifisches Gewicht/Masse)	ρ	$kg \times m^{-3}, kg \times dm^{-3}, g \times cm^{-3}$
Druck	p (Pa = Pascal)	$1\,Pa = 1\,N \times m^{-2}, 1\,MPa = 1\,N \times mm^{-2}$
Elastizitätsmodul	E	$N \times mm^{-2}, MPa$
Elektrischer Widerstand	R	$1\,\Omega = 1\,\frac{V}{A} = \frac{U}{I}$
Erdbeschleunigung	g	$9,81\,m \times s^{-2}$
Festigkeit	F	$N \times mm^{-2}, MPa$
Kelvin-Scala	K	$0\,°C = 273,16\,K$
Klebfestigkeit	τ_B	$N \times mm^{-2}, MPa$
Konzentration	–	Gew.-%, Vol.-%, ppm $= 1 : 10^6$
Leistung	P (W = Watt)	$P = \frac{W}{t}, 1\,W = 1\,J \times s^{-1}$
Leitfähigkeit, elektrische	κ	$\kappa = \frac{1}{\varrho}, \varrho = (\Omega \times cm)^{-1}$
Leitfähigkeit, thermische (Wärmeleitzahl)	λ	$W \times m^{-1} \times K^{-1}, W \times cm^{-1} \times K^{-1}$
Oberflächenspannung	σ	$mN \times m^{-1}$
Spannung		
Normalspannung	σ	$N \times mm^{-2}, MPa$
Schubspannung	τ	$N \times mm^{-2}, MPa$
Spezifisches Volumen	ν	$m^3 \times kg^{-1}, cm^3 \times g^{-1}$
Spezifisches Gewicht	siehe Dichte	
Spezifischer Widerstand	ρ	$\Omega \times cm$
Viskosität, dynamische	η	$Pa \times s = N \times s \times m^{-2}$
Wellenlängespektrum	λ	$nm = 1\,0^{-9}\,m$

13.3 Wärmeausdehnungskoeffizienten und Wärmeleitfähigkeiten einiger Metalle, Nichtmetalle und Klebschichtpolymere

Werkstoff	Wärmeausdehnungskoeffizient α $10^{-6}\,K^{-1}$	Wärmeleitfähigkeit λ $\frac{W}{cm\,K}$
Aluminium	23,5	2,32
AlMg3	23,7	1,3 … 1,7
AlCuMg2	22,8	1,3 … 1,7
Blei	29,3	0,33
Chrom	6,2	0,67
Eisen	11,7	0,75

Werkstoff	Wärmeausdehnungs-koeffizient α $10^{-6}\ K^{-1}$	Wärmeleitfähigkeit λ $\frac{W}{cm\,K}$
Gold	14,2	2,97
Kupfer	16,5	3,84
Lot (L-Sn60Pb)	22 ... 29	0,50
Messing	18,5	1,11
Nickel	13,3	0,91
Platin	8,9	0,70
Silber	19,7	4,20
Silizium	3,5	0,008
Stähle, un- und niedriglegiert	10 ... 14	0,50
Stähle, hochlegiert	13 ... 19	0,16
Titan	9	0,24
TiAl6V4	8	0,24
Zinn	23	0,63
Aluminium-Oxid-Keramik	5 ... 7	0,26
Beton	10	0,02
Geräteglas	5	0,01
Marmor	5 ... 11	0,03
Normalglas	8	0,01
Porzellan	3 ... 6	0,01
Quarzglas	0,5	0,014
Polyester, glasfaserverstärkt	25 ... 40	0,003
Polyethylen	150 ... 230	0,004
Klebschichtpolymere		
Epoxidharz, ungefüllt	60	0,0036
Epoxidharz, gefüllt (abh. vom Füll-stoff)	18 ... 21	0,006 ... 0,015
Epoxid/Glasfaser	16	0,0016
Epoxid/Kohlenstofffaser (isotrop)	5	
Phenolharz	20 ... 30	0,006 ... 0,009
Polymethylmethacrylat	70	0,0019
Polyamid	90 ... 100	0,0030
Polyurethan	110 ... 210	0,0032
Polyvinylchlorid	70 ... 80	0,0015

13.4 Ausgewählte deutsch-englische und englisch-deutsche Begriffe aus dem Gebiet des Klebens

Bemerkung: Da sich für häufig verwendete konstruktive Gestaltungen nur schwierig eindeutige Übersetzungen finden lassen, wird auf die in den Abb. 12.8a–c dargestellten Gestaltungsmöglichkeiten von Klebungen verwiesen.

Deutsch-Englisch

Abbau	degradation
Abbau (thermischer)	thermal decomposition
Abbindegeschwindigkeit	setting speed, bonding speed
Abbinden (des Klebstoffs)	setting (of the adhesive), set
Abbindezeit	setting, drying time
Abdeck-, Antihaftpapier	release paper
abdichten	caulking, filling, sealing
Abdichtmasse	sealing compound
abgeschrägte Überlappung	beveled joint lap
abscheren	shearing
Adhäsion (mechanische, spezifische)	adhesion (mechanical, specific)
Adhäsionsbruch	adhesive failure, fracture
Additiv	additive
Aktivator	activator
Alterung (-szeit) (-sbeständigkeit)	ageing (time) (-resistance)
Aminoplast	aminoplast
amorph	amorphous
Anfangsbelastung	initial load, zero load
Anfeuchtung	moistening
Anleimer	balance panel
anodisieren	anodizing
Anpressdruck	contact pressure
Ansatz (eines Klebstoffs)	batch (of adhesive)
Antioxydant	antioxydant
Anzugsvermögen	tack
auflösen	dissolve
Auflösung	dissolution
Aufschäumen	foaming
Auftragsgewicht	coating weight
Ausdehnung	expansion, extension
Ausdehnungskoeffizient	coefficient of expansion
Aushärten	curing, setting
Aushärten, vorzeitig	premature hardening

Aushärtungstemperatur	curing temperature
Aushärtungszeit	curing time
Auslaufzeit	cup flow figure
Autoklav	autoclave
A-Zustand	A-stage
Beanspruchung	stress, strain
Beanspruchung, dynamisch	dynamic stress
Beanspruchung, statisch	static stress
Beflammung	flame treatment
Beizen	pickling
belasten	load
Belastungsgeschwindigkeit	speed of loading
Belastungsprüfung	load testing
Beleimung	coat, coating, laminate
Benetzbarkeit	wettability
benetzen	wet, spread
Benetzung	wettability, wetting
Benetzungswinkel	contact angle, wetting angle
beschichten	laminate, coat
Beschichtung	lamination, coating
Beschleuniger	accelerator
Beständigkeit	resistance
Bestandteil	ingredient, component, constituent
Biegefestigkeit	bending strength, flexural strength
Biegemoment	bending moment
Biegesteifigkeit	bending stiffness, flexure stiffness
Biegung	bending
Bindefestigkeit	bonding strength, interlaminar strength
Bindekraft	bonding strength, adhesive strength, adhesiveness
Bindemittel	binder
Bindungskräfte	linkage forces
Blocken	blocking
blockierter Härter	blocked curing agent
Bruch	break, rupture
Bruchbelastung	breaking load, tensil strength, load at rupture
Bruchdehnung	elongation of rupture stretch, ductile yield, ultimate elongation, breaking strain
Bruchfestigkeit	ultimate tensile strength
Bruchlast	failure load
Bruchzähigkeit	fracture toughness
B-Zustand	B-stage (resitol)

Copolymer	copolymer
Copolymerisation	copolymerization
C-Zustand	*C*-stage (resite)
Dauerbiegespannung	repeated flexural stress
Dauerschwingversuch	fatigue test
Deformation	deformation
Dehngrenze	non proportional elongation
Dehnung	strain, elongation
Dehnungsfuge	expansion joint
Delaminierung	delamination
Dichte	specific gravity, density
Dichtstoff	sealant
Dichtung	gasket, seal
Dichtungsmittel	sealant
Dicke	thickness
Dielektrizitätskonstante	dielectric constant
Diffusion	diffusion
Dispersionsklebstoff	adhesive dispersion
Dispersionsleim	adhesive dispersion
Dispersionsmittel	dispersing agent
Doppelbindung (C=C)	double bond (C=C)
Dosiergefäß	proportioner
Drehung	torsion
Druck (-beanspruchung)	pressure (compression)
Druckfestigkeit	compressive strength, compression strength
Druckspannung	compressive stress, compression stress
Düse	nozzle
Durchbiegung	deflection
Durchlässigkeit	permeability
Durchsichtigkeit	transparency
duromerer Klebstoff	thermoset adhesive
dynamische Beanspruchung	dynamic stress
Eigenspannung	internal stress
Eindringen	penetration, infiltration
Einfriertemperatur	transition temperatur
Einkomponentenklebstoff	one component adhesive
einschnittig überlappte Klebung	single-lap joint
Elastizität	elasticity
Elastizitätsmodul	modulus of elasticity, coefficient of elasticity, Young's modulus

Elastomer	elastomer
Elektronenstrahl (Härtung)	electron beam (radiation curing)
Emulgator	emulsifier
Emulsion	emulsion
Entflammbarkeit	inflammability
entflammbar	inflammable
Entschäumer	anti-foam(ing) agent, anti-foamer, defoamer
Entzündbarkeit	inflammability
entzündbar	inflammable
Ergiebigkeit	yield
Ermüdungsfestigkeit	fatigue strength
erstarren	congeal, set
Erstarrungstemperatur	setting -, congelation temperature
Erstarrungszeit	setting time
ertragbare Last	sustained load
Erweichungspunkt	softening point
Etikett, selbstklebend	self-adhesive label, pressure-sensitive label
Faser	fibre
faserförmig	fibrous, filamentous, filaceous
faserverstärkt	fibre reinforced
Fassschmelzanlage	bulkmelter, drummelter
Fehler	failure
Fehlstellen	voids
Fertigung	production
Festigkeit	strength, stress
Feststoffgehalt, Festkörpergehalt	solids contents, dry substance
Feucht(binde)festigkeit	wet resistance
Feuchtigkeitshärtung	moisture curing
Feuchtigkeitssperre	moisture barrier
Feuchtigkeit	humidity, moisture content
Feuchtigkeitsaufnahme	humidity absorption, water absorption
Feuerbeständigkeit	fire resistance
feuerfest	incombustible, fire-proof
Film	film
Filmbildner	filmforming agent
Fixieren	fixing
Fließen	flow, fluidity
Fließgrenze	yield point
flüchtige Anteile	volatiles
Fluß, kalter	cold flow
Formänderung	deformation

Formbarkeit	plasticity
Fügeteil	adherend, substrate
Füllmasse	filler, caulking gum
Füllstoff	filler, extender
Fuge	flash line, junction
Gasblasen (i. d. Klebschicht)	voids
Gefrierpunkt	freezing point
Gel	gel
Gelieren	gelation
Gelierpunkt	gelation point
Gelier(ungs)zeit	gel time
gesättigt	saturated
Gewicht, spezifisches	specific gravity
giftig	toxic
Giftigkeit	toxicity
Glasübergangstemperatur	glas transition temperature
Glaszustand	glassy state
Gleiten	gliding
Gleitung	shear strain
Grenzflächenenergie	interfacial energy
Grenzflächenspannung	interfacial tension
Grenzschicht	interface
Grundierung	primer, size, sizing
Grundstoff	binder
Härte	hardness
Härter	hardener, curing agent
Härtung	cure
Härtungstemperatur	curing, setting temperature
Härtungszeit	curing, setting time
Haftfestigkeit	adhesive strength, bonding strength, adhesiveness
haften	adhere
Haftkleben	pressure-sensitive-bonding
Haftklebstoff	pressure-sensitive-adhesive
Haftschmelzklebstoff	hot melt pressurc sensitive adhesive
Haftung	adhesion
Haftvermittler	primer, coupling agent, adhesion promotor
Handpistole	hand gun
Harz	resin
Hautbildung	skin formation

Hautleim	hide glue
heißhärtend	thermosetting
heißsiegelfähig	heat-sealable
Heißsiegelklebstoff	heat-sealing adhesive, heat-sealing compound
Heißsiegelung	heat sealing
Heißverklebung	heat bonding
Heißverleimung	hot glueing
Heizplatte	heating plate
Hitzebeständigkeit	heat resistance
Höchstbelastung	maximum load
Holzleim	wood glue
induktive Erwärmung	induction heating
Inhibitor	inhibitor
kalt abbinden	cold-setting
kalter Fluß	cold flow
kalthärtend	cold-setting, room temperature curing, setting
Kaltleim	cold-setting adhesive
Kaltverklebung	cold bonding
Kantenverleimung	edge bonding
kapazitive Erwärmung	dielectric heating
Kaschierklebstoff	laminating adhesive
Kaschierung	lamination
Kasein	casein
Katalysator	catalyst
Kettenlänge	chain length
Kitt	cement
Klebbarkeit	bonding characteristic
Kleb(e)folie	adhesive foil
Kleb(e)fuge	bond, glue joint
Klebeband	gummed tape
kleben	adhere, bond, glue, cement
Klebfestigkeit	bond strength, shear strength of single overlap joints
Klebfilm	adhesive film, foil
Klebfläche	glue surface, surface to be bonded
Klebflächenvorbehandlung	surface treatment, preparation
Klebfuge	joint
Klebfugengestaltung	joint design
Klebkitt	adhesive cement
Klebkraft	bonding strength, adhesiveness, adhesive strength

Kleblösung	adhesive solution
Klebrigkeit	tack, tackiness
Klebschicht	bondline
Klebschichtdicke	bondline thickness, adhesive thickness
Klebschichtverformung	bondline shear displacement
Klebstoff (lösemittelfrei)	adhesive, bonding material, cement, glue (solvent free, water born)
Klebstoffansatz	adhesive batch
Klebstoffart	class of adhesive
Klebstoffauftrag	adhesive coating
Klebstoffbestandteile	components
Klebstofffilm (flüssig)	adhesive coat
Klebstofffilm, -folie (fest)	adhesive film
Klebstoff, anorganisch, pflanzlich,	inorganic, vegetable, animal glue
Klebung	adhesive bonded joint, joint, bond, assembly, lamination
Klebung, einschnittig überlappt	single-lap joint
Klebung, zweischnittig überlappt	double-lap joint
Klebvermögen	adhesiveness
Klebwulst	fillet
Kleister	adhesive past, glue
Klimabedingungen	atmospheric conditions, weathering
Klimatisierung	air conditioning, climatisation
Knochenleim	bone glue
Kohäsion	cohesion
Kohäsionsbruch	cohesive failure, fracture
Kohäsionsfestigkeit	cohesive strength
Komponente	component, constituent, ingredient
Kondensat	condensate
Kondensation	condensation
Konsistenz	consistency
Konstruktion	design
Konstruktionsklebstoff	structural adhesive
Kontaktkleben	contact bonding
Kontaktklebstoff	contact adhesive
Kontaktklebzeit	contact life
Kontraktion	contraction, shrinkage
Korrosion	corrosion, rusting
kovalente Bindung	covalent binding
Kriechen (bei Raumtemperatur)	creep (cold flow)
Kriechmodul	creep modulus
Kriechnachgiebigkeit	creep compliance

Kristallisationsgrad	degree of crystallinity
Kunststoff	plastic
Kunststoff, faserverstärkt	advanced composite, reinforced plastic
Kunststoffkleben	adhesive bonding of plastics
Kunststoff-Metall-Klebung	polymer (plastic)-metal-bonded joint
Kurzzeitbeanspruchung	short-time loading
Längsdehnung	elongation
Lagerbeständigkeit	storage life, shelf life
Lagerfähigkeit	shelf-life, stability in storage
Laminat	coating, lamination, laminate
laminieren	coating, laminating
Langzeitbeanspruchung	long-time loading
Langzeitbeständigkeit	long-time stability
Laschung, einschnittig	single-strap joint
Laschung, zweischnittig	double-strap joint
Last	load
Lastwechsel (Zahl)	endurance
Lebensdauer	shelf life, durability, fatigue life
Leichtbauweise	sandwich construction
Leim	glue, adhesive
Leim, tierisch	animal glue
Leimauftrag	glue application
leimen	glue
Leimfuge	glue joint, bond
Leimung	bonding, glueing
Leimverbrauch	yield
Leitfähigkeit	conductivity
lineare Elastizität	linear elasticity
lineares Polymer	linear polymer
Lösemittel	solvent
Lösemittelklebstoff	solvent (based) adhesive
Löslichkeit	solubility
Lösung	solution
Lösungsmittel	solvent
Lösungsmittelaktivierkleben	solvent activation bonding
Lösungsmittelbeständigkeit	solvent resistance
Lösungsmittelklebstoff	solvent (based) adhesive
Luftfeuchtigkeit	air humidity
Luftfeuchtigkeit, relativ	relative humidity

Makromoleküle	macromolecule
Mehrkomponentenmischung	compound of several products
Metallklebstoff	adhesive for metals
Metallklebung	bonded metal joint
Mikroverkapselung	microencapsulation
mischen	blend, mix
Mischleim	mixed glue
Mischung	mixture, batch
Mischpolymerisation	copolymerization
Molekularanziehung	molecular attraction
Molekulargewicht	molecular weight
Modul	modulus
Monomer	monomer
Montageklebstoff	structural adhesive
Montageleim	assembly glue
Muster	sample
Nachgiebigkeit	compliance, resilience
Nachhärtung	post cure
Nasskleben	wet bonding
Nassklebzeit	wet bonding life
Naturharz	natural resin
Netzmittel	wetting agent
nichtlineare Elastizität	nonlinear elasticity
Norm	standard
Normalbindungen	ambient conditions
Oberflächenbehandlung	surface preparation, finishing, sizing, treatment
Oberflächenbeschaffenheit	surface finish
Oberflächenenergie	surface energy
Oberflächenspannung	surface tension
Oberflächenvorbehandlung	surface preparation, treatment, pretreatment
Oberflächenzustand	surface finish, topography (geom.)
offene Zeit	assembly time, open time
Passung	clearance
Pfropfpolymer	grafting polymer
Phase	phase
Phase, dispers (Emulsion)	dispersed phase
Phase, kontinuierlich (Emulsion)	continuous phase
Phenoplast	phenoplast
Plastifizierung	plasticising

Plastizität	plasticity
Polarität	polarity
Polyaddukt	addition polymer
Polykondensat	polycondensate, condensation polymer
Polykondensation	polycondensation
Polymer	polymer
Polymerisat	polymer
Polymerisation	polymerization
Polymerisationsgrad	degree of polymerization
polymerisieren	polymerize
porös	porous
Porosität	porosity
Poisson-Zahl	Poisson ratio
Presse	press
pressen	pressing
Presszeit	press time
Primer	primer
Probekörper	test piece, specimen
Prüfbedingungen	conditions for testing
Prüfgeschwindigkeit	testing speed
Prüfkörper	test specimen, test sample
Prüfung	test
Pulver	powder
Pulverleim	powder adhesive
Qualitätsprüfung	quality control
Qualitätssicherung	quality assurance
rau	rough
Reaktionspartner	reactant
reaktiver Schmelzklebstoff	reactive hotmelt
reaktivierbar	reactivable
reaktivieren	reactivate
Reaktionsklebstoff	reaction adhesive
Reibung	friction
reinigen	clean, wash
Reinigungsmittel	detergent
Reißfestigkeit	tensile strength
Relaxation	relaxation
Resit	C-stage (resite)
Resitol	B-stage, (resitol)
Resol	A-stage, (resol)

Rheology	rheology
Riefe	streak, scratch
Riss	crack, fissure, tear
Rissbildung	crack formation
Rohstoff	raw material
Rollenschälversuch	floating roller peel test
Rückstand	residue
rühren	stir
Säurebeständigkeit	acid resistance
Säurefestigkeit	acid resistance
Säuregrad	acidity
Sandstrahlen	(abrasive) grit blasting
Saugfähigkeit	absorbency
Schäftung	scarfjoint
Schäftung, abgesetzt	landed scarf
Schälen	peel
Schälfestigkeit, -widerstand	peel strength
Schaum	foam
Schaumklebstoff (f. Wabenkerne)	core splice adhesive
Scherbeanspruchung	shear(ing) strain, shear(ing) force
Scherfestigkeit	shear strength, shearing resistance
Schermodul	modulus of shear
Scherung	shear
Schlagfestigkeit	impact strength
Schlagzähigkeit	impact strength, toughness
Schleuderstrahlanlage	wheel blasting machine
Schmelze, schmelzen	melt
Schmelzklebstoff	hot melt, hotmelt, adhesive
Schmelzpunkt	melting point
Schraubensicherung	threadlocking
Schrumpfklebung	bonded shrink fit
Schrumpfung	shrinkage
Schub	shear
Schubdehnung	shear strain
Schubfestigkeit	shear strength
Schubmodul	shear modulus
Schubspannung	shear stress
Schubspannungs-Gleitungs-Diagramm	shear stress/shear strain-diagram
Schutzkolloid	protective colloid
Schwindung	shrinkage
Schwingbeanspruchung	vibrating stress

selbstklebend	self-adhesive, pressure-sensitive adhesive
Selbstklebepapier	pressure-sensitive paper, cold-seal(ing)paper
Siebdruck	screen printing
siegelfähig	sealable
siegeln	seal
Spaltung	cleavage
Spannung	stress, tension, resistance, strength
Spannungs-Dehnungs-Diagramm	stress-strain-diagram
Spannungs-Dehnungs-Verhalten	stress-strain-behavior
Spannungskonzentration	stress concentration
Spannungsverteilung	stress distribution
Sperrholz	plywood
spezifisches Gewicht	specific gravity
Spritzpistole	spray gun
spröde	brittle
sprühen	spray, atomize, vaporize
Stabilisator	stabilizer
Stabilität	stability, steadiness
Stärkekleister	starch adhesive, starch paste
Stauchwiderstand	compression strength, compressive strength
Steifheit	stiffness
Stempelauftrag	die attach
Stoß(Stumpf-)klebung	butt joint
Strahlen (Oberfläche)	gritblasting
Strahlungshärtung	radiation curing
Streckgrenze	yield point
Suspension	suspension
Tankschmelzanlage	tankmelter
Taupunkt	dew point
Teilchen	particle
Teilchengröße	particle size
tempern (Wärmenachbehandlung)	stoving, post setting
Thermoplast	thermoplast
thermoplastisch	thermoplastic
Thixotropie	thixotropy
Tieftemperaturbeständigkeit	low temperatur resistance
Topfzeit	pot life, working life
Torsion	torsion, twisting
Torsionsmodul	modulus of torsion
Torsionsmoment	torsional moment
Torsionssteifheit	stiffness in torsion, torsional strength

Trägermaterial	substrate
Trennmittel	release agent
Trennung	delamination
Trockenbindefestigkeit	dry strength
Trockengehalt	solids content, dry substance
Trockenofen	drying oven
Trockenzeit	drying time
trocknen (eines Klebfilms)	dry
Trockner	dryer, drying machine
Trocknung	drying
Übergangstemperatur	transition temperature
Überhärtung	overcure
überlappte Klebung	overlapped, lap joint
Überlappung	overlap
Überlappungsbreite	joint width
Überlappungslänge	joint length
Umwelt	environment
Undurchlässigkeit	impermeability
undurchlässig	impermeable
verbinden	bond, join, fasten
Verbindung	bond, assembly, joint
Verbindung, überlappend	overlapped joint
Verbindungsfestigkeit	bond strength
Verbundwerkstoff	composite
Verdickungsmittel	thickener
Verdünnung	dilution
verdunsten	vaporize
Verdünnungsmittel	diluent, thinner
Vereinigen (der Fügeteile)	assembling (fixing)
Verfestigen	curing, setting
Verformung, elastisch	elastic deformation
Verformung, plastisch	plastic deformation
Verformung, bleibend	permanent set
Verlängerung	elongation
Verlustfaktor	dissipation factor
Vernetzer	cross linking agent
Vernetzung	cross linking
verstärkter Kunststoff	reinforced plastic, polymer
Verstärkung	reinforcement
Versuch	test

Verträglichkeit	compatibility
Verunreinigung	impurity
verziehen (sich)	deform, distort
verzweigtes Polymer	branched polymer
Verzweigungsgrad	degree of branching
Viskoelastizität	viscous elasticity
Viskosimeter	viscosimeter
Viskosität	viscosity
Vorbehandlung	surface preparation, pretreatment, sizing
vorgespannte Klebung	prestressed adhesive bond
Vorhärtung	precuring
Vorleimung	precoating
Vorstreichverfahren	preliminary coating process, double coating process
vortrocknen	predrying
Vorwärmung	preheating
Vulkanisation	vulcanization
vulkanisieren	vulcanize
Wabenkern	honeycomb
Wachs	wax
Wärmebeständigkeit	heat resistance, endurance
Wärmeleitfähigkeit	thermal conductivity
Wanderung (Weichmacher)	migration
warm abbinden	hot setting, thermosetting
warm gehärtet	thermoset
warmhärtend	hot setting, thermosetting
Warmleim	hot setting adhesive
Warmverleimung	heat bonding
Wasseraufnahme	water absorption
Wartezeit, geschlossen	assembly time, closed
Wartezeit, offen	assembly time, open
Wasserstoffbrückenbindung	hydrogen bond
Wechselbeanspruchung	alternating stress
wegschlagen (in das Substrat)	penetrating (into an adherend)
Weichmacher	plasticizer
weichmachen	plasticize
Weichmachungsgrad	plastizising rate
Welle-Nabe-Verbindung	collar and pin joint, shaft to hub connection
Winkelschälversuch	T-peel test

Zähigkeit	toughness
Zeitschwingfestigkeit	fatigue strength
Zeitstandversuch	creep rupture test
Zerreißfestigkeit	tensile strength
Zersetzung, thermische	decomposition
Zug	tension
Zugdehnung	tensile strain
Zugfestigkeit	tensile strength
Zugkraft	tensile load
Zugscherfestigkeit	lap shear strength
Zugscherversuch	shear tension test
Zugspannung	tensile stress
Zugversuch	tensile test
Zusammenziehung	contraction, shrinkage
Zusatzstoff	additive
Zweikomponentenklebstoff	two component adhesive
zweischnittige Laschung	double-strap joint
zweischnittig überlappte Klebung	double-lap joint
zwischenmolekulare Kräfte	intermolecular forces

Englisch-Deutsch

abrasive grit blasting	Sandstrahlen
absorbency	Absorptionsvermögen, Saugfähigkeit
accelerator	Beschleuniger
acid resistance	Säurebeständigkeit, Säurefestigkeit
acidity	Säuregrad
activator	Aktivator
addition polymer	Polyaddukt
additive	Additiv, Zusatzstoff
adhere	haften, kleben
adherend	Fügeteil
adhesion (mechanical, specific)	Adhäsion (mechanische, spezifische)
adhesion promoter	Haftvermittler
adhesive	Klebstoff
adhesive batch	Klebstoffansatz
adhesive bonded joint	Klebung
adhesive bonding of plastics	Kunststoffkleben
adhesive cement	Klebkitt
adhesive coat	Klebstoffilm (flüssig)
adhesive coating	Klebstoffauftrag
adhesive dispersion	Dispersionsklebstoff, -leim

adhesive failure, fracture	Adhäsionsbruch
adhesive film, foil	Klebfilm, Klebstoffilm, Klebefolie (fest)
adhesive for metals	Metallklebstoff
adhesive glue, paste	Kleister
adhesiveness	Klebvermögen
adhesive solution	Kleblösung
adhesive strength	Klebkraft
advanced composite	Kunststoff, faserverstärkt
ageing (time) (resistance)	Alterung (-szeit) (-sbeständigkeit)
air conditioning	Klimatisierung
air humidity	Luftfeuchtigkeit
alternating stress	Wechselbelastung
ambient conditions	Normalbedingungen
aminoplast	Aminoplast
amorphous	amorph
animal glue	Leim, tierisch
anodizing	anodisieren
anti-foam(ing)agent, anti-foamer	Entschäumer
antioxydant	Antioxydant
assembly	Klebung
assemyly glue	Montageleim
assembly time	offene Zeit
assembly time, open	Wartezeit, offen
assembly time, closed	Wartezeit, geschlossen
A-stage (resol)	A-Zustand
atmospheric conditions	Klimabedingungen
autoclave	Autoklav
balance panel	Anleimer
batch (of adhesive)	Ansatz (eines Klebstoffes)
bending	Biegung
bending moment	Biegemoment
bending stiffness	Biegesteifigkeit
beveled joint lap	abgeschrägte Überlappung
binder	Bindemittel, Grundstoff
blend	mischen
blocked curing agent	blockierter Härter, Komponente
blocking	blocken
bond	Klebung, Klebfuge, Leimfuge, Verbindung
bond	verbinden, kleben
bond strength	Verbindungs-, Klebfestigkeit
bonded metal joint	Metallklebung

bonded shrink fit	Schrumpfklebung
bonding characteristic	Klebbarkeit
bonding material	Klebstoff
bonding speed	Abbindegeschwindigkeit
bonding strength	Bindefestigkeit, Bindekraft, Klebkraft, Haftfestigkeit
bondline	Klebschicht
bondline shear displacement	Klebschichtverformung
bondline thickness	Klebschichtdicke
bone glue	Knochenleim
branched polymer	verzweigtes Polymer
break	Bruch
breaking load	Bruchbelastung
brittle	spröde
B-stage (resitol)	B-Zustand
but joint	Stoß(Stumpf-)klebung
bulkmelter	Fassschmelzanlage
casein	Kasein
catalyst	Katalysator
caulking	abdichten
cement	Klebstoff
chain length	Kettenlänge
class of adhesive	Klebstoffart
clearance	Passung
cleavage	Spaltung
climatisation	Klimatisierung
coat	beschichten, lackieren, laminieren
cohesion	Kohäsion
cohesive failure, fracture	Kohäsionsbruch
cohesive strength	Kohäsionsfestigkeit
coldsetting	kalthärtend
compliance	Nachgiebigkeit
component	Bestandteil
components of adhesive	Klebstoffbestandteile
compound of several products	Mehrkomponentenmischung
compression	Druck (Beanspruchung)
condensate	Kondensat
condensation	Kondensation
condensation polymer	Polykondensat
conditions for testing	Prüfbedingungen
consistency	Konsistenz

constituent	Komponente
contact adhesive	Kontaktklebstoff
contact bonding	kontaktkleben
contact life	Kontaktklebzeit
contact pressure	Anpressdruck
continuous phase	Phase, kontinuierlich (Emulsion)
contraction	Kontraktion
copolymer	Copolymer
copolymerization	Mischpolymerisation
corrosion	Korrosion
core splice adhesive	Schaumklebstoff (für Wabenkerne)
coupling agent	Haftvermittler
covalent binding	kovalente Bindung
creep (cold flow)	kriechen (bei Raumtemperatur)
creep compliance	Kriechnachgiebigkeit
creep modulus	Kriechmodul
C-stage (resite)	C-Zustand
cup flow figure	Auslaufzeit
decomposition	Zersetzung, thermische
degradation	Abbau
deflection	Durchbiegung
defoamer	Entschäumer
deformation	Deformation, Formänderung
degree of branching	Verzweigungsgrad
degree of polymerization	Polymerisationsgrad
delamination	Delaminierung, Trennung
dew point	Taupunkt
die-attach	Stempelauftrag
dielectric constant	Dielektrizitätskonstante
dielectric heating	kapazitive Erwärmung
diffusion	Diffusion
diluent	Verdünnungsmittel
dilution	Verdünnung
dispersed phase	Phase, dispers (Emulsion)
dispersing agent	Dispersionsmittel
dissipation factor	Verlustfaktor
dissolution	Auflösung
dissolve	auflösen
distort	verziehen (sich)
double bond (C=C)	Doppelbindung (C=C)
double coating process	Vorstreichverfahren

double-lap joint	Klebung, zweischnittig überlappt
double-strap joint	Laschung, zweischnittig
drummelter	Fassschmelzanlage
dry	trocknen (eines Klebfilms)
dry strength	Trockenbindefestigkeit
dry substance	Feststoffgehalt, Festkörpergehalt, Trockengehalt
dryer	Trockner
drying	Trocknung
drying machine	Trockner
drying oven	Trockenofen
drying time	Trockenzeit
ductile yield	Bruchdehnung
dynamic stress	Beanspruchung, dynamisch
durability	Lebensdauer
edge bonding	Kantenverleimung
elastic deformation	Verformung, elastisch
elasticity	Elastizität
elastomer	Elastomer
electron beam (radiation curing)	Elektronenstrahl (Härtung)
elongation	Längsdehnung, Verlängerung
elongation of rupture stretch	Bruchdehnung
emulsifier	Emulgator
emulsion	Emulsion
endurance	Lastwechsel (Zahl)
environment	Umwelt
expansion	Ausdehnung
expansion joint	Dehnungsfuge
extender	Füllstoff
extension	Ausdehnung
failure	Fehler
failure load	Bruchlast
fasten	verbinden
fatigue life	Lebensdauer
fatigue strength	Zeitschwingfestigkeit
fibre	Faser
fibre reinforced	faserverstärkt
fibrous	faserförmig
filaceous	faserförmig
filamentous	faserförmig
filler	Füllmasse, Füllstoff

filling	abdichten
film	Film
filmforming agent	Filmbildner
finishing	Oberflächenbehandlung
fire resistance	Feuerbeständigkeit
fissure	Riss
fixing	fixieren
flame treatment	Beflammung
flash line	Fuge
flexural strength	Biegefestigkeit
flexure stiffness	Biegesteifigkeit
floating roller peel test	Rollenschälversuch
flow	fließen
fluidity	Fließen
foam	Schaum
foaming	aufschäumen
fracture	Bruch
fracture toughness	Bruchzähigkeit
freezing point	Gefrierpunkt
friction	Reibung
gasket	Dichtung
gel	Gel
gelation	Gelieren
gelation point	Gelierpunkt
gel time	Gelier(ungs)zeit
glassy state	Glaszustand
glas transition temperature	Glasübergangstemperatur
gliding	gleiten
glue	Klebstoff, Kleister, Leim, kleben, leimen
glue application	Leimauftrag
glueing	Leimung
glue joint	Kleb(e)fuge, Leimfuge
glue inorganic, vegetable, animal	Klebstoff anorganisch, pflanzlich, tierisch
glue surface	Klebfläche
grafting polymer	Pfropfpolymer
grit blasting (abrasive)	Sandstrahlen
gummed tape	Klebeband
hand gun	Handpistole
hardener	Härter
hardness	Härte

heat bonding	Heißverklebung, Warmverleimung
heating plate	Heizplatte
heat resistance	Hitzebeständigkeit, Wärmebeständigkeit
heat-sealable	heißsiegelfähig
heat-sealing	Heißsiegelung
heat-sealing adhesive	Heißsiegelklebstoff
heat-sealing compound	Heißsiegelklebstoff
hide glue	Hautleim
honeycomb	Wabenkern
hot glueing	Heißverleimung
hotmelt (adhesive)	Schmelzklebstoff
hot melt pressure sensitive adhesive	Haftschmelzklebstoff
hot setting	warmabbinden, warmhärtend
hot setting adhesive	Warmleim
hydrogen bond	Wasserstoffbrückenbindung
impact strength	Schlagfestigkeit, Schlagzähigkeit
impermeability	Undurchlässigkeit
impurity	Verunreinigung
incombustible	feuerfest
induction heating	induktive Erwärmung
infiltrate	eindringen
inflammability	Entflammbarkeit, Entzündbarkeit, Brennbarkeit
inflammable	entflammbar, entzündbar
ingredient	Bestandteil, Komponente
inhibitor	Inhibitor
initial load	Anfangsbelastung
interface	Grenzschicht
interfacial energy	Grenzflächenenergie
interfacial tension	Grenzflächenspannung
interlaminar strength	Bindefestigkeit
intermolecular forces	zwischenmolekulare Kräfte
internal stress	Eigenspannung
join	verbinden
joint	Klebung, Klebfuge, Verbindung
joint design	Klebfugengestaltung
joint length	Überlappungslänge
joint width	Überlappungsbreite
laminate, lamination	Kaschierung
lamination adhesive	Kaschierklebstoff

landed scarf	Schäftung, abgesetzt
lap joint	überlappte Klebung
linear elasticity	lineare Elastizität
linear polymer	lineares Polymer
linkage forces	Bindungskräfte
load	Last, belasten
load at rupture	Bruchbelastung
load testing	Belastungsprüfung
long-time loading	Langzeitbeanspruchung
long-time stability	Langzeitbeständigkeit
macromolecule	Makromolekül
maximum load	Höchstbelastung
melt	Schmelze, schmelzen
melting point	Schmelzpunkt
microencapsulation	Mikroverkapselung
migration	Wanderung (Weichmacher)
mix	mischen
mixed glue	Mischleim
mixture	Mischung
modulus	Modul
modulus of elasticity	Elastizitätsmodul
modulus of shear	Schermodul
modulus of torsion	Torsionsmodul
moistening	Anfeuchtung
moisture barrier	Feuchtigkeitssperre
moisture curing	feuchtigkeitshärtend
molecular attraction	Molekularanziehung
molecular weight	Molekulargewicht
monomer	Monomer
natural resin	Naturharz
non linear elasticity	nichtlineare Elastizität
non proportional elongation	Dehngrenze
nozzle	Düse
one component adhesive	Einkomponentenklebstoff
open time	offene Zeit
overlap	Überlappung
overlapped	überlappend
overlapped joint	überlappte Klebung, Verbindung

particle	Teilchen
particle size	Teilchengröße
peel	schälen
peel strength, resistance	Schälfestigkeit, Schälwiderstand
penetrate	eindringen
penetrate (into an adherend)	wegschlagen (in das Substrat)
permanent set	Verformung, bleibend
permeability	Durchlässigkeit
phase	Phase, Abschnitt, Zustand
phenoplast	Phenoplast
pickling	beizen
plastic	Kunststoff
plastic-metal-bonded joint	Kunststoff-Metall-Klebung
plasticity	Formbarkeit, Plastizität
plasticize	weichmachen
plasticizer	Weichmacher
plasticizing	Plastifizierung
plastic deformation	Verformung, plastisch
plywood	Sperrholz
Poisson ratio	Poisson-Zahl
polarity	Polarität
polycondensate	Polykondensat
polycondensation	Polykondensation
polymer	Polymer, Polymerisat
polymer-metal-bonded joint	Kunststoff-Metall-Klebung
polymerization	Polymerisation
polymerize	polymerisieren
porosity	Porosität
porous	porös
post cure	Nachhärtung
pot life	Topfzeit
powder	Pulver
powder adhesive	Pulverleim
precoating	Vorleimung
precuring	Vorhärtung
predrying	Vortrocknen
preheating	Vorwärmung
preliminary coating process	Vorstreichverfahren
premature hardening	Aushärten, vorzeitig
pressure sensitive adhesive	Haftklebstoff
prestressed adhesive bond	vorgespannte Klebung
pretreatment	(Oberflächen-)Vorbehandlung

primer	Haftvermittler
pressure-sensitive-adhesive	Haftklebstoff
pressure-sensitive-bonding	Haftkleben
pressure-sensitive label	Etikett, selbstklebend
pressure-sensitive paper	Selbstklebepapier
pretreatment	Oberflächen(vor)behandlung
primer	Grundierung
production	Fertigung
proportioner	Dosiergefäß
protective colloid	Schutzkolloid
quality assurance	Qualitätssicherung
quality control	Qualitätskontrolle, -prüfung
radiation curing	Strahlungshärtung
raw material	Rohstoff
reactant	Reaktionspartner
reaction, reactive adhesive	Reaktionsklebstoff
reactivable	reaktivierbar
reactivate	reaktivieren
reactive hotmelt	reaktiver Schmelzklebstoff
reinforced plastic	Kunststoff, faserverstärkt
reinforcement	Verstärkung
relative humidity	Luftfeuchtigkeit, relative
relaxation	Relaxation
release agent	Trennmittel
release paper	Abdeck-, Antihaftpapier
repeated flexural stress	Dauerbiegespannung
residue	Rückstand
resilience	Nachgiebigkeit
resin	Harz
resistance	Beständigkeit, Spannung
rheology	Rheology
room temperature curing	kalthärtend
rough	rau
rupture	Bruch
rusting	Korrosion
sandwich construction	Leichtbauweise
sample	Muster
saturated	gesättigt
screen printing	Siebdruck

seal	siegeln
sealable	siegelfähig
sealant (compound)	Dichtungsmittel, Dichtstoff
self-adhesive label	Etikett, selbstklebend
set	abbinden (des Klebstoffs)
setting (of the adhesive)	abbinden (des Klebstoffs)
setting (room temperature)	kalthärtend
setting speed	Abbindegeschwindigkeit
setting temperature	Abbinde-, Erstarrungstemperatur
setting time	Abbindezeit, Erstarrungszeit
shaft-to-hub connection	Welle-Nabe-Verbindung
shear	Schub, Scherung
shearing	abscheren
shear(ing) force	Scherbeanspruchung
shearing resistance	Scherfestigkeit, Scherwiderstand
shear(ing) strain	Scherbeanspruchung, -kraft
shear modulus	Schubmodul
shear strain	Gleitung, Schubdehnung
shear strength	Scherfestigkeit, Schubfestigkeit
shear stress	Schubspannung
shear stress/shear strain-diagram	Schubspannungs-Gleitungs-Diagramm
shear tension test	Zugscherversuch
shelf life	Lagerbeständigkeit, Lagerfähigkeit, Lebensdauer
short-time loading	Kurzzeitbeanspruchung
shrinkage	Schrumpfung, Schwindung
single-lap joint	einschnittig überlappte Klebung
single-strap joint	Laschung, einschnittig
sizing	Oberflächenbehandlung
skin formation	Hautbildung
softening point	Erweichungspunkt
solids contents	Feststoffgehalt, Festkörpergehalt, Trockengehalt
solubility	Löslichkeit
solution	Lösung
solvent	Lösungsmittel, Lösemittel
solvent free	lösungs-, lösemittelfrei
solvent activation bonding	Lösungsmittelaktivierkleben
solvent (based) adhesive	Lösungsmittelklebstoff
solvent resistance	Lösungsmittelbeständigkeit
specific gravity	Dichte, spezifisches Gewicht
speed of loading	Belastungsgeschwindigkeit
spray	sprühen
spray gun	Spritzpistole

stabilizer	Stabilisator
standard	Norm
starch adhesive, paste	Stärkekleister
static stress	Beanspruchung, statisch
steadiness	Stabilität
stiffness	Steifheit
stiffness in torsion	Torsionssteifheit
stir	rühren
storage life	Lagerbeständigkeit
stoving	Tempern (Wärmenachbehandlung)
strain	Beanspruchung, Dehnung
streak	Riefe
strength	Festigkeit, Spannung
stress	Beanspruchung, Festigkeit, Spannung
stress concentration	Spannungskonzentration
stress distribution	Spannungsverteilung
stress-strain-behavior	Spannungs-Dehnungs-Verhalten
stress-strain-diagramm	Spannungs-Dehnungs-Diagramm
structural adhesive	Konstruktions-, Montageklebstoff
surface energy	Oberflächenenergie
surface finish	Oberflächenbeschaffenheit, Oberflächenzustand
surface preparation, treatment	Oberflächenvor-, Oberflächenbehandlung
surface tension	Oberflächenspannung
suspension	Suspension
sustained load	ertragbare Last
tack	Anzugsvermögen, Klebrigkeit
tankmelter	Tankschmelzanlage
tensile load	Zugkraft, -beanspruchung
tensile strain	Zugdehnung
tensile strength	Zugfestigkeit
tensile stress	Zugspannung
tensile test	Zugversuch
tension	Zug
test	Prüfung, Versuch
test sample, specimen	Prüfkörper
testing speed	Prüfgeschwindigkeit
thermal conductivity	Wärmeleitfähigkeit
thermal decomposition	Abbau (thermischer)
thermoplast	Thermoplast
thermoplastic	thermoplastisch
thermoset	warm gehärtet

thermoset adhesive	warmhärtender Klebstoff
thermosetting	heißhärtend
thickener	Verdickungsmittel
thickness	Dicke
thinner	Verdünnungsmittel
thixotropy	Thixotropie
toughness	Zähigkeit
toxic	giftig
toxicity	Giftigkeit
torsion	Drehung, Torsion
torsional moment	Torsionsmoment
transparency	Durchsichtigkeit
transition temperatur	Einfrier-, Übergangstemperatur
treatment (surface)	Oberflächenvorbehandlung
twisting	Torsion
two component adhesive	Zweikomponentenklebstoff
ultimate tensile strength	Bruchfestigkeit
ultimate elongation	Bruchdehnung
vaporize	verdunsten
vibrating stress	Schwingbeanspruchung
viscosimeter	Viskosimeter
viscosity	Viskosität
viscous elasticity	Viskoelastizität
voids	Fehlstellen, Gasblasen (i. d. Klebschicht)
volatiles	flüchtige Anteile
vulcanization	Vulkanisation
vulcanize	vulkanisieren
wash	reinigen
water absorption	Feuchtigkeits-, Wasseraufnahme
water born	lösungs-, lösemittelfrei
wax	Wachs
wheathering	Klimabedingungen
wet	benetzen
wet bonding	Nasskleben
wet bonding life	Naßklebzeit
wet resistance	Feucht(binde)festigkeit
wettability	Benetzbarkeit
wheel blasting machine	Schleuderstrahlanlage
wood glue	Holzleim

yield	Ergiebigkeit, Leimverbrauch
yield point	Fließgrenze, Streckgrenze
Young's modulus	Elastizitätsmodul

Literatur

14

Die im Folgenden angegebene Literatur beschränkt sich bewusst auf zusammenfassende Darstellungen in Fachbüchern, da diese – im Gegensatz zu Fachzeitschriften-Veröffentlichungen – von dem interessierten Leser leichter zu beschaffen sind. Die erwähnten Fachbücher geben in sehr umfangreichem Maße die Möglichkeit, sich über Spezialliteratur zu Einzelthemen zu informieren. In dem unter 10. erwähnten Fachbuch des Autors sind ergänzend 4059 Literaturstellen, 345 Patentschriften sowie 88 nationale und internationale Fachbücher in thematischer Zuordnung aufgeführt.

1. **Adhäsion – kleben & dichten** und **Industrieverband Klebstoffe e. V. (Hrsg.)**: Handbuch Klebtechnik 2016 (Aktuelle Informationen über Klebstoffanbieter, Geräte- und Anlagenhersteller, Gesetze, Normen, statistische Übersichten, Forschungseinrichtungen). Springer Fachmedien Wiesbaden 2016.
2. **Adhäsion – kleben & dichten** und **Industrieverband Klebstoffe e. V. (Hrsg.)**: Adhesives Technology Compendium 2015 (Englische Ausgabe von 1.).
3. **Braun, D.**: Kunststofftechnik für Einsteiger. Carl Hanser Verlag München 2003.
4. **Brockmann, W.; Geiß, P.L.; Klingen, J.; Schröder, B.**: Klebtechnik. Wiley-VCH Verlag GmbH & Co. KGaA Weinheim 2005.
5. **Burchardt, B.; Diggelmann, K.; Koch, St.; Lanzendörfer, B.**: Elastisches Kleben – Technologische Grundlagen und Leitfaden für die wirtschaftliche Anwendung. Verlag Moderne Industrie Landsberg – Die Bibliothek der Technik, Bd. 166, 1998.
6. **DVS – Deutscher Verlag für Schweißtechnik und verwandte Verfahren, Düsseldorf (Hrsg.)**: Richtlinien und Merkblätter zur klebtechnischen Ausbildung, siehe Abschn. 7.7.
7. **DVS – Deutscher Verlag für Schweißtechnik und verwandte Verfahren, Düsseldorf (Hrsg.)**: Fügen von Kunststoffen. Taschenbuch DVS-Merkblätter und -Richtlinien 2006.

© Springer Fachmedien Wiesbaden 2016

223

G. Habenicht, *Kleben - erfolgreich und fehlerfrei*, DOI 10.1007/978-3-658-14696-2_14

8. **Fonds der Chemischen Industrie** – Informationsserie Nr. 27 Kleben/Klebstoffe, Ausgabe 2001 Frankfurt/M. (auch als CD-ROM und unter www.vci.de/fonds erhältlich).

9. **Gruber, W.:** Hightech-Industrieklebstoffe, Grundlagen und industrielle Anwendungen. Verlag Moderne Industrie Landsberg – Die Bibliothek der Technik, Bd. 206, 2000.

10. **Habenicht, G.:** Kleben – Grundlagen, Technologien, Anwendungen. 6. Aufl., Springer Verlag Berlin, Heidelberg 2008.

11. **Habenicht, G.:** Applied Adhesive Bonding – A Practical Guide for Flawless Results. Englische Ausgabe des Buches „Kleben – erfolgreich und fehlerfrei" 6. Auflage 2012 Vieweg+Teubner Verlag, Springer Fachmedien Wiesbaden GmbH 2012, erschienen im Wiley-VCH Verlag GmbH & Co. Weinheim 2009.

12. **Habenicht, G.:** Ragasztas – Technika. Ungarische Ausgabe 2014 des Buches „Kleben – erfolgreich und fehlerfrei." 6. Auflage 2012 Vieweg+Teubner Verlag, Springer Fachmedien Wiesbaden GmbH.

13. **Möckel, J.; Fuhrmann, U.:** Epoxidharze – Schlüsselwerkstoffe für die moderne Technik. Verlag Moderne Industrie Landsberg – Die Bibliothek der Technik, Bd. 51,1990.

14. **Onusseit, H. (Hrsg.):** Praxiswissen Klebtechnik, Band 1: Grundlagen. Verlagsgruppe Hüthig GmbH Heidelberg 2008.

15. **Pröbster, M.:** Elastisch Kleben – aus der Praxis für die Praxis. Springer Vieweg – Springer Fachmedien GmbH Wiesbaden 2013.

16. **Pröbster, M.:** Industriedichtstoffe – Grundlagen, Auswahl und Anwendungen. Verlag Moderne Industrie Landsberg – Die Bibliothek der Technik, Bd. 256, 2003.

17. **Reisgen, U.; Stein, L.:** Grundlagen der Fügetechnik – Schweißen, Löten und Kleben. Deutscher Verband für Schweißtechnik Media GmbH Düsseldorf 2016.

18. **Zeppenfeld, G.; Grunwald, D.:** Klebstoffe in der Holz- und Möbelindustrie (2. Auflage). DRW-Verlag Weinbrenner GmbH & Co. KG Leinfelden-Echterdingen 2005.

Aus langjähriger Erfahrung des Autors erfolgt der Hinweis, bei Recherchen über Wissenswertes aus dem Gebiet der Klebtechnik neben der Fachliteratur und den Normen die Patentliteratur nicht zu vergessen. Diese zeichnet sich dadurch aus, dass der Stand der Technik auf einem interessierenden Gebiet jeweils genau beschrieben wird, auf dem dann die folgenden Ansprüche aufbauen. Ein weiterer Vorteil ist, dass Neuentwicklungen nicht unbedingt in Veröffentlichungen oder Kongressvorträgen bekannt gemacht werden, sondern zunächst in Patent- oder Offenlegungsschriften. Über die Medien ist die Patentliteratur problemlos einsehbar, beim Kleben wäre das über www.dpma.de – **DEPATISnet** – **DPMAregister** möglich. In der **Internationalen Patenklassifikation (IPC)** ist das gesamte technische Wissen in einer hierarchisch gegliederten Klassifikation abgebildet. Das „**Handbuch zur IPC, Ausgabe 2015**" beinhaltet den Wegweiser zu den gesuchten Informationen.

Ausgewählte Fachbegriffe der Klebtechnik 15

Abbinden Verfestigung des Klebstoffs durch physikalische und/oder chemische Vorgänge bei gleichzeitiger Ausbildung der Adhäsions- und Kohäsionskräfte. Beim Abbinden über chemische Vorgänge erfolgt die Verfestigung durch Molekülvergrößerung und -vernetzung von Monomeren und/oder Prepolymeren.

Abbindezeit Zeitspanne, innerhalb der der Klebstoff nach dem Fügen einen für die bestimmungsgemäße Beanspruchung erforderlichen Vernetzungsgrad erreicht hat.

Abhesives Beschichtungen auf Basis spezieller Siliconverbindungen mit klebschichtabweisenden Eigenschaften auf z. B. Trennpapieren. Anwendungen als Trägermaterial für Klebeetiketten, beidseitig klebenden Klebebändern etc.

Ablüftzeit Die Zeitspanne, die beim Einsatz von Reinigern, Aktivatoren oder Primern abgewartet werden muss, bis das Lösungsmittel vollständig abgelüftet ist und der Klebstoff aufgetragen werden kann.

Abminderungsfaktoren Faktoren, die alterungs- und fertigungsbedingte Einflüsse bei Festigkeitsberechnungen berücksichtigen. Bei ihnen handelt es sich um eine rechnerische Größe die angibt, mit welcher Zahl (immer kleiner als 1) eine unter Fertigungsbedingungen geforderte Größe zu multiplizieren ist, wenn auf die zu erwarteten Beanspruchungen umgerechnet werden soll (s. a. Sicherheitsfaktor).

© Springer Fachmedien Wiesbaden 2016   225
G. Habenicht, *Kleben - erfolgreich und fehlerfrei*, DOI 10.1007/978-3-658-14696-2_15

Absetzen Sedimentation von Füllstoffen in flüssigen Klebstoffen.

Absolute Temperatur Skala, auf der es nur positive Temperaturwerte gibt und deren Nullpunkt bei etwa $-273\,°C$ liegt (siehe auch Kelvin-Skala).

Absorption

1. Aufnahme von flüssigen Klebstoffen in eine poröse, nicht geschlossene Oberfläche (Adsorbens). Je nach der Bindungsenergie E_B (Energiebetrag, der notwendig ist, ein Molekül in zwei elektroneutrale Bruchstücke zu bringen) wird unterschieden in *Chemiesorption* ($E_B \geqq 10\,kcal/mol$) und *Physisorption* ($E_B < 10\,kcal/mol$). Letztere beruht nur auf den in Abschn. 6.1 beschriebenen van-der-Waals-Kräften. Die **Ab**sorption ist nicht zu verwechseln mit der **Ad**sorption.
2. Absorption von Strahlen, z. B. UV-Strahlen, durch Glas, Kunststoffe (z. B. Plexiglas), die zu einer Verzögerung der Härtung von strahlungs-härtenden Klebstoffen führt.

Acrylatklebstoff Ein Polymerisationsklebstoff, der sich von der Acrylsäure ableitet.

Adhäsion Das Aneinanderhaften von zwei verschiedenen Materialien, einer festen Fläche und einer zweiten gasförmigen, flüssigen oder festen Phase, verursacht durch atomare oder molekulare Anziehungskräfte (Adhäsionskräfte).

Adhäsionsbruch Versagen einer Klebung durch Bruch im Grenzschichtbereich Fügeteil-Klebschicht.

Adhäsionskräfte Wirken zwischen den Fügeteiloberflächen und den Klebschichtmolekülen und beruhen im Wesentlichen auf elektrischen Wechselwirkungen (Dipole).

Adsorbat Der auf einer adsorbierenden Fläche (Adsorbens) adsorbierte Stoff.

Adsorption Anlagerung von festen, flüssigen oder gasförmigen Stoffen an einer Oberfläche.

Ätzen Veränderung einer Oberfläche durch Abtragen oberflächennaher Schichten durch Säuren (saures Ätzen) oder Laugen (alkalisches Ätzen).

Agglomerat Zusammenschluss von Partikeln auf Grund ihrer hohen Affinität (Chemische Verwandtschaft) zueinander.

AGW-Werte Siehe **MAK**-Werte.

Aktivatoren Chemische Verbindungen, die in der Lage sind, eine chemische Reaktion einzuleiten, die ohne diese nicht ablaufen würde (z. B. Aktivatoren als Mittel zur Vorbehandlung schwer zu verklebender Oberflächen von Kunststoffen mit anaeroben Klebstoffen). Im Gegensatz zu Katalysatoren nehmen Aktivatoren an den chemischen Reaktionen direkt teil.

Aktive Oberfläche Oberfläche, die entweder durch eine mechanische, chemische oder physikalische Vorbehandlung oder durch eine Beschichtung (Primer, Aktivator) reaktive Eigenschaften (z. B. Dipole) besitzt.

Aktivierkleben Verfahren, um vorbereitete Klebschichten klebfähig zu machen (aktivieren). Dazu gehören u. a. Lösungsmittel-Aktivierkleben (Benetzung der Klebschicht mit Lösungsmittel vor dem Fügen), Wärme-Aktivierkleben (Wärmestrahlung unmittelbar vor oder gleichzeitig mit dem Fügen, z. B. Heißsiegelkleben).

Aktivierungszeit Zeitspanne in der ein für eine chemische Reaktion bestimmtes Ausgangsmaterial so viel Energie zugeführt wird, dass die Reaktion anschließend vollständig und selbsttätig ablaufen kann. Beispiel: Lichtaktivierung kationisch härtender Klebstoffe, dadurch Zerfall des Photoinitiators, Klebstoff ist aktiviert, Aushärtungsreaktion startet.

Akzellerator Siehe Beschleuniger.

Aldehyd Bezeichnung organischer Verbindungen, die durch die Aldehyd-Gruppe

$$-C\diagup^{\textstyle O}_{\textstyle H}$$

gekennzeichnet ist (z. B. Formaldehyd):

$$H - C - H$$
$$\parallel$$
$$O$$

Aliphate Sammelbezeichnung für Kohlenwasserstoffverbindungen, bei denen die Kohlenstoffatome in geraden oder verzweigten Ketten angeordnet sind. Im Gegensatz zu Aromaten, bei denen die Kohlenstoffatome Ringstrukturen aufweisen (die Mineralölsorte ARAL leitet sich ab von Mischungen **ar**omatischer und **ali**phatischer Kohlenwasserstoffverbindungen).

Alterung Eigenschaftsänderungen von Klebungen durch mechanische, physikalische und chemische Einflüsse, die im Allgemeinen zu einer irreversiblen Verminderung der Festigkeit führen (Alterungsbeständigkeit). Wesentliche Alterungsfaktoren sind Feuchtigkeit, Wärme, Chemikalien (insbesondere Tenside), mechanische Belastung, UV-Strahlung (insbesondere Glas- und Scheibenklebungen). Die Kombination verschiedener dieser Alterungseinflüsse (komplexe Beanspruchung) verstärkt die Vorgänge in einer Klebung im Sinne einer zeitlichen Verkürzung.

Amine Chemische Verbindungen mit Stickstoff als Zentralatom, werden u. a. als Härter für Epoxidharzklebstoffe eingesetzt.

Amorph Gegensatz zu kristallin, kennzeichnend für den Aufbau von Stoffen ohne kristalline Anteile.

Anfangsfestigkeit Festigkeit, auch Hand- oder Handhabungsfestigkeit, die ein Klebstoff kurz nach dem Auftragen und der Fügeteilfixierung entwickelt; eine für die Weiterverarbeitung wichtige Klebstoffeigenschaft.

Anisotrop Werkstoffeigenschaft mit je nach Beanspruchungsrichtung unterschiedlichem Verhalten, z. B. Holz, elektrische Eigenschaften bei Leitklebstoffen; Gegenteil: Isotrop.

Anorganische Chemie Beschreibt die Verbindungen der chemischen Elemente, die keinen Kohlenstoff im Sinne organischer Strukturen enthalten. Einige kohlenstoffhaltige Verbindungen, wie z. B. Carbonate (bilden als Calcium- und Magnesiumcarbonate die Dolomiten) werden wegen ihrer „anorganischen Eigenschaften" diesem Zweig der Chemie zugeordnet. Ein „Zwitter" sind die Gase Kohlenmonoxid und Kohlendioxid, die in ihrer „Chemie" eigenschaftsübergreifend sind.

Ansatz Ein für die Verarbeitung nach festgelegtem Mischungsverhältnis der einzelnen Bestandteile zusammengesetzter Klebstoff.

Antioxidantien Auch Sauerstoffinhibitoren genannte Verbindungen, die durch Sauerstoffeinfluss bedingte Veränderungen in einem Reaktionsablauf vermindern oder vermeiden, z. B. bei einer UV-Strahlungshärtung (siehe auch Inhibitor).

Arbeitsplatz-Grenzwert Früher siehe MAK-Wert.

Aromate Siehe Aliphate.

Atmosphärendruckplasma Physikalisch-chemisches Verfahren für die Oberflächenvorbehandlung, insbesondere von Kunststoffen. Beruht auf der Ausbildung einer ionisierten Gasatmosphäre durch Hochspannung und führt zur Bildung aktiver Oberflächen. Das Verfahren arbeitet im Gegensatz zum Niederdruckplasma bei Atmosphärendruck.

Atome Kleinste „Bauteile" der Elemente, die sich zu Molekülen verbinden können.

Atomgewicht Verhältniszahl die anzeigt, wieviel schwerer ein Atom im Vergleich zum Wasserstoffatom = 1 (leichtestes Element) ist. Wird heute als Massenzahl auf den 12ten Teil der Masse des Kohlenstoffatoms mit der Masse 12 als Standard bezogen.

Ausdehnungskoeffizient Kennzahl zur Beschreibung der Maßänderung eines Werkstoffs oder Bauteils in Abhängigkeit von der Temperatur.

Aushärtung Siehe Abbinden.

Aushärtungszeit Siehe Abbindezeit.

Aushärtungsbedingungen Die für die Aushärtung von Klebstoffen maßgebenden Einflussgrößen, z. B. Temperatur, Zeit, Luftfeuchtigkeit usw.

Autoklav Vorrichtung, in der gleichzeitig hohe Temperaturen und hohe Drücke erzeugt werden können. Werden bei der Klebstoffverarbeitung vorwiegend für Polykondensationsklebstoffe eingesetzt.

Beanspruchung Sammelbezeichnung für Fremdeinflüsse auf Klebungen und Dichtungen. Sie können mechanischer Art (Zug, Schub, Druck, Vibration, Schwingung, Schälung) oder auch physikalischer oder chemischer Art sein (Temperatur, Klima, Gase, Flüssigkeiten, UV-Strahlung). Treten diese Beanspruchungsarten gemeinsam auf, spricht man von einer komplexen Beanspruchung.

Beflammen Oberflächenvorbehandlungsmethode, insbesondere für Kunststoffe, mittels einer im Sauerstoffüberschuss brennenden Acetylen-, Propan- oder Butanflamme. Führt durch einen chemischen Einbau von Sauerstoffatomen in die Polymeroberfläche zu einer verbesserten Benetzbarkeit der Oberfläche durch einen Klebstoff.

Beizen Chemisches Abtragen von Reaktionsschichten auf metallischen Werkstoffen mittels verdünnter Säuren.

Belastung Die an einem Bauteil wirkende äußere Kraft. Belastbarkeit (Beanspruchbarkeit) ist die maximale Spannung, die eine Klebung aushält.

Benetzung Die Fähigkeit von Flüssigkeiten, sich auf festen Stoffen gleichmäßig zu verteilen. In der Klebtechnik die Eigenschaft eines Klebstoffs, sich auf den Oberflächen der Fügeteile gleichmäßig auszubreiten. Das Benetzungsvermögen eines Systems ist von der jeweiligen Oberflächenspannung des festen und flüssigen Mediums abhängig. Eine einwandfreie Benetzung der Oberfläche ist eine für die optimale Adhäsion notwendige Voraussetzung.

Benetzungswinkel Charakterisiert das Benetzungsverhalten eines Klebstoffs (einer Flüssigkeit) auf einer Oberfläche. Für eine gute Benetzung sollte der Wert des Benetzungswinkels α unterhalb von 30° liegen.

Beschleuniger Klebstoffbestandteil, der die Dauer der Aushärtung herabsetzt.

Biegefestigkeit Materialkennwert der angibt, wie stark ein Bauteil auf Biegung bis zum Bruch beansprucht werden kann. Dimension N/mm^2 (MPa).

Bifunktionalität Chemische Struktur von organischen Verbindungen mit zwei funktionellen Gruppen, z. B. Diisocyanate und Diole bei Polyurethanklebstoffen (Abschn. 4.2).

Bindemittel Klebstoffbestandteil, der nach Art und Menge die Eigenschaften der Klebschicht maßgeblich bestimmt, auch als Grundstoff bezeichnet.

Bindungsenergie Zusammenhalt der Atome in einem Molekül. Nach der Stärke dieses Zusammenhaltes werden unterschieden: Hauptvalenzbindungen (50–1000 kJ/mol), Nebenvalenzbindungen (< 50 kJ/mol).

Blockierte Reaktionsklebstoffe Klebstoffe, bei denen die Reaktion der Komponenten miteinander durch mechanische (z. B. getrennte Packungseinheiten, Mikroverkapselung) oder chemische (spezielle Formulierungen von Harz bzw. Härter) Maßnahmen unterbunden ist.

BMC-Formmassen (Bulk Moulding Compound). Im Gegensatz zu den mit zweidimensionaler flächiger Faserverteilung hergestellten **SMC**-Formmassen (Sheet Moulding Compound) werden bei BMC-Produkten die Faseranteile (z. B. Glasfasern) in zerteilter Form zugegeben, was zu einer dreidimensionalen Faserverteilung führt.

Brucharbeit Die Arbeit, die bis zum Bruch eines Werkstoffs oder einer Klebung aufgewendet werden muss.

Bruchdehnung Materialkennwert, der die Dehnung bezogen auf die Ausgangslänge (in %) eines Werkstoffs bis zum Bruch angibt. Bei Elastomeren auch als Reißdehnung bezeichnet.

Bruchkraft Die Kraft, die zum Bruch des Werkstoffes benötigt wird.

Caseinklebstoff/-leim (Kaseinklebstoff) Klebstoff auf tierischer Basis, hergestellt aus dem bei der Milchverarbeitung anfallenden Säurecasein. Verwendung als Holzklebstoff und in der Verpackungsindustrie (Etikettierleim).

Chemische Bindungen Entstehen durch Bindungskräfte, die den Zusammenhalt von zwei oder mehreren Atomen bzw. Atomgruppen innerhalb von Molekülen bewirken (Bindungsenergie). Unterschieden werden u. a.:

- **Homöopolare Bindungen** (Atombindung, unpolare Bindung, kovalente Bindung), die auf der Austauschwechselwirkung der Valenzelektronen der Bindungspartner beruht. Dargestellt durch einen Valenzstrich (Abschn. 2.1.1).
- **Heteropolare Bindungen** (Ionenbindung, polare Bindung), basieren auf der Wirkung elektrostatischer Kräfte (elektrostatische Bindung) zwischen entgegengesetzt geladenen Ionen. Sie spielen im Gegensatz zu der homöopolaren Bindung in Klebungen keine große Rolle.
- **Zwischenmolekulare Bindungen** beruhen auf den Anziehungs- und Abstoßungskräften, die zwischen valenzmäßig ungesättigten Molekülen wirksam werden (Van-der-Waalsche Kräfte, Dipolkräfte, Abschn. 6.1).

Chemisch reagierende Stoffe Sammelbezeichnung für im monomeren/prepolymeren Zustand reaktionsbereite Komponenten. Bei Mischung und/oder Wärmezufuhr Vereinigung zu Polymeren.

Chemiesorption Siehe Adsorption.

Chip-on-Board-Technik Elektronik: Kleben der Chips mit elektrisch leitfähigen Klebstoffen auf die elektrischen Kontaktpunkte der Leiterplatte. Anschließend Kontaktierung der Bonddrähte.

Cleaner Reinigungsmittel für Oberflächen.

Copolymer Polymer, bestehend aus zwei oder mehreren an der Polymerisation beteiligten Monomereinheiten mit verschiedener Grundstruktur, auch als Mischpolymer bezeichnet.

Corona-Verfahren Methode zur Oberflächenvorbehandlung von Kunststoffen, beruhend auf den Einbau reaktiver Atome aus der Gasphase durch Hochspannungsentladung in die Oberfläche von Kunststoffen.

Cyanacrylatklebstoff Schnell aushärtender Reaktionsklebstoff (auch „Sekundenkleb-stoff" genannt), dessen Aushärtung durch Luftfeuchtigkeit initiiert wird.

Dextrin Chemisch veränderte Stärke, Grundstoff für Dextrinleim.

Dextrinklebstoff Wässriger Klebstoff auf der Basis abgebauter Stärke.

Dichte (ρ) Nach Einführung der SI-Einheiten (s. dort) als „spezifische Masse" (früher „spezifisches Gewicht") definiert, ergibt sich als Quotient aus der Masse m und dem Volumen V eines Stoffes:

$$\rho = \frac{m}{V}, \quad \text{Einheiten} \quad \frac{kg}{m^3} \; ; \quad \frac{kg}{dm^3} \; ; \quad \frac{g}{cm^3} \; .$$

Dichtstoffe Polymerverbindungen, die Fugen, Spalten, Hohlräume zwischen Bauteilen über ihre adhäsiven und volumenüberbrückenden Eigenschaften gas- und flüssigkeitsdicht sowie beanspruchungsgerecht auszufüllen vermögen.

Diffusion Selbständige Vermischung von Gasen, Flüssigkeiten, Feststoffen in- und miteinander auf Grund der Atom- bzw. Molekülbewegung. Beim Kleben wichtig z. B. Diffusion von Wasserdampf in Kleb-/Grenzschichten oder Diffusion von Lösungsmitteln durch poröse Fügeteile beim Abbinden von Klebstoffen.

Dipol Moleküle mit unterschiedlichen elektrischen Ladungsverteilungen.

Dispersion In einer Flüssigkeit dauerhaft feinstverteilter Stoff (z. B. ein Polymer).

Dispersionsklebstoffe Beinhalten Wasser als Lösungsmittel, in dem die Polymerteilchen in Folge ihrer äußerst kleinen Partikelgröße „schwimmen". Sie binden nach Entfernung des Wassers durch „Zusammenschmelzen" der Partikel zu einer Klebschicht ab.

Dissoziation Zerfall von Molekülen in wässriger Lösung in positiv oder negativ geladene Ionen (siehe auch Ionen).

Doppelbindung In der organischen Chemie die Verbindung von zwei Kohlenstoffatomen durch zwei Valenzen (C=C). Die Doppelbindungen sind Voraussetzung für die Aushärtung von Polymerisationsklebstoffen.

Duromer Kunststoff/Klebschicht, bestehend aus Molekülstrukturen, die durch kovalente Bindungen engmaschig miteinander vernetzt sind. Duromere sind nicht schmelzbar, nicht plastisch verformbar und in Lösungsmitteln unlöslich.

Duroplast Siehe Duromer.

Dynamischer Mischer Mischer, der verschiedene Stoffe mittels mechanischer Energie zu mischen gestattet, üblicherweise durch Rotationsbewegungen.

Einfriertemperatur Siehe Glasübergangstemperatur.

Einkomponentenklebstoff Klebstoff, der vor der Verarbeitung nicht mit einem weiteren Klebstoffbestandteil gemischt werden muss.

Elastizität Eigenschaft eines Stoffes, sich unter Einwirkung einer Kraft zu verformen und nach Entlastung wieder den ursprünglichen Zustand einzunehmen.

Elastizitätsmodul Materialkennwert, der das Verhältnis von Spannung zu Dehnung bei der mechanischen Belastung eines festen Körpers beschreibt. Dimension N/mm^2 (Mpa). In Kenntnis der Querkontraktionszahl μ (Poissonzahl) von Klebschichten (Bereich $\mu = 0{,}25\text{--}0{,}45$, je nach Klebstoffgrundstoff) lässt sich im linear-elastischen Bereich aus dem Elastizitätsmodul E nach der Beziehung $E = 2\,G\,(1 + \mu)$ der Schubmodul G berechnen (oder auch umgekehrt, Abschn. 10.2.3).

Elastomere Im Gegensatz zu den Thermoplasten und Duromeren weitmaschig vernetzte Polymermoleküle, die bei zunehmender Temperatur nicht schmelzen und über ein großes reversibles Dehnvermögen verfügen.

Elektromagnetisches Spektrum Darstellung der elektromagnetischen Strahlung nach Strahlungsenergie und Wellenlänge. Wichtige Bereiche (nach abnehmender Wellenlänge und damit verbunden zunehmender Energie): Radio-, Mikrowellen, Infrarot-/Wärmestrahlung, sichtbares Licht, UV-, Röntgen-, Gammastrahlung.

Elektron Leichtestes, negativ geladenes Elementarteilchen mit einer Elementarladung (ohne Berücksichtigung von Quanten, Quarks, Neutrinos).

Elektronenstrahlung Im Gegensatz zur elektromagnetischen UV-Strahlung ist die Elektronenstrahlung eine Teilchenstrahlung, bei der die Energie beschleunigter Elektronen für die Aktivierung der C=C-Doppelbindung bei Polymerisationsreaktionen eingesetzt wird.

Element Durch chemische Methoden nicht weiter zerlegbarer Grundstoff.

Emulgator Bestandteil von Dispersionen mit der besonderen Eigenschaft, die Polymerteilchen in der wässrigen Phase in Schwebe zu halten und somit deren Absetzen zu verhindern.

Emulsion Flüssigkeit mit feiner Verteilung einer zweiten Flüssigkeit. Es liegt keine Lösung vor.

Endfestigkeit Von einem Klebstoff unter Normbedingungen maximal erreichbare Festigkeit. Die in Klebstoff-Datenblättern angegebenen Verbundfestigkeiten (z. B. Klebfestigkeit) sowie auch die Werkstoffkennwerte des Klebstoffs (z. B. E-Modul, Reißfestigkeit und Reißdehnung) werden am endfesten, d. h. vollständig ausgehärteten Klebstoff bestimmt.

Endotherme Reaktion Siehe Exotherme Reaktion.

Energie Physikalische Größe, die die Fähigkeit eines Systems charakterisiert, Arbeit zu verrichten.

Entropie Maß für die molekulare Unordnung (Ordnungszustand) eines thermodynamischen Systems und dessen Nichtumkehrbarkeit (Irreversibilität). Als Beispiel Wärme als die Energie der ungeordneten Bewegungen der Moleküle. In der Luft als Wärmeträger wird sich das Gemisch aus Sauerstoff- und Stickstoffmolekülen nicht wieder von selbst entmischen.

Erweichungspunkt Temperatur oder (in der Regel) Temperaturbereich, kennzeichnet den Übergang vom festen in den plastisch/teigigen und dann folgend in den flüssigen Zustand eines Stoffes, z. B. bei Gläsern, Thermoplasten (siehe auch Glasübergangstemperatur).

Ester Organische Verbindungen mit der Gruppierung, die u. a. durch Umsetzung von Carbonsäuren mit Alkoholen entstehen. Beispiel: Reaktion von Essigsäure mit Ethylalkohol durch „Veresterung" zu Essigsäureethylester (Ethylacetat). Wird vielfach als Lösungs- und Entfettungsmittel verwendet.

$$- C - O -$$
$$\underset{O}{\overset{\parallel}{}}$$

Exotherme Reaktion Chemische Reaktion, die unter Wärmebildung abläuft, beispielsweise die Verbrennung (Oxidation) von Kohlenstoff zu Kohlendioxid. Im Gegensatz dazu laufen **endotherme** Reaktionen durch Wärmeaufnahme aus der Umgebung ab.

Festigkeit Widerstand, den ein Körper einer Verformung durch von außen einwirkende Kräfte entgegensetzt. Dimension: N/mm^2 (MPa), siehe auch Klebfestigkeit.

Festkörpergehalt Konzentration eines Stoffes oder mehrerer Stoffe in einem Lösungsmittel, die nach vollständiger Verdunstung einen festen Rückstand bilden. Die Mengenangabe erfolgt in %-FK. Mit zunehmendem Festkörpergehalt steigt in der Regel die Viskosität des Systems an.

Finite Elemente Numerisches Berechnungsverfahren für die rechnergestützte Simulation deformationsmechanischer Vorgänge. Zu berechnende Systeme werden in eine endliche Zahl kleiner Elemente unterteilt, die einzeln berechnet werden und im Gesamtergebnis das deformationsmechanische Verhalten eines Bauteils simulieren.

Fixieren Das Festhalten der Fügeteile mit oder ohne Druck in der gewünschten Lage während des Aushärtungsvorgangs.

Fixierklebstoff Klebstoff, der zur Fixierung von Bauteilen vor der weiteren Verarbeitung eingesetzt wird, z. B. Bauelemente auf Leiterplatten vor dem Löten, Drahtenden von Spulen nach dem Wickeln. Die Klebschicht wird in der Regel keinen mechanischen Belastungen unterworfen.

Flammbehandlung Siehe Beflammen.

Flammpunkt Kriterium für die Entflammbarkeit brennbarer Flüssigkeiten mit Einteilung in Gefahrenklassen. Der Flammpunkt ist die niedrigste Temperatur, bei der sich aus einer Flüssigkeit so viel Dämpfe entwickeln, dass sich ein entflammbares Dampf-Luft-Gemisch bildet, z. B. Gefahrenklassen für Klebstoffe oder Lösungsmittel:

A I = Flammpunkt $< 21\,°C$.

A II = Flammpunkt $21\,°C$–$55\,°C$.

A III = Flammpunkt $> 55\,°C$–$100\,°C$.

Fügen Das Zusammenbringen von Fügeteilen. In der Klebtechnik mit anschließendem Übergang des Klebstoffes in die Klebschicht. In der Regel als Nassfügen, bei dem erst der Klebstoff auf das Fügeteil aufgetragen wird, dann erfolgt die Fixierung. Beim Trockenfügen werden zuerst die Bauteile fixiert, anschließend erfolgt die Dosierung des Klebstoffes in den Fügespalt mittels Dosiernadeln. Wichtig ist bei dieser Variante, die nur in Ausnahmefällen praktiziert wird, eine (niedrige) Viskositätseinstellung.

Fügeteilbruch Versagen einer Klebung bei mechanischer Belastung im Fügeteilwerkstoff, also außerhalb der Klebschicht. Zeigt an, dass die Klebfestigkeit größer als die Fügeteilfestigkeit ist.

Fügeteile Feste Körper, die miteinander verbunden werden sollen oder miteinander verbunden sind.

Füllstoff Klebstoffbestandteil in fester, feinverteilter Form, der die Verarbeitungseigenschaften des Klebstoffs und die Eigenschaften der Klebschicht gezielt verändert (z. B. Metallpartikel in elektrisch leitfähigen Klebstoffen, Quarzmehl, Kreide, Ruß zur Erhöhung der Viskosität). Füllstoffe sind keine Reaktionspartner bei der Klebstoffaushärtung.

Gel Ein halbfestes, kolloidales System, das aus einem in einer Flüssigkeit dispergierten Feststoff besteht. Die Formbeständigkeit der Gele zeichnet sich dadurch aus, dass sie nicht unter ihrem eigenen Gewicht zerfließen. Durch Temperaturerhöhung oder auch Wasserentzug können Gele in den Solzustand überführt werden, siehe auch Plastisol.

Gelatine Ein in Wasser lösliches bzw. quellbares Eiweißprodukt, das aus Kollagen gewonnen wird.

Gelzeit Bei Zweikomponentensystemen die Zeitspanne, in der ein gebrauchsfertiger Klebstoffansatz vom fließfähigen in den ablauffesten Zustand übergeht.

Glasübergangstemperatur (Abk. T_g, auch Einfriertemperatur). Eine für Polymere charakteristische Temperatur oder ein Temperaturbereich, unterhalb dem diese in einem hart/spröden Zustand vorliegen. Ist in der Regel mit einer starken Veränderung der mechanischen und physikalischen Eigenschaften der Polymere verbunden. Thermoplaste gehen über den plastischen in den Fließ- bzw. Schmelzbereich über.

Gleitmodul Siehe Schubmodul.

Glutinleim Aus eiweißhaltigen Produkten, insbesondere tierischen Abfällen (Knochen) hergestellter Leim auf wässriger Basis.

Grundstoff Siehe Bindemittel.

Härter Klebstoffbestandteil, der das chemische Abbinden eines Klebstoffs durch Polymerisation, Polykondensation oder Polyaddition bewirkt und dem Klebstoffharz zugesetzt oder beigemischt wird, häufig auch als „2. Komponente" bezeichnet.

Haftklebstoff In Lösungsmittel oder als Dispersion vorliegender Klebstoff, der nach dem Abbinden dauerklebrig bleibt.

Haftung Siehe Adhäsion.

Haftvermittler Chemische Verbindungen, die als Klebstoffzusätze oder Oberflächenbeschichtungen die Haftfestigkeit und/oder Alterungsbeständigkeit von Klebungen verbessern (siehe auch Primer, Silane).

Halogene Sammelbezeichnung für die Elemente Fluor, Chlor, Brom, Jod.

Handhabungsfestigkeit Festigkeit einer Klebung, die eine Weiterverarbeitung im Arbeitsprozess erlaubt.

Harz Sammelbegriff für feste oder zähflüssige, organische, nicht kristalline Produkte mit mehr oder weniger breiter Verteilung der molaren Masse. Normalerweise haben Harze einen Schmelz- oder Erweichungsbereich, sind im festen Zustand spröde und brechen dann muschelartig. Sie neigen bei Raumtemperatur zum Fließen. Neben Harzen als Zusatzstoffe zu Klebstoffen tragen einige Klebstoffgrundstoffe, z. B. Epoxidharze, Phenolharze, Polyesterharze ebenfalls diese Bezeichnung.

Hautbildung Beginnende oberflächliche Verfestigung (Aushärtung) eines auf ein Fügeteil aufgetragenen Reaktionsklebstoffs. Durch die Hautbildung wird die Benetzung des zweiten Fügeteils erschwert oder auch verhindert. Beispiele: Polyurethan-, Siliconklebstoffe.

Hautbildungszeit Zeitspanne vom Klebstoffauftrag bis zur beginnenden oberflächlichen Verfestigung des Klebstoffs, ab der ein Verkleben nicht mehr möglich ist.

Heißsiegelklebstoff Ein auf den Fügeteilen als feste Klebschicht befindlicher Schmelzklebstoff, der durch Wärmeeinwirkung aufschmilzt und die Fügeteile nach Abkühlung miteinander verbindet, siehe Aktivierkleben.

Heteropolare Bindung Siehe Chemische Bindungen.

Homöopolare Bindung Siehe Chemische Bindungen.

Homogenisierung Durch Mischen oder Rühren bewirkte gleichmäßige Verteilung von zwei oder mehreren Stoffen in flüssig/flüssig oder flüssig/festen Systemen.

Homopolymer Polymer, das nur aus einer Art von Monomereinheiten bei gleichartiger Reaktionsweise der Monomere aufgebaut ist.

Hookesches Gesetz Stellt die Beziehung zwischen der Dehnung $\varepsilon = \frac{\Delta l}{l}$ (Δl = Längenänderung, l = Ausgangslänge) eines Körpers und der mechanischen Spannung $\sigma = \frac{F}{A}$ (F = Kraft, A = Querschnitt) als linearen Zusammenhang dar: $\varepsilon = \frac{\sigma}{E}$ (E = Elastizitätsmodul).

Hotmelt Klebstoff, der bei erhöhter Temperatur als Schmelze aufgetragen wird und beim Erkalten physikalisch abbindet, siehe Schmelzklebstoff.

Hydratation (Hydratisierung) Anlagerung von Wassermolekülen an dispergierte oder gelöste Stoffe unter Bildung von Hydraten mit dem Ziel einer verbesserten Wasserlöslichkeit (Abschn. 5.9.1).

Hydrolyse Chemische Reaktion, bei der eine Verbindung durch Einwirkung von Wasser nach der allgemeinen Gleichung

$$A - B + H - OH \rightarrow A - H + B - OH$$

gespalten wird.

Bei den RTV-1 Siliconen (Abschn. 4.6 und 8.2.5.1) hydrolysiert der Wasserdampf der Luft die hydrolyseempfindlichen Vernetzer, um die Härtungsreaktion einzuleiten.

Inhibitor Substanz, die in geringer Konzentration chemische Reaktionen hemmt oder auch unterbindet, z. B. Sauerstoffinhibierung strahlungshärtender Klebstoffe.

Initiator Substanz, die bereits in geringer Konzentration eine chemische Reaktion einleitet, z. B. Photoinitiatoren bei UV-strahlungshärtenden Klebstoffen.

Ionen Positiv oder negativ geladene Atome oder Moleküle, z. B. Na^+- und Cl^--Ionen in einer wässrigen Kochsalzlösung (siehe auch Dissoziation).

Isomerie, Isomer Bezeichnung für organische Verbindungen, bei denen Moleküle aus der gleichen Anzahl der gleichen Atome bestehen, sich jedoch hinsichtlich ihrer Anordnung zueinander unterscheiden. Dadurch werden unterschiedliche Eigenschaften dieser Verbindungen begründet, z. B. Ethylalkohol CH_3–CH_2–OH und Dimethylether CH_3–O–CH_3. Beide Verbindungen haben die gleiche Anzahl der Atome: C = 2, H = 6, O = 1.

Isotope Atomkerne, die die gleiche Anzahl von Protonen enthalten, sich aber in der Anzahl der Neutronen unterscheiden.

Isotrop (Iso (griech.) = gleich; tropos (griech.) = Richtung) In allen Richtungen gleiche Eigenschaften eines Stoffes (z. B. elektrische Eigenschaften von Leitklebstoffen). Gegenteil: Anisotrop.

Joulesches Gesetz Für die Widerstandserwärmung leitfähiger Systeme wichtiger Zusammenhang der Parameter: Entstehende Wärme Q, Strom I, elektrischer Widerstand des Leiters R, Zeit t ($Q = I^2 \cdot R \cdot t$). Voraussetzung für die Anwendung dieses Verfahrens bei der Klebstoffhärtung ist eine elektrische Leitfähigkeit des Klebstoffs z. B. Metallpartikel als Füllstoff.

Kalthärtung Aushärtung von Klebstoffen ohne Wärmezufuhr. Temperaturen unter Raumtemperatur verzögern, über Raumtemperatur beschleunigen die Reaktion.

Kapillarität Physikalische Erscheinung, bei der in Folge von Grenzflächenspannungen von Flüssigkeiten an engen Hohlräumen in Festkörpern (Kapillaren, Spalten, Porositäten) ein Aufsteigen der Flüssigkeit (oder auch ein Absenken) auftritt. Wichtig beim Kleben poröser Werkstoffe in Zusammenhang mit der Klebstoffviskosität. In die Kapillaren „fließt" der Klebstoff nicht nur ein, sondern wird auf Grund von Kapillarkräften – auch entgegen der Schwerkraft – in das Substrat „hineingesaugt".

Kaschieren Großflächiges Verbinden von Folien durch Klebstoffe.

Katalysator Chemische Verbindungen, die in der Lage sind, eine chemische Reaktion einzuleiten, die ohne diese nicht ablaufen würde. Im Gegensatz zu Aktivatoren nehmen Katalysatoren an den chemischen Reaktionen nicht teil.

Kautschuk Weitmaschig vernetzte Polymere mit niedrigen Glasübergangstemperaturen. Unterscheidung in natürliche (Naturkautschuk) und künstliche (Nitril-, Butyl-, Chloropren-, Styrol-)Kautschuke.

Kelvin-Skala Einheit K; Temperaturskala, deren Bezugspunkt 0 K dem absoluten Nullpunkt von $-273,16\,°C$ entspricht; demnach sind $0\,°C = 273,16\,K$, $100\,°C = 373,16\,K$ usw. Der Unterschied zu der Celsius-Skala besteht darin, dass die Kelvin-Skala sich nicht auf die Eigenschaften spezieller Stoffe bezieht. Eine Temperaturdifferenz von beispielsweise -20 bis $+40\,°C$ wird demnach mit dem Wert 60 K angegeben, der Siedepunkt des Wassers als Stoffkonstante mit $100\,°C$.

Ketone Kennzeichnend für diese organischen Verbindungen ist die Keto-Gruppe.

$$\mathord{>}C = O$$

Ketone mit vergleichsweise niedrigen Molekulargewichten sind farblose Flüssigkeiten mit guten Lösungseigenschaften, z. B. Aceton:

$$CH_3 - C - CH_3$$
$$\overset{\|}{O}$$

Klebebänder Auch Selbstklebebänder genannt, bestehen aus Kunststoff-, Kunststoffschaum-, Metall-, Papier- oder Textilbändern, mit oder ohne Verstärkung, die ein- oder beidseitig mit einer Haftklebstoffschicht versehen sind.

Klebestreifen Bestehen aus Papier- bzw. Kraftpapierstreifen, ggf. verstärkt, die mit einer durch Wasser oder Wärme aktivierbaren Klebstoffschicht versehen sind.

Kleben Fügen gleicher oder ungleicher Werkstoffe unter Verwendung eines Klebstoffs.

Klebfestigkeit Auf eine definierte Fläche bezogene Kraft, die zum Trennen einer Verklebung benötigt wird.

Klebfläche Die zu klebende oder geklebte Fläche eines Fügeteils.

Klebfuge Der mit Klebstoff auszufüllende Raum zwischen zwei Fügeteilen.

Klebschicht Ausgehärteter Klebstoff zwischen zwei Fügeteilen.

Klebstoff Nichtmetallischer (Werk-)Stoff, der nach Umwandlung aus dem flüssigen/pastösen Zustand in eine feste Klebschicht zwei oder mehrere Fügeteile stoffschlüssig verbindet (nicht „Kleber").

Klebstoffart Auf den verschiedenen Klebstoffgrundstoffen aufgebaute Klebstoffe mit speziellen Verarbeitungseigenschaften (z. B. Schmelzklebstoffe, Haftklebstoffe), Verwendungszwecken (z. B. Tapetenkleister, Holzleim), Verarbeitungstemperaturen (z. B. Kaltleim, warmhärtende Klebstoffe), Lieferformen (z. B. Klebstofffolie, Lösungsmittelklebstoff).

Klebstofffolien Bestehen aus Zweikomponenten-Reaktionsklebstoffen, die für Transport und Lagerung auf einem nichthaftenden Trägermaterial aufgetragen werden, das vor der Verarbeitung wieder entfernt wird. Die Aushärtung erfolgt über eine chemische Reaktion unter Anwendung von Wärme und Druck. Klebstofffolien sind auch als physikalisch abbindende Folien im Handel, siehe Heißsiegelklebstoff.

Kleister Klebstoff in Form eines wässrigen Quellproduktes, das zum Unterschied von Leimen schon in geringer Grundstoffkonzentration eine hochviskose, nicht fadenziehende Masse bildet.

Kohäsion Durch chemische oder zwischenatomare/molekulare Bindungen begründete innere Festigkeit eines Werkstoffs. In der Klebtechnik ein allgemein auf die Klebschichtfestigkeit bezogener Begriff.

Kohäsionsbruch Versagen einer Klebung durch Bruch in der Klebschicht.

Kohäsionskräfte Wirken zwischen den Molekülen innerhalb der Klebschicht. Eine ausreichende Kohäsionsfestigkeit setzt die Einhaltung der vorgeschriebenen Aushärtungszeit und -temperatur sowie eine homogene Mischung der Klebstoffkomponenten voraus.

Kohlenwasserstoffe Bezeichnung für organische Verbindungen, die nur aus Kohlenstoff und Wasserstoff bestehen. Je nach Art des Kohlenstoffgerüstes wird unterschieden in aliphatische und aromatische Kohlenwasserstoffe (siehe Aliphate). Eine Klassifizierung erfolgt weiterhin in C–C – Einfachbindungen (Alkane: Propan, Butan, Paraffine), C=C-Doppelbindungen (Alkene: Ethylen, Propylen), C≡C-Dreifachbindungen (Alkine: Acetylen). Typische Vertreter aliphatischer Kohlenwasserstoffe sind Benzin als Gruppenbezeichnung für Gemische mit 5–12 C-Atomen. Der bekannteste aromatische Kohlenwasserstoff ist Benzol. Kohlenwasserstoffe sind nicht zu verwechseln mit den Kohlenhydraten, die vorwiegend in der Natur vorhanden sind und zusätzlich zum Kohlenstoff und Wasserstoff noch Sauerstoff in der Molekülstruktur aufweisen.

Kollagen Eiweißprodukt, aus tierischer Haut und tierischen Knochen gewonnen. Basisgrundstoff für Gelatineleime.

Kolophonium Natürliches Harz, das aus dem Rohharz von Nadelbäumen gewonnen wird, siehe auch „Harz".

Kombinationshärtung Zwei Härtungsverfahren für eine Klebung. Beispiel: Bei anaeroben Klebstoffen (zeitabhängige Härtung durch Sauerstoffentzug und Metallkontakt) ergänzt mit einer schnellen Anfangshärtung durch UV-Strahlung und dadurch eine verkürzte Handhabungsfestigkeit.

Komponenten Bestandteile eines Reaktionsklebstoffs, die vor der Verarbeitung in dem vom Klebstoffhersteller vorgeschriebenen Mischungsverhältnis gemischt werden müssen, um eine gleichmäßige und vollständige Aushärtung der Klebschicht zu erzielen.

Kontaktklebstoffe Klebstoffe, die sich nach dem Abdunsten der Lösungsmittel („Berührtrockenheit") durch Druckanwendung zu einer Klebschicht verfestigen.

Konvektion Strömung von Gasen (ggf. auch kleinsten Flüssigkeitspartikeln) unter Mitführung von Wärme (Wärmekonvektion). Grundlage verschiedener Härtungsverfahren für warm- oder heißhärtende Klebstoffe.

Konzentration Mengenanteil, mit dem ein Stoff in einem anderen gelöst ist, z. B. in Feststoffen (Legierungsbestandteile), Flüssigkeiten (Fettanteil in Milch), Gasen (Sauerstoffanteil in der Luft). Unterschieden wird nach Gewichtsanteil (z. B. 30 Gew.-% Zinn im Lot) oder Volumenanteil (ca. 20 Vol.-% Sauerstoff in der Luft). Sehr geringe Konzentrationen werden in ppm angegeben (siehe MAK-/AGW-Wert).

Korrosion Schädigung oder Veränderung von in der Regel metallischen Werkstoffen im Oberflächenbereich durch chemische oder elektrochemische Reaktionen.

Kovalente Bindung Siehe Chemische Bindungen.

Kriechen Bleibende Verformung einer Verbindung oder eines Werkstoffs nach einer mechanischen Beanspruchung. In der Klebtechnik besonders bei Klebschichten wichtig, wenn diese unter ruhender Belastung in Abhängigkeit von der Zeit eine Formänderung erleiden, die bis zum Bruch führen kann.

Kristallinität Im Gegensatz zu amorph das Vorhandensein von kristallinen Anteilen in Polymerstrukturen (z. B. Polyethylen, Polyamide).

Künstliche Klebstoffe Klebstoffe, aufgebaut auf Grundstoffen, die in der Regel keinen natürlichen Ursprung haben.

Ladung, elektrische Physikalische Eigenschaft, die u. a. bei Dipolmolekülen für Anziehungskräfte (unterschiedliche Polaritäten) oder Abstoßungskräfte (gleiche Polaritäten) verantwortlich ist. In Bezug auf die Ausbildung der Polarität werden Moleküle in 4 Gruppen eingeteilt: Unpolare, positiv polare, negativ polare, positiv und negativ polare Moleküle.

Lagerstabilität Zeitraum, in dem eine unter vorgeschriebenen Bedingungen gelagerte Substanz, z. B. ein Klebstoff, ihre Anwendungseigenschaften beibehält und der vor der Anwendung des Klebstoffs nicht überschritten werden darf.

Laminieren Verbinden von (meistens) großflächigen, flexiblen Fügeteilen (z. B. Folien, Furniere) mittels eines Klebstoffs zu einem Verbundwerkstoff.

Laser Lichtquellen, die Strahlung mit hoher spektraler Dichte in einem sehr kleinen Raumwinkel emittieren (light amplification by stimulated emission of radiation). Charakteristisch ist die sehr hohe emittierte Leistung, die bei Festkörperlasern bis in den Bereich von Tera-Watt (10^{12} W) liegen kann. Durch die Fokussierung des Laserstrahls auf Durchmesser im Mikrometerbereich resultieren zudem sehr hohe Leistungsdichten.

Latente Systeme Bezeichnung für den Zustand eines reaktiven Systems, dessen Reaktionsbeginn durch „verborgene" Einflussgrößen gehemmt wird, beispielsweise durch Wegfall einer chemischen Blockierung oder durch Erreichen des Schmelzpunktes der zweiten Komponente bei Erwärmung (Abschn. 3.1.4). Auch die Aktivierung eines Katalysatorsystems durch entsprechende Randbedingungen ist gebräuchlich.

Leim Klebstoff, bestehend aus tierischen, pflanzlichen oder synthetischen Grundstoffen und Wasser als Lösungsmittel.

Leitfähige Klebstoffe Klebstoffe, deren Klebschichten durch Zugabe entsprechender Füllstoffe in der Lage sind, elektrischen Strom (Silberpartikel) oder Wärme (Aluminiumoxid, Bornitrid) zu leiten.

Leitfähigkeit, elektrische Physikalische Eigenschaft, die für elektrisch leitfähige Klebstoffe von Bedeutung ist. So besitzt eine elektrisch leitende Klebschicht mit einem spezifischen Widerstand $\rho = 2{,}5 \cdot 10^{-5}$ Ω cm bei einer Klebschichtdicke l von 0,15 mm bei Klebung eines Chips von 4 mm × 4 mm ohne Berücksichtigung der Übergangswiderstände Klebschicht/Substrat einen Widerstand von $R = \rho \frac{l}{A} = 2{,}5 \cdot 10^{-5} \cdot \frac{0{,}015}{0{,}16} = 2{,}34 \cdot 10^{-6}$ Ω

Lichthärtende Klebstoffe Im Gegensatz zur UV-Härtung Klebstoffe, deren Aushärtung bei Bestrahlung mit sichtbarem Licht im Wellenlängenbereich von 400–500 nm (Nanometer) abläuft.

Lösungsmittel Organische Flüssigkeiten, die andere Stoffe (z. B. Polymere) lösen können, ohne sich und den gelösten Stoff zu verändern. Verwendung z. B. als Reiniger, Verdünner oder flüchtige Komponente in lösungsmittelhaltigen Klebstoffen.

Lösungsmittelaktivierkleben Siehe Aktivierkleben.

Lösungsmittelklebstoffe Klebstoffe, in denen die klebschichtbildenden Substanzen (Polymere) gelöst oder angepastet sind. Je nach Beschaffenheit der Fügeteile müssen die Lösungsmittel vor dem Fixieren ganz oder teilweise abdunsten.

Luftfeuchtigkeit In der Luft vorhandenes Wasser, als Wasserdampf bezeichnet. Die Aufnahmefähigkeit der Luft für Wasser ist temperaturabhängig und steigt bis zum Sättigungsgehalt. Darüber hinaus erfolgt Wolkenbildung oder Nebel. Dimension Gramm pro Kubikmeter g/m^3. Werte siehe Abschn. 4.2.2.

MAK-Wert Maximale-Arbeitsplatz-Konzentration, nach neuesten Richtlinien als **AGW**-Wert (**A**rbeitsplatz-**G**renzwert) bezeichnet. Produktspezifischer Wert von chemischen Substanzen, der die durch sie verursachte gesundheitsschädliche Verunreinigung der Luft am Arbeitsplatz definiert (Dimension: ppm = **p**arts **p**er **m**illion = mg/kg). Informationen über **AGW**-Werte sind in den Sicherheitsdatenblättern der jeweiligen Substanzen angegeben.

Maximale Trockenzeit Zeitspanne nach dem Auftragen des Klebstoffs, die gerade noch eine Klebung ermöglicht. Wird die maximale Trockenzeit überschritten, haben sich die Polymerschichten auf den Fügeteilen bereits so verfestigt, dass sie beim Fixieren keine feste Klebschicht mehr ausbilden können.

Mechanische Adhäsion Ausbildung von Adhäsionskräften durch formschlüssige Verbindung der Klebschicht in geometrische Oberflächenstrukturen (Poren, Kapillaren, Rauheiten).

Methylcellulose Ein Ether, hergestellt durch teilweise Methylierung der Hydroxylgruppen der Cellulose, Grundstoff für „Tapetenkleister".

Mikroverkapselter Klebstoff Reaktive Klebstoffmischung, bei der die (flüssigen) Komponenten in Form feinster Tröpfchen jeweils mit einer Schutzhaut verkapselt sind, die eine Reaktion während der Lagerung verhindert. Erst beim Zerstören der Kapselwand, z. B. durch Scherkräfte beim Aufschrauben einer Mutter auf eine derartig beschichtete Schraube, kommt es zu einer chemischen Reaktion und der Ausbildung einer Klebschicht.

Mindesttrockenzeit Bei Lösungsmittelklebstoffen die Zeit zwischen dem Klebstoffauftrag und dem Fixieren der Fügeteile, um den wesentlichen Anteil der Lösungsmittel aus dem flüssigen Klebfilm ablüften zu lassen.

Mischbruch Versagen einer Klebung durch anteilige Formen von Adhäsions- und Kohäsionsbruch, verursacht in der Regel durch unsachgemäße Klebstoffverarbeitung und/oder Oberflächenvorbehandlung.

Mischleim Kombination von tierischen und/oder pflanzlichen Leimen mit synthetischen Klebstoffen.

Mischpolymer Siehe Copolymer.

Mischungsverhältnis Vom Klebstoffhersteller vorgeschriebenes Verhältnis, in dem die Klebstoffkomponenten vor der Verarbeitung zu mischen sind. Sehr wichtig für die Erzielung der maximalen Klebfestigkeit.

Modul In Physik und Technik Bezeichnung für eine Verhältniszahl oder für eine Stoffkonstante, die ein Maß für die Änderung einer Materialeigenschaft als Funktion einer bestimmten Einwirkung darstellt, siehe Elastizitätsmodul, Schubmodul.

Moleküle Chemische Substanzen, aufgebaut aus gleichen oder verschiedenen Atomen.

Molekulargewicht Summe der in einem Molekül vereinigten Atomgewichte (siehe Atom). Kann bei Polymeren je nach Vernetzungsgrad bei 500 bis mehrere 100.000 liegen.

Monomere Ausgangsprodukte eines Klebstoffs, aus denen durch chemische Reaktionen polymere Molekülstrukturen (Klebschichten) entstehen.

Nanometer Längeneinheit, 1 nm = 10^{-9} m = 1 Milliardstel Meter.

Nanotechnologie Eine der wichtigsten Schlüsseltechnologien, ihr Gegenstand ist die Erforschung, Herstellung und Anwendung von Systemen in Abmessungen unterhalb von 100 Nanometern (nm; 1 nm = 10^{-9} m = 1 Milliardstel Meter). Zum Vergleich: Der Durchmesser eines menschlichen Haares beträgt ca. 5000 nm. Nanopartikel weisen hinsichtlich ihrer Eigenschaft völlig andere und neue Effekte auf, die sich von denen entsprechender makroskopischer Festkörper markant unterscheiden.

Natürliche Klebstoffe Klebstoffe, die vorwiegend aus Naturprodukten (Eiweiß, Latex, Stärke etc.) hergestellt werden.

Naturkautschuk Aus Pflanzenmilch (Gummibaum) hergestelltes, weitmaschig vernetztes Polymer mit gummiartigen Eigenschaften.

Neutronen Elementarteilchen, die weder positive (Protonen) noch negative (Elektronen) elektrische Ladungen besitzen und am Aufbau der Atomkerne beteiligt sind.

Oberflächenbehandlung Oberbegriff für Verfahren, mit denen die Oberflächen von Fügeteilen in einen für die Verklebung geeigneten Zustand gebracht werden bzw. hinsichtlich ihrer Klebbarkeit optimiert werden können. Unterschieden werden Verfahren der Oberflächenvorbereitung, -vorbehandlung sowie -nachbehandlung.

Oberflächenenergie Siehe Abschn. 6.4

Oberflächenspannung Maß für die „innere Festigkeit" von Flüssigkeiten, die ihr Benetzungsverhalten von Oberflächen charakterisiert. Flüssigkeiten mit einer niedrigen Oberflächenspannung breiten sich auf Oberflächen gleichmäßig aus, hohe Oberflächenspannungen führen zum Abperlen von einer Oberfläche (z. B. Quecksilbertropfen). Zur Abgrenzung der Begriffe Oberflächenspannung und Oberflächenenergie siehe Abschn. 6.4.

Offene Zeit Maximale Zeitspanne zwischen dem Auftragen des Klebstoffs und dem Fixieren der Fügeteile (nicht zu verwechseln mit Topfzeit).

Oligomere Polymere mit einer nur begrenzten Anzahl von Monomeren (z. B. Dimere – zwei Monomere; Trimere – drei Monomere).

Organische Chemie Auch „Kohlenstoffchemie" genannt, vereint alle Verbindungen der lebenden und pflanzlichen Natur, die Kohlenstoff enthalten. Die Zahl organischer Verbindungen einschließlich künstlich hergestellter Varianten wird im Millionenbereich geschätzt. Grund dafür ist die Fähigkeit des Kohlenstoffs, sich sowohl mit sich selbst als auch mit einer Vielzahl anderer Elemente verbinden zu können.

Oxide Chemische Verbindungen von Elementen mit Sauerstoff, z. B. Eisenoxid (FeO/ Fe_2O_3 = Rost), aber auch Wasser (H_2O = Wasserstoffoxid) oder Kohlendioxid (CO_2).

Ozonisierung Behandlung von niederenergetischen Substratoberflächen (insbesondere Kunststoffe) zur Erhöhung der Oberflächenenergie und des Benetzungsverhaltens. Das in einer sog. „stillen Entladung" hergestellt Ozon zerfällt als sehr instabile Verbindung nach $O_3 = O_2 + O$ unter Bildung von reaktiven Sauerstoffatomen, die zu Oxidationsreaktionen an einer Oberfläche befähigt sind (es ist übrigens eine irrige Annahme, dass Waldluft besonders ozonreich sei. Wenn überhaupt vorhanden, wird es durch die in hohem Maße vorhandenen Terpenharze der Nadelbäume spontan über Oxidationsreaktionen gebunden).

Pascal Dimension für mechanische Spannungen und Druck; in der Klebtechnik z. B. Dimension für die Klebfestigkeit (MPa = 10^6 Pa).

Passivierung Spezielle Form einer Oberflächenbehandlung zur Verbesserung des Korrosionsverhaltens und/oder Adhäsionsvermögens, speziell bei Metallen. Durchgeführt wird sie in der Regel über Oxidationsreaktionen. Hochlegierte Stähle weisen eine „natürliche" Passivierungsschicht auf, die maßgeblich zu ihrer Korrosionsbeständigkeit beiträgt.

Pfropfpolymere Polymere, bei denen in einer Hauptkette (A) chemisch eingebaute, „aufgepfropfte" Seitenketten (B) vorhanden sind mit dem Ziel, die Glasübergangsbereiche (Abschn. 3.3.4.2) zu beeinflussen.

Phase(n) Unterschiedliche Zustandsformen von Stoffen, z. B. bei Wasser: Eis = feste Phase, Wasser = flüssige Phase, Wasserdampf = gasförmige Phase, siehe auch Abschn. 5.4.

Photochemische Reaktionen Polymerisationsreaktionen strahlungshärtender Klebstoffe, bei denen die Aktivierungsenergie für die Spaltung der C=C-Doppelbindung direkt oder indirekt über die Energie einer Strahlung (UV) eingebracht wird.

Photoinitiator Substanzen, die bei UV- oder lichtstrahlungshärtenden Klebstoffen die Polymerisationsreaktion starten.

Photon Quant der Elektromagnetischen Strahlung (Elektromagnetisches Spektrum).

pH-Wert Maßzahl für den Säure- bzw. Alkalitätsgrad von wässrigen Lösungen in einer Scala 1–6 (saurer Bereich), 7 (neutraler Bereich), 8–14 (alkalischer Bereich). Mathematisch betrachtet ist der pH-Wert der negativ dekadische Logarithmus der Wasserstoffionen-Konzentration.

Physikalisch abbindende Klebstoffe Klebstoffe, die bereits als Polymere vorliegen, die durch Lösungsmittel oder Wasser bzw. durch Aufschmelzen in eine flüssige Form überführt werden und nach einem Verdunstungs- oder Abkühlvorgang eine Klebschicht bilden (z. B. Lösungsmittel-, Dispersions-, Schmelzklebstoffe).

Physisorption Siehe Adsorption.

Plasma Gaszustand (auch 4. Dimension genannt) aus einem Gemisch elektrisch geladener Ionen und neutralen Atomen/Molekülen. Entsteht durch eine Plasmaentladung; im Einsatz vorwiegend zur Oberflächenvorbehandlung von Kunststoffen, siehe auch Atmosphärenplasma.

Plastifizierung Siehe Weichmacher.

Plastisol Klebstoff, bestehend aus Polymeren (z. B. Polyvinylchlorid) in Weichmachern, der sich beim Erwärmen durch (physikalische) Einlagerung des Polymers in den Weichmacher zu einer Kleb- oder Dichtstoffschicht verfestigt (Sol-Gel-Umwandlung).

Plastizität Eigenschaft fester Stoffe, bei Einwirkung äußerer Kräfte bleibende Verformungen zu zeigen.

Polare Bindung Siehe Chemische Bindungen.

Polarität Elektrische Ladungsunterschiede in Molekülen. Bei Klebstoffmolekülen insbesondere für die Ausbildung von Adhäsionskräften verantwortlich. Siehe Dipol und Ladung, elektrische.

Polyaddition Eine chemische Härtungsreaktion bei der sich zwei verschieden aufgebaute Monomere A und B aneinander anlagern, um ein Polymer AB zu bilden.

Polykondensation Im Unterschied zu Polyadditions- und Polymerisationsklebstoffen entsteht bei der Härtung ein Nebenprodukt, z. B. Wasser. Aus diesem Grund ist bei der Aushärtung neben Wärme ein entsprechend hoher Druck auf die Fügeteile aufzubringen (siehe Autoklav).

Polymer Aus Monomeren oder Prepolymeren durch Polyaddition, Polykondensation oder Polymerisation aufgebaute chemische Verbindungen, die in der Regel im festen Zustand vorliegen. Klebstoffe bestehen im ausgehärteten Zustand grundsätzlich aus Polymeren.

Polymerisation Polymerbildung aus Monomeren oder Prepolymeren, die über eine C=C-Doppelbindung verfügen, z. B. bei Acrylatklebstoffen.

Polyreaktion Bezeichnung der drei chemischen Reaktionsarten zur Polymerbildung Polyaddition, Polymerisation, Polykondensation.

Prepolymer Vorstufe von Polymeren mit noch vorhandenen reaktiven Eigenschaften (auch als Präpolymer bezeichnet).

Prepregs Glas- oder Kohlenstofffasern enthaltende Fasermatten, die mit warmhärtenden Reaktionsharzen (z. B. Epoxidsystemen) imprägniert sind. Sie dienen als Ausgangsprodukt für Halbzeuge und Formteile.

Primer Substanz, welche die Adhäsion zwischen Fügeteiloberflächen und Klebstoffen verbessert und die Alterungsvorgänge verzögert. Im Gegensatz zu Haftvermittlern werden Primer auf die Fügeteiloberflächen aufgebracht, Haftvermittler werden in der Regel dem Klebstoff zugesetzt, siehe auch Haftvermittler.

Proton Positiv geladener Atomkernbaustein.

Pyrolyse Thermische Zersetzung organischer Stoffe bei Erhitzung durch Bruch der chemischen Bindungen unter Bildung (meistens flüchtiger) Zersetzungsprodukte.

Radikale Molekülteile, die ein ungepaartes freies Elektron besitzen und dadurch eine erhöhte chemische Reaktivität aufweisen. Radikale entstehen beispielsweise bei der UV-Strahlungshärtung über Photoinitiatoren und im Plasma bei Corona- oder Atmosphärendruckplasma-Entladungen.

Reaktionsgeschwindigkeit Zeitliche Änderung der Konzentration reaktiver Komponenten bei chemischen Reaktionen.

Reaktionsklebstoff Klebstoff, der durch eine chemische Reaktion aushärtet und bei dem die Aushärtung von der Zeit, Temperatur, Druck oder auch Feuchte abhängig ist.

Reaktionswärme Bei exothermen Reaktionen entstehende Wärme, z. B. beim Mischen von 2K-Reaktionsklebstoffen.

Reaktive Gruppe Chemische „Verknüpfungsstellen" an Monomeren oder Prepolymeren, die über eine chemische Reaktion die Bildung von Polymeren ermöglichen, z. B. Epoxid- oder Amingruppen bei Epoxidharzklebstoffen.

Reaktive Schmelzklebstoffe Klebstoffe, die sowohl über eine Abkühlung aus der Schmelze abbinden als auch anschließend über eine chemische Reaktion aushärten, siehe Abschn. 4.2.3.

Relative Luftfeuchtigkeit   Siehe Abschn. 4.2.2.

Relaxation   Eigenschaft eines Systems, auf von außen aufgebrachte Zustandsveränderungen durch innere Prozesse (z. B. Molekülverschiebungen) im Sinne der Wiederherstellung des ursprünglichen Zustandes zu reagieren.

Resite   Siehe Resole.

Resole   Härtbare Phenolharze, die im Anfangsstadium löslich und schmelzbar sind und in der Klebfuge durch Hitze und/oder Katalysatoreinwirkung in den unlöslichen und unschmelzbaren Zustand (Resite) mit hohem Vernetzungsgrad überführt werden.

Rheologie   Teilgebiet der Physik, das sich mit der Beschreibung, Erklärung und Messung des Fließverhaltens von fließfähigen Substanzen befasst.

Rheopexie   Siehe Thixotropie.

Schälwiderstand   Widerstandsfähigkeit einer Klebung gegenüber linienförmig einwirkenden Schälkräften, die hohe Spannungsspitzen in der Klebschicht erzeugen, Dimension N/mm oder N/cm.

Schmelzindex   (engl. **MFI** Melt Flow Index), Kennzahl für Schmelzklebstoffe zur Charakterisierung des druck- und temperaturabhängigen Verhaltens während des Fließens bei der Verarbeitung. Hohe Werte des MFI verursachen eine niedrige, geringe Werte eine hohe Schmelzviskosität.

Schmelzklebstoffe   Schmelzklebstoffe werden schmelzflüssig auf die Fügeteile aufgetragen und binden durch Abkühlung ab. Ihre „offene Zeit" ist sehr kurz, daher müssen die Fügeteile nach dem Klebstoffauftrag umgehend fixiert werden.

Schubmodul   Verhältnis zwischen der Schubspannung und der Schiebung (Gleitung) im Falle einer einfachen Schubverformung (Abschn. 10.2.3, siehe auch Elastizitätsmodul).

Schwund   (auch Schwindung, Schrumpf) Volumenverringerung beim Abbinden/Aushärten von Kleb- und Dichtstoffen durch Molekülvernetzung oder Lösungsmittelverdunstung.

Sedimentation   Siehe Absetzen.

Sekundenklebstoff   Siehe Cyanacrylatklebstoff.

Sicherheitsdatenblatt Vom Hersteller zu erstellendes Formblatt über besondere Eigenschaften chemischer Substanzen, insbesondere hinsichtlich möglicher von ihnen ausgehender Gefahren.

Sicherheitsfaktor Im Gegensatz zum Abminderungsfaktor hat der Sicherheitsfaktor immer einen Wert größer 1. Er erhöht so die Sicherheit einer theoretisch berechneten Klebung zu den wirklichen auf die Klebung einwirkenden Beanspruchungen im späteren Einsatz, um ein Versagen auszuschließen.

SI-Einheiten Internationales Einheitensystem (Système International d'Unitès), basierend auf den Grundeinheiten Meter – Kilogramm – Sekunde (MKS-System). In Deutschland seit 1.1.1978 eingeführt.

Silane Organische Siliziumverbindungen, Verwendung insbesondere zur Verbesserung der Haftungs- und Alterungseigenschaften von Oberflächen.

Silicone Kleb- und Dichtstoffe, deren Grundgerüst auf –Si–O—Bindungen beruht. Werden als 1- und 2-Komponenten-Systeme angeboten (RTV-1 und RTV-2). Zeichnen sich durch hohe Temperaturbeständigkeit sowie große Alterungsbeständigkeit aus.

SMC-Formmassen Siehe BMC-Formmassen.

Sol Siehe Gel.

Spannungsrisskorrosion Rissbildung in Werkstoffen bei gleichzeitiger Beanspruchung durch aggressive Medien und mechanische Belastung.

Spektrum Verteilung der Intensität einer physikalischen Größe (z. B. Wellenlängen der elektromagnetischen Strahlung).

Spezifisches Gewicht Siehe Dichte.

Spezifisches Volumen Definiert als das Volumen V, das durch eine homogene Masse von 1 kg gebildet wird $V = m^3/kg$.

Spezifischer Widerstand Siehe Widerstand, spezifischer.

Spreitung Ungehindertes Ausbreiten einer Flüssigkeit auf einer Oberfläche, stellt die optimale Art einer Benetzung dar.

Stabilisator Klebstoffbestandteil, der dazu dient, die Eigenschaft des Klebstoffs und/oder der Klebschicht gegenüber Lagerungs-, Verarbeitungs- und Beanspruchungseinflüssen zu erhalten.

Stärke Pflanzliches Produkt, sog. Kohlenhydrat, bestehend aus den Elementen Kohlenstoff, Wasserstoff und Sauerstoff. Grundstoff für wässrige Klebstoffe (Kleister, Leime).

Stärkeklebstoffe Wässrige Klebstoffe auf Basis natürlicher Stärke.

Statisches Mischrohr Mischvorrichtung für Zweikomponentenklebstoffe, angewandt vorwiegend bei Klebstoffen mit gleichen Mischungsanteilen und Verarbeitungsviskositäten. Die Mischung erfolgt durch Schichtenbildung über versetzt angebrachte Mischwendel.

Stöchiometrische Reaktion Chemische Reaktion, bei der die Ausgangsstoffe in gleicher molarer Konzentration vorliegen und sich nur im Verhältnis ihrer Äquivalentgewichte oder ganzzahliger Vielfacher derselben zu chemischen Verbindungen vereinigen können (Gegensatz: Gemische). Beispiel: Reaktion einer Isocyanatgruppe $-N=C=O$ mit Wasser H–OH (Abschn. 4.2). Atomgewichte (abgerundet):
Wasserstoff = 1, Kohlenstoff = 12, Stickstoff = 14, Sauerstoff = 16 ergibt ein Molekulargewicht für Isocyanatgruppe = 42, Wasser = 18. Das stöchiometrische Verhältnis zwischen den Reaktionspartnern liegt demnach bei $18 : 42 = 1 : 2,3$. Dieses Verhältnis verschiebt sich natürlich je nach dem Molekulargewicht des Trägermoleküls A der Isocyanatgruppe.

Strahler In der Klebtechnik Strahlungsquelle für die Härtung von UV-LED- und lichthärtenden Klebstoffen.

Strahlungsenergie Auch als Strahlungsdosis bezeichnet, wird definiert als Strahlungsintensität I (Strahlungsleistung pro Flächeneinheit) multipliziert mit der Belichtungsdauer t:

$$E = I \cdot t \quad \left[\frac{mJ}{cm^2}\right] = \left[\frac{mW}{cm^2}\right] \cdot [s]$$

Da die Strahlungsintensität mit der Entfernung von der Strahlungsquelle abnimmt, ist im Sinne einer hohen Energieausbeute der Abstand zum zu bestrahlenden Material so gering wie möglich zu halten (siehe Abschn. 4.3.2).

Strahlungshärtende Klebstoffe Klebstoffe, die durch elektromagnetische Strahlung, insbesondere durch UV-Strahlung oder durch sichtbares Licht ausgehärtet werden.

Tack Bei Haftklebstoffen die Eigenschaft, nach einem leichten Andruck fest auf Oberflächen zu haften. Maßgeblich beeinflusst wird der Tack durch in die Klebschicht eingearbeitete Tackifier (polymere Zusatzstoffe mit geringer Molmasse, z. B. natürliche und künstliche Harze).

Taupunkt Temperaturwert, bei dem bei Abkühlung eines Dampf-Gas-Gemisches die Sättigung erreicht wird und bei weiterer Abkühlung eine Kondensation eintritt, z. B. Kondensation von Wasserdampf auf kalten Oberflächen, siehe auch relative Luftfeuchtigkeit.

Temperatur, absolute Bezeichnung für die sog. thermodynamische Temperatur mit der Einheit Kelvin K (siehe Kelvin-Skala).

Temperaturbeständigkeit Bei Klebstoffen eine wichtige Eigenschaft im Einsatz bei erhöhten Betriebstemperaturen. Bei Überschreitung dieser Temperatur beginnt die chemische Zersetzung und damit verbunden eine irreversible Schädigung der Klebschicht.

Tempern Verfahren zum Abbau oder Beseitigen von Spannungen in Werkstoffen durch Erhitzen über einen längeren Zeitraum. Neben der Anwendung in der Eisen- und Stahlherstellung besitzt das Tempern bei Kunststoffen (Polycarbonat, Polystyrol, Acrylglas) eine besondere Bedeutung, um die bei Herstellung und/oder Verarbeitung entstehenden Spannungen (Orientierungsspannungen innerhalb der Makromoleküle) zu verringern oder zu eliminieren.

Tenside Substanzen, welche die Oberflächenspannung herabsetzen. Diese organischen Verbindungen weisen sowohl hydrophile („wasserliebende") als auch hydrophobe („wasserabstoßende") funktionelle Gruppen auf. Im ersten Fall handelt es sich u. a. um Carboxylat-, Sulfonat-Gruppierungen, im zweiten Fall um langkettige oder aromatische Kohlenwasserstoffreste. Substanzen, die beide Eigenschaften vereinigen, werden als „amphiphil" bezeichnet.

Thermische Ausdehnung Siehe Wärmeausdehnung.

Thermoplast Kunststoff (Klebschicht) mit vorwiegend geraden oder verzweigten Polymerstrukturen der (die) bei Wärmezufuhr vom festen über den weichen/plastischen in den schmelzflüssigen Zustand übergeht. Bestimmte Arten der Thermoplaste sind in organischen Lösungsmitteln löslich.

Thixotropie Eigenschaft bestimmter flüssiger Systeme, nach Zugabe sog. Thixotropierungsmittel (z. B. Kieselsäureprodukte) bei mechanischer Einwirkung (z. B. Rühren, Streichen) vorübergehend eine niedrigere Viskosität einzunehmen. Für Klebstoffe ergeben sich folgende Vorteile: Kein Ablaufen an vertikalen Oberflächen, Erzielung höherer Klebschichtdicken, Vermeidung oder Verringerung des Eindringens von Klebstoffen in poröse Fügeteiloberflächen. Die entgegengesetzte Erscheinung, d. h. Zunahme der Thixotropie in Folge Einwirkung mechanischer Kräfte mit anschließender Wiederabnahme nach Beendigung der Beanspruchung wird als Rheopexie bezeichnet.

Topfzeit Zeit, innerhalb der ein reaktiver Klebstoff nach dem Mischen der Komponenten verarbeitet werden muss (siehe Abschn. 3.1.1).

Trennpapier Mit speziellen Siliconen adhäsiv beschichtete Papiere, um Klebebänder aufwickeln oder Klebeetiketten anwendungsgerecht bereitstellen zu können.

Ultraschall Schallfrequenzen, die oberhalb des menschlichen Hörvermögens (ca. 16 Hz– 20 kHz) liegen. In der Klebtechnik u. a. Grundlage für Ultraschallentfettung, -Härtung, -Prüfung. Als Fügeverfahren kommt das Ultraschallschweißen bei thermoplastischen Kunststoffen zum Einsatz.

Ungepaarte Elektronen Siehe Radikale.

UV-Härtung Härtung von Klebstoffen mittels elektromagnetischer Strahlung bei Wellenlängen im Bereich von UV-A 315–380 nm, UV-B 280–315 nm, UV-C 200–280 nm (nm = Nanometer). Die Energie der Strahlung nimmt mit abnehmender Wellenlänge zu.

UV-Strahlung Elektromagnetische Strahlung, siehe UV-Härtung.

Valenzen Bindungskräfte zwischen gleichartigen oder verschiedenen Atomen als Grundlage zur Ausbildung von Molekülen bzw. Polymeren.

Van-der-Waalsche Bindung Siehe Chemische Bindung.

Verarbeitungstemperatur Temperatur des Klebstoffs bzw. dessen räumlicher Umgebung während der Verarbeitung.

Verarbeitungszeit Zeitraum, welcher nach vollständigem Mischen eines mehrkomponentigen Klebstoffs für die Verarbeitung maximal zur Verfügung steht.

Verdünner Flüssige, organische Verbindungen (brennbar!), welche die Feststoffkonzentration und/oder die Viskosität eines Klebstoffs herabsetzt.

Vernetzung Reaktion, die zum räumlichen Vernetzen von Molekülketten führt. Die Vernetzung ist eine Reaktionsart bei der Aushärtung von Klebstoffen. Mit steigendem Vernetzungsgrad (Vernetzungsdichte) nimmt im Allgemeinen die Härte des Polymers zu. Duromere sind in der Regel engmaschig, Elastomere weitmaschig vernetzt.

Viskoelastizität Insbesondere für Kunststoffe (Klebschichten) wichtige Eigenschaft, die das Zeit,- Temperatur- und lastabhängige Verformungsverhalten beschreibt.

Viskosität Kenngröße zur Beschreibung der Fließeigenschaften eines Stoffes, die durch die innere Reibung der Moleküle bedingt sind. Sie ist definiert durch die Kraft in Newton (N), die erforderlich ist, um in einer Flüssigkeitsschicht von $1\,cm^2$ Flächengröße und $1\,cm$ Höhe die eine Grenzfläche parallel zur gegenüberliegenden anderen Grenzfläche mit einer Geschwindigkeit $1\,m\,s^{-1}$ zu verschieben. Einheit: (Pa·s), Pascal·Sekunde. In der Klebtechnik wird häufig in der Dimension mPa·s $= 10^{-3}$ Pa·s, milli-Pascal·Sekunde, gerechnet. Wasser besitzt z. B. eine Viskosität von 1 mPa·s.

Vorbehandlung Siehe Oberflächenvorbehandlung.

Wärmeaktivierkleben Siehe Aktivierkleben.

Wärmeausdehnung Temperaturbedingte Volumen- bzw. Längenzunahme eines Körpers. Als Maß gilt der Wärmeausdehnungskoeffizient α in der Dimension 10^{-6} K^{-1}; Werte α: Stähle 10–20, Aluminium und Al-Legierungen 20–25, Gläser 5–10, Kunststoffe/Klebschichten 50–100. Weitere Werte siehe Abschn. 13.2.

Wärmebeständigkeit Temperatur- und Zeitverhalten einer Klebung, bei dem keine Veränderung der Festigkeitseigenschaften erfolgt.

Wärmeleitfähigkeit Vermögen eines Stoffes, die Wärme in sich zu leiten oder zu übertragen. Dimension: W/cmK (Watt pro Zentimeter·Kelvin). Werte ausgewählter Werkstoffe siehe Abschn. 9.1.1.4.

Warmhärtender Klebstoff Klebstoff, der für eine Aushärtung ein vorgegebenes Temperatur-Zeit-Profil erfordert.

Wartezeit (geschlossene) Zeitspanne, während der eine Klebung durch Fixieren gehalten werden muss, bis die Festigkeit so groß ist, dass die Fügeteile durch äußere Krafteinwirkungen nicht mehr gegeneinander verschoben werden können.

Wartezeit (offene) Zeitspanne, die zwischen dem Klebstoffauftrag und dem Vereinigen der Fügeteile liegt.

Weichmacher Niedermolekulare organische Verbindungen, beispielsweise Phthalate (Ester der Phthalsäure), die physikalisch, also nicht durch eine chemische Reaktion, in die Polymerstruktur eingebaut sind und somit zu einer größeren Verformbarkeit und/oder Plastifizierung des Polymers beitragen. Können unter geeigneten Bedingungen (höhere Temperatur) aus der Polymerstruktur ausdiffundieren (Weichmacherwanderung).

Wellenlänge λ, Maß für die Länge einer periodischen Schwingung bei elektromagnetischen Wellen (siehe Elektromagnetisches Spektrum), Einheit nm (Nanometer).

Widerstand, spezifischer Dimension Ohm · cm, die Kenntnis der Werte ist wichtig für die Widerstandsberechnung elektrisch leitgeklebter Verbindungen. Werte in Ohm · cm: Leitfähige Klebschichten $1 \cdot 10^{-3}$–$5 \cdot 10^{-5}$, Silber $1,5 \cdot 10^{-6}$, Kupfer $1,6 \cdot 10^{-6}$, Aluminium $2,4 \cdot 10^{-6}$, Zinn-Blei-Lot $17 \cdot 10^{-6}$, siehe auch Leitfähigkeit, elektrische.

Zähharte Klebstoffe Klebstoffe, in deren Polymernetzwerk zur Verbesserung der mechanischen Eigenschaften kautschukelastische Bestandteile chemisch eingebaut sind.

Zugfestigkeit Bruchspannung eines Werkstoffs bzw. einer Klebung bei Zugbeanspruchung. Praktisches Beispiel und Berechnung, siehe Abschn. 10.2.4.

Zugscherfestigkeit Festigkeit einer einschnittig überlappten Klebung durch eine exzentrisch angreifende Kraft bis zum Bruch (Abb. 10.2).

Zweikomponentenklebstoffe Chemisch reagierende Klebstoffe, bei denen einer Komponente (in der Regel der Harzkomponente) eine zweite Komponente (Härter) zugemischt werden muss.

Zwischenmolekulare Bindungen Siehe Chemische Bindungen.

Sachverzeichnis

A

Abbinden, 4, 10, 225
Abbindezeit, 5, 122, 225
Abdunsten, 11
Abhesives, 225
Abhilfemaßnahmen, Klebfehler, 102, 103
Abkühlzeit, 95
Ablüften, 95
Ablüftzeit, 225
Abminderungsfaktor, 161, 225
ABS, 131, 135
Absetzen, 226
Absorption, 226
A-B-Verfahren, Methacrylate, 43
Aceton, 58, 80, 239
Acrylat, 38, 55
Acrylatklebstoff, 38, 226
Acrylglas, 58, 132, 135
Acrylnitril-Butadien-Styrol, 131, 135
Adhäsion, 4, 69, 76, 77, 121, 226
    formschlüssige, 69
    mechanische, 69
Adhäsionsbruch, 103, 158, 226
Adhäsionsklebung, 137
Adhäsionskräfte, 4, 70, 77, 226
Adsorbat, 226
Adsorbens, 226
Adsorption, 226
Adsorptionsschicht, Oberfläche, 84
Agglomerat, 226
AGW-Werte, 243
Aktivator, 45, 227
Aktive Oberfläche, 227
Aktivierkleben, 227
Aktivierungszeit, 227
Aldehyd, 227

Aliphate, 227
Alkane, 241
Alkene, 241
Alkine, 241
Alkohol, 33
Alleskleber, 13
Alterung, 160, 161, 228
    Prüfnormen, 161
Alterungsbeständigkeit, 228
Altpapier, 180
Aluminium, 127, 167
    Legierungen, 127, 167
Amin, 228
Amingruppe, 30
Amorph, 228
Amphiphile Substanzen, 252
Anaerobe Klebstoffe, 23, 44, 48, 117, 186
    Anwendungen, 45
Anfangsfestigkeit, 228
Anforderungen, Klebung, 113
Anisotrop, 228
Anlaufen, Oberfläche, 84
Anorganische Chemie, 7
    Verbindungen, 7
Anpressdruck, 57, 59, 95
    Kontaktklebstoff, 59
Ansatz, Klebstoff, 228
Antioxidantien, 228
Anwendungen, 167
Arbeitsplatzeinrichtung, 105
Arbeitsplatzgestaltung, 105
Arbeitsschutz, 104, 105
Aromate, 227, 228
Atmosphäre, Dimension, 151
Atmosphärendruckplasma, 134, 229
Atom, 7, 70, 229

© Springer Fachmedien Wiesbaden 2016
G. Habenicht, *Kleben - erfolgreich und fehlerfrei*, DOI 10.1007/978-3-658-14696-2

Printed in the United States
By Bookmasters